핵심 원리와 최신 기술

반도체 제조 공정

임상우 지음

Advanced Semiconductor Manufacturing Processes

한빛아카데미 Hanbit Academy, Inc.

지은이 **임상우**

연세대학교 화학공학과에서 학 · 석사 학위를 취득했으며, 일본 동경대학 화학시스템공학과에서 반도체 PECVD 공정 관련 박사 학위를 받았다. 이후 미국 스탠퍼드대학교의 Department of Electrical Engineering에서 연구원으로 재직했고, 미국 모토로라 사에서 Principle Staff Scientist로 Apple PowerPC의 소자 인테그레이션을 담당했다. 현재 연세대학교 화공생명공학과 교수로 재직 중이며, 연구 분야는 에칭, 세정, CMP 등을 비롯한 반도체 표면과 관련된 공정 및 소재 개발이다. 연세대학교 화공생명공학과 BK21 사업단장, 엔지니어링 융합대학원 사업단장 등을 역임했고, 현재 한국 반도체 CMPUGM 회장, 한국반도체디스플레이기술학회 부회장, SEMICON KOREA STS 위원, International Symposium on Semiconductor Cleaning Science and Technology(SCST) 위원장 등을 맡고 있다.

반도체 제조 공정

초판발행 2026년 1월 19일

지은이 임상우 / **펴낸이** 전태호
펴낸곳 한빛아카데미(주) / **주소** 서울시 서대문구 연희로2길 62 한빛아카데미(주) 2층
전화 02-336-7112 / **팩스** 02-336-7199
등록 2013년 1월 14일 제2017-000063호 / **ISBN** 979-11-7340-049-0 93560

총괄 박현진 / **책임편집** 김평화 / **기획 · 편집** 임여울
디자인 이아란 / **전산편집** 임희남 / **제작** 박성우, 김정우
영업 김성삼, 이정훈, 임현기, 이성훈, 김주성, 심지연

이 책에 대한 의견이나 오탈자 및 잘못된 내용은 출판사 홈페이지나 아래 이메일로 알려주십시오.
파본은 구매처에서 교환하실 수 있습니다. 책값은 뒤표지에 표시되어 있습니다.

홈페이지 www.hanbit.co.kr / 이메일 question@hanbit.co.kr

Published by HANBIT Academy, Inc. Printed in Korea

AI 시대를 여는 반도체, 반도체 공정의 핵심 원리와 최신 기술을 살펴보자!

우리가 매일 사용하는 스마트폰, 컴퓨터, 자동차, 가전제품에는 반도체가 빠짐없이 들어간다. 이제는 일상에서 반도체가 들어가지 않은 기기를 찾기가 어려울 정도이다. 이렇듯 반도체는 현대 문명을 지탱하는 가장 중요한 엔진이 되었다. 반도체가 없었다면 현대 정보 사회나 인공지능 혁명은 물론, 우주 탐사와 같은 도전조차 불가능했을 것이다.

이처럼 다양한 기능을 갖는 작은 반도체 칩이 만들어지기까지의 과정은 결코 단순하지 않다. 머리카락 굵기의 수천분의 일에 해당하는 미세한 회로를 실리콘이라는 재료 위에 새겨 넣고, 수십 차례의 정교한 가공 과정을 거쳐야 비로소 하나의 반도체 칩이 완성되는데, 이 전체 과정을 우리는 '반도체 공정'이라고 부른다. 각 공정 기술은 과학과 공학이 만들어낸 가장 정교한 기술의 결정체라 할 수 있다.

반도체 기술 발전을 이야기할 때 가장 널리 알려진 개념은 무어의 법칙이다. 이는 인텔(intel) 사의 공동 설립자인 고든 무어(Gordon Moore)가 1965년에 예측한 것으로, 반도체 집적회로에서 트랜지스터 개수가 2년마다 2배로 증가할 것이라는 경험적 예측이다. 놀랍게도 그의 예측은 수십 년간 거의 정확히 들어맞았고, 기술자들은 더 작고 빠르고 저렴한 반도체를 만들기 위해 끊임없이 미세 공정을 개발해왔다. 그 결과 오늘날 우리는 손바닥만 한 스마트폰을 활용하여 1990년대 슈퍼컴퓨터를 뛰어넘는 성능을 시시각각으로 경험하고 있다.

그러나 회로의 선폭이 수십 나노미터 이하로 줄어들면서 이러한 개발은 양자역학적 한계와 물리적 장벽에 부딪히게 되었다. 또한 누설전류, 발열 등의 문제들이 나타나면서 단순히 작게 만드는 것만으로는 반도체 소자의 성능 향상을 보장하기 어려운 시대에 접어들었다. 그야말로 무어의 법칙은 종언을 고하게 된 것이다. 무어의 법칙은 반도체 기술 발전의 속도를 나타내는 것인데, 더 이상 무어의 법칙이 제안하던 속도의 궤를 유지할 수 없게 되어버린 것이다. 따라서 반도체를 단순히 작게 만드는 기술에서 탈피하여 새로운 설계 철학과 혁신적 구조가 필요하게 되었다.

지은이 머리말

오늘날 가장 주목받는 기술 중 하나는 인공지능(AI)이다. 이러한 AI가 작동하기 위해서는 방대한 양의 데이터를 초고속으로 처리해야 하며, 이를 뒷받침하는 요소로 고성능 반도체가 반드시 필요하다. 특히 GPU와 AI 가속기 칩은 AI 혁명을 가능하게 만든 주역으로, 대규모 병렬 연산을 기반으로 더 많은 연산을 고속으로 수행하는 동시에 데이터 흐름을 효율적으로 관리하고 전력 소모를 줄여야 한다.

이를 실현하기 위해서는, 먼저 다양한 애플리케이션의 증가하는 수요를 충족할 수 있도록 칩 설계 및 제조의 혁신이 필요하다. 또한 3D 패키징 기술을 이용하여 다른 기능을 갖는 칩들의 다이 간 초고속 인터커넥트를 구현함으로써 다양한 기술과 기능을 단일 시스템으로 통합하는 모어 댄 무어(More than Moore)의 접근이 요구된다. 아울러 무어의 법칙이 예측하는 트랜지스터 밀도의 기하급수적인 증가를 유지하기 위해 트랜지스터 아키텍처의 지속적인 개발이 필요하며, 실리콘의 한계를 뛰어넘을 수 있는 새로운 소재와 제조 기술을 연구하는 비욘드 무어(Beyond Moore)의 개념 정립과 이의 실현이 필요한 시대가 도래했다.

필자는 수십 년간 반도체 공정 및 인테그레이션에 관련된 연구와 강의를 진행해오면서 나날이 변화하고 발전하는 기술의 트렌드와 개념을 하나라도 더 조금이라도 더 알기 쉽게 대학생과 대학원생, 기업체 실무자, 그리고 비전공자를 포함한 일반 독자들에게 전달하고자 노력해왔다. 그러던 중 2018년에 저서 『반도체 공정의 이해』를 출간하였고, 수년 전에 한빛아카데미(주)로부터 이의 개정 제안을 받게 되었다. 이를 계기로 기존 도서에서 다루지 않았던 반도체 Fab 내의 시설과 반도체 생산 수율의 문제(1장), 배선(10장), 그리고 최근에 매우 중요해진 패키징(11장) 관련 내용을 새로 담게 되었다. 그 외에도 에칭 및 세정 공정을 습식 에칭 및 세정(4장)과 건식 에칭(5장)으로 구분하고 심화 내용을 더했으며, 특히 포토리소그래피(3장), 이온주입(7장), 박막 증착(8장), CMP(9장) 등에서 최근 기술 변화 내용을 대폭 반영했다. 또한 각 챕터마다 개념 정리를 위한 연습문제도 실게 되었다.

이 책은 무어의 법칙을 실현해왔던, 그리고 향후 모어 댄 무어, 비욘드 무어를 실현하기 위한 반도체 공정을 좀 더 친근하게 이해할 수 있도록 구성했다. 이를 위해 반도체가 무엇인지, 어떻게 만들어지는지를 설명하는 데 초점을 두고, 기본적인 반도체 원리와 웨이퍼 제조, 산화, 리소그래피, 식각, 확산, 이온주입, 박막 증착, CMP, 배선 공정, 패키징 공정, 그리고 그것들을 이루는 재료에 대해 기술했다. 특히 각 공정의 핵심 원리와 최근의 기술을 다루며, 각각의 공정이 하나하나 반도체 제조 기술 발전에 어떻게 기여하는지, 각 공정이 어떻게 유기적으로 연결되어 있는지를 설명한다.

독자들은 이 책을 통해 반도체 제조 공정이 단순한 하나의 학문이나 기술이 아니라, 수많은 과학적 · 공학적 기초 지식과 일반 지식에서 출발하여, 인류의 창의력과 어우러져 만들어 낸 인류 문명의 산물인 것을 느끼게 될 것이다. 반도체 공정의 각 공정과 그 원리를 이해하는 과정은 인류가 어떻게 불가능을 가능으로 바꾸어 왔는지를 이해하는 일과 다르지 않다고 생각한다. 그러므로 필자는 이 책이 독자에게 단순한 지식 전달을 넘어, 공학과 과학을 통해 세상을 넓고 멀리 바라보는 새로운 시각을 열어주기를 기대한다.

이 책이 나오기까지 실로 오랫동안 필자의 집필 의지를 제고시키며, 결국 오늘의 출간까지 이르게 해주신 박현진 부장님과, 도서의 편집을 처음부터 끝까지 정성껏 도와주고 교정해주신 임여울 선임님, 그리고 여러 한빛아카데미(주) 관계자분들에게 감사의 마음을 전한다.

마지막으로 늘 곁에서 힘이 되어 주고 응원해주고 지탱해준 사랑하는 아내와, 부모에게 한결같은 사랑과 믿음을 건네주는 귀한 딸과 아들에게 마음속 깊은 한없는 고마움을 전한다. 그리고 부모님께 헤아릴 수 없이 감사드린다. 이 책을 통해 얻는 모든 기쁨과 성취는 바로 그 사랑에 바치는 작은 헌정일 뿐이다.

2025년 가을

지은이 **임상우**

미리보기

물질을 전기적 성질의 관점에서 구분하면 도체, 반도체, 절연체로 나뉜다. 도체는 구리(Cu)나 은(Ag)처럼 전류가 잘 흐르는 물질이고, 절연체는 유리나 나무처럼 전류가 잘 흐르지 않는 물질이다. 물체에 전류가 흐르는 정도를 나타내는 것을 전기 전도도(conductivity)라고 하는데, 일반적으로 전기 전도도가 10^6S/m 이상인 것을 도체, 10^{-6}S/m 이하인 것을 절연체라고 한다. 그리고 전도도가 도체와 절연체의 중간 정도 되는 물질을 반도체라고 한다. 참고로 전기 전도도의 역수를 **비저항**(resistivity)이라고 하며, 단위는 Ωm이다.

그러면 전기 전도도의 차이는 어디에서 유래하는 것일까? 금속은 자유 전자가 많기 때문에, 외부 전기장이 가해지면 이러한 자유 전자의 이동에 의해 전류의 흐름이 쉽게 형성된다. 반도체는 외부 에너지를 통해 물질의 전도도를 쉽게 변화시킬 수 있는 물질이며, **밴드갭 에너지**(band gap energy)의 간격이 그리 크지 않아 외부 전기장 등의 인가에 따라 전자가 쉽게 전도대로 올라갈 수 있는 특성을 가진다. 반면에 절연체는 밴드갭 에너지가 커서 전자가 전도대로 쉽게 올라가지 못한다. 이러한 내용은 1.1절에서 자세히 설명한다.

들어가기 전에

해당 장에서 다루는 내용이 무엇인지 소개하고 관련된 내용을 제시합니다.

SECTION 1.1 에너지 밴드

원자는 원자핵과 그 주위를 둘러싸고 있는 전자로 이루어진다. 전자는 에너지 준위를 갖게 되는데, 전자들의 에너지는 매우 작은 에너지 차로 분포하고 있으며 연속적인 에너지 띠 형태의 분포를 가지는 것으로 알려져 있다. 이와 같이 물질 내 전자의 에너지 준위가 연속적인 구조를 형성할 때 **에너지 밴드**(energy band)라고 정의한다. 이때 물질이 도체가 되느냐 절연체가 되느냐 하는 것은 전자 에너지 밴드의 세부적인 구조와 전자 에너지 상태에 의해 결정된다. 특히 가전자대(valence band)와 전도대(conduction band) 사이의 에너지 밴드에서 양자역학적 이유로 전자가 존재할 수 없는 에너지 밴드의 영역을 금지대라고 한다. 그리고 금지된 에너지 폭을 에너지 밴드갭(energy band gap)이라고 한다. [그림 1-1]은 도체(금속), 반도체, 절연체의 밴드갭의 형태를 모식화한 그림이다.

금속의 경우에는 전도대에 전자가 존재하므로 전기장을 인가할 때 전자가 이동하여 전류가 쉽게 흐르게 된다. 흔히 금속의 경우에는 가전자대와 전도대가 중첩되어 있다고 한다. 그러나 가전자대에 전자가 채워져 있는 절연체의 경우에는 [그림 1-1]에서 볼 수 있듯이 에너지 갭이 매우 커서 일반적인 환경에서는 전자가 전도대로 이동할 수 없다. 이에 반해, 반도체는 금지대의 에너지 폭이 상대적으로 작기 때문에 온도가 매우 낮은 경우를 제외하고는, 일정 부분의 전자가 가전자대로부터 전도대로 여기(excitation)되고 일정한 전압을 가하면 전류가 흐르게 된다. 이러한 반도체로서의 성질을 나타내는 물질 중 가장 중요하고 유명한 것은 실리콘(silicon, Si)이다.

본문

반도체 공정을 이해하는 데 필요한 내용을 일관되고 상세하게 설명합니다.

SECTION 1.5 수율

인공지능(AI) · 빅데이터 시대를 맞아 새롭고 다양한 서비스의 수요가 발생함에 따라 반도체 소자는 미세화 · 고집적화되는 방향으로 끊임없이 발전하고 있다. 더구나 반도체 제조를 위한 기술 혁신을 위해 업계는 막대한 비용을 소모하며 기술 경쟁을 벌이고 있다. 이러한 반도체 설계와 제조 기술의 고도화는 당연히 중요한 것이지만, 그와 못지않게 중요한 것은 반도체 생산에 있어서의 수율(yield) 향상이다.

수율이란 반도체 제조에 있어서 웨이퍼 한 장에 설계된 칩(chip)의 개수 대비 실제 정상적으로 생산된 칩의 비율을 일컫는다. 반도체 산업은 기술 개발은 물론 수율을 높이기 위한 필사적인 전쟁을 치루고 있다. 제 아무리 반도체 소자가 미세화 · 고집적화되어도, 제조 공정에서 문제점이 발생해 수율이 낮아지면 곧 매출 및 이익의 감소를 불러온다.

다이 수율

반도체 공정에 있어서 웨이퍼로부터 얻어지는 **다이 수율**(die yield, Y_D)은 시스템 제한 수율(systematic limited yield, Y_S)과 랜덤 디펙트 제한 수율(random-defect limited yield, Y_R)의 곱으로 결정된다.

$$Y_D = Y_S \cdot Y_R \tag{1.2}$$

여기서 랜덤 디펙트 제한 수율(Y_R)이 흔히 공정상에서 얻어지는 수율이 되며, 푸아송 수율 모델(Poisson yield model), 음이항 수율 모델(Negative binomial yield model) 등을 기반으로 해석될 수 있다.

$$Y_R = \exp(-D_0A) \quad : \text{푸아송 수율 모델} \tag{1.3}$$

$$Y_R = Y_S \cdot Y_R \quad : \text{음이항 수율 모델} \tag{1.4}$$

$$Y_R = \left\{1 + \frac{D_0A}{\alpha}\right\}^{-\alpha} \tag{1.5}$$

여기서 A는 다이 면적이고, D_0는 디펙트 밀도(defect density)[1]이다. α는 클러스터링 계수(clustering factor)로 일반적으로 0.3~5의 값을 가지나 보통 2로 취급된다.

1 단위 면적당 디펙트 수를 의미한다.

주요 용어

핵심이 되는 용어를 한눈에 파악할 수 있도록 강조하여 보여줍니다.

각주

본문에 대한 보충 설명이나 추가 내용을 제시합니다.

[그림 2-2]에는 실리콘이 산화되어 형성된 Si/SiO_2 계면의 단면 TEM(Transmission Electron Microscopy) 이미지와 원자 구조를 나타낸다.

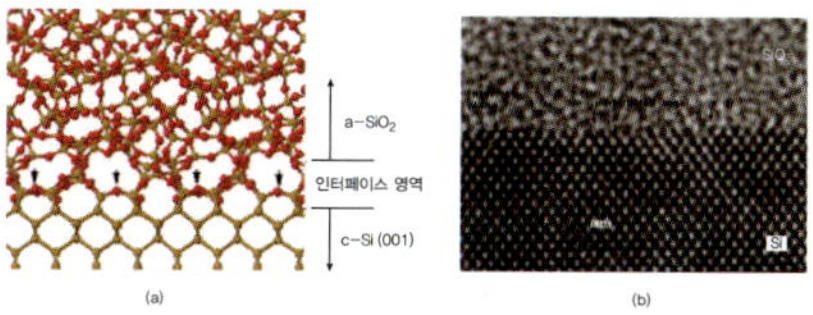

[그림 2-2] Si/SiO_2 계면의 단면 TEM 이미지와 원자 구조[1]

참고문헌 표기

본문에 수록된 사진이나 자료의 출처를 책의 뒷부분에 제공합니다. 이를 통해 관련 내용을 좀더 자세히 알아볼 수 있습니다.

NOTE 습식 식각과 건식 식각의 비교

[표 5-3]에는 습식 식각과 건식 식각의 특징 및 장단점을 비교해 놓았다. 먼저 습식 식각은 장치 비용이 덜 소요되고 식각 속도가 빠르며 식각 선택비가 높다는 장점이 있다. 그러나 식각이 등방위적으로 일어나서 미세화되는 패턴 형성에는 부적합하다. 건식 식각은 그러한 점에서 미세 패턴의 종횡비가 높은 형상을 제작하기에 적합하다. 그 이유는 식각이 방향성을 가질 수 있기 때문이다. 그러나 습식 식각에 비해 식각 속도가 느리고, 식각 선택비가 낮다는 단점이 있다.

[표 5-3] 습식 식각과 건식 식각의 비교

구분		습식 식각	건식 식각
방법		화학 약액에 의한 화학 반응	플라즈마상에서 화학 반응 및 물리적 작용
장치		배쓰	진공 체임버
방향성		등방성	방향성
특징	장점	• 상대적으로 저가의 공정 비용 • 빠른 식각 속도 • 높은 식각 선택비	• 미세 패턴사이즈(<100 nm)에 적용 가능
	단점	• 미세 패턴사이즈에 적용 불가능 • 오염 가능성 높음 • 화학 약액의 유해성	• 고가의 장치 및 공정 비용 • 낮은 생산성 • 낮은 식각 선택비
종류	Si	• 원료 : KOH, HNO_3 + HF + H_2O • 식각 속도 : ~0.1 μm/min • 식각 선택비 : >50:1	• 원료 : CF_4, CF_6 • 식각 속도 : 50 nm/min • 식각 선택비 : ~20:1
	SiO_2	• 원료 : DHF, BHF • 식각 속도 : 0.01~1 μm/min • 식각 선택비 : >50:1	• 원료 : CHF_3+O_2, CF_4+H_2 • 식각 속도 : 20 nm/min • 식각 선택비 : <20:1
	Si_3N_4	• 원료 : DHF, H_3PO_4 • 식각 속도 : 0.01~0.11 μm/min • 식각 선택비 : >30:1	• 원료 : CF_4+O_2, CHF_3 • 식각 속도 : 10 nm/min • 식각 선택비 : <20:1

NOTE

내용을 이해하는 데 도움이 되는 추가 설명을 제시합니다.

연습문제

해당 장에서 이해한 내용을 점검할 수 있는 문제를 제공합니다.

5장 연습문제

5.1 반도체 공정에서 건식 플라즈마 식각이란 무엇인지 설명하시오.

5.2 건식 플라즈마 식각의 대표적인 방식과 특징을 간단히 설명하시오.

5.3 플라즈마가 형성되는 원리를 간략히 설명하시오.

5.4 건식 식각에 주로 사용되는 가스 2종과 각각의 주요 용도를 쓰시오.

5.5 건식 식각에서 '이방성(anisotropy)'이란 무엇인지 정의하고, 이방성이 높을수록 나타나는 패턴 특성을 쓰시오.

5.6 건식 식각 공정의 대표적인 장점과 단점을 각각 2가지씩 쓰시오.

5.7 건식 식각에서 포토레지스트 또는 하드 마스크 재료를 선택할 때 고려해야 할 주요 기준을 설명하시오.

5.8 건식 식각에서 종횡비(AR)의 정의와 AR이 높아질 때 발생할 수 있는 문제를 쓰시오.

5.9 건식 식각 공정에서 측벽 보호막 형성(sidewall passivation)의 역할을 설명하시오.

5.10 보쉬(Bosch) 공정에 대해 설명하시오.

5.11 건식 식각 공정에서 공정 변수들이 어떤 영향을 주는지 설명하시오.

5.12 반도체 기술이 미세 노드(예: 3nm 이상)로 발전함에 따라, 식각 공정에서 직면하는 주요 과제는 무엇인지 설명하고, 이러한 문제를 해결하기 위한 방법에 대해 설명하시오.

5.13 직경 200mm의 원형 웨이퍼를 전체 표면에 걸쳐 500nm 깊이까지 균일하게 식각했을 때, 식각 과정에서 제거된 재료의 총량을 계산하시오.

목차

CHAPTER 03 포토리소그래피

CHAPTER 04 습식 식각 및 세정

목차

CHAPTER 05 건식 식각

CHAPTER 06 확산

CHAPTER 07 이온주입

CHAPTER 08 박막 증착

CHAPTER 09 CMP

CHAPTER 10 배선

CHAPTER 11 패키징

CHAPTER 01

반도체 제조 기초

Fundamentals of Semiconductor Manufacturing

물질을 전기적 성질의 관점에서 구분하면 도체, 반도체, 절연체로 나뉜다. 도체는 구리(Cu)나 은(Ag)처럼 전류가 잘 흐르는 물질이고, 절연체는 유리나 나무처럼 전류가 잘 흐르지 않는 물질이다. 물체에 전류가 흐르는 정도를 나타내는 것을 전기 전도도(conductivity)라고 하는데, 일반적으로 전기 전도도가 $10^6 S/m$ 이상인 것을 도체, $10^{-6} S/m$ 이하인 것을 절연체라고 한다. 그리고 전도도가 도체와 절연체의 중간 정도 되는 물질을 반도체라고 한다. 참고로 전기 전도도의 역수를 **비저항**(resistivity)이라고 하며, 단위는 Ωm이다.

그러면 전기 전도도의 차이는 어디에서 유래하는 것일까? 금속은 자유 전자가 많기 때문에, 외부 전기장이 가해지면 이러한 자유 전자의 이동에 의해 전류의 흐름이 쉽게 형성된다. 반도체는 외부 에너지를 통해 물질의 전도도를 쉽게 변화시킬 수 있는 물질이며, **밴드갭 에너지**(band gap energy)의 간격이 그리 크지 않아 외부 전기장 등의 인가에 따라 전자가 쉽게 전도대로 올라갈 수 있는 특성을 가진다. 반면에 절연체는 밴드갭 에너지가 커서 전자가 전도대로 쉽게 올라가지 못한다. 이러한 내용은 1.1절에서 자세히 설명한다.

SECTION 1.1 에너지 밴드

원자는 원자핵과 그 주위를 둘러싸고 있는 전자로 이루어진다. 전자는 에너지 준위를 갖게 되는데, 전자들의 에너지는 매우 작은 에너지 차로 분포하고 있으며 연속적인 에너지 띠 형태의 분포를 가지는 것으로 알려져 있다. 이와 같이 물질 내 전자의 에너지 준위가 연속적인 구조를 형성할 때 **에너지 밴드**(energy band)라고 정의한다. 이때 물질이 도체가 되느냐 절연체가 되느냐 하는 것은 전자 에너지 밴드의 세부적인 구조와 전자 에너지 상태에 의해 결정된다. 특히 가전자대(valence band)와 전도대(conduction band) 사이의 에너지 밴드에서 양자역학적 이유로 전자가 존재할 수 없는 에너지 밴드의 영역을 금지대라고 한다. 그리고 금지된 에너지 폭을 에너지 밴드갭(energy band gap)이라고 한다. [그림 1-1]은 도체(금속), 반도체, 절연체의 밴드갭의 형태를 모식화한 그림이다.

금속의 경우에는 전도대에 전자가 존재하므로 전기장을 인가할 때 전자가 이동하여 전류가 쉽게 흐르게 된다. 흔히 금속의 경우에는 가전자대와 전도대가 중첩되어 있다고 한다. 그러나 가전자대에 전자가 채워져 있는 절연체의 경우에는 [그림 1-1]에서 볼 수 있듯이 에너지 갭이 매우 커서 일반적인 환경에서는 전자가 전도대로 이동할 수 없다. 이에 반해, 반도체는 금지대의 에너지 폭이 상대적으로 작기 때문에 온도가 매우 낮은 경우를 제외하고는, 일정 부분의 전자가 가전자대로부터 전도대로 여기(excitation)되고 일정한 전압을 가하면 전류가 흐르게 된다. 이러한 반도체로서의 성질을 나타내는 물질 중 가장 중요하고 유명한 것은 실리콘(silicon, Si)이다.

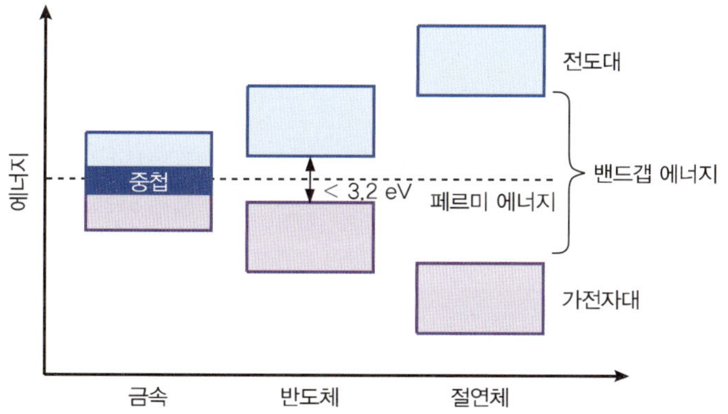

[그림 1-1] 도체(금속), 반도체, 절연체의 밴드갭의 형성

SECTION 1.2 실리콘 결정

[그림 1-2]는 원자번호 14와 원자량 28.085를 갖는 실리콘의 원자 구조를 나타낸다.

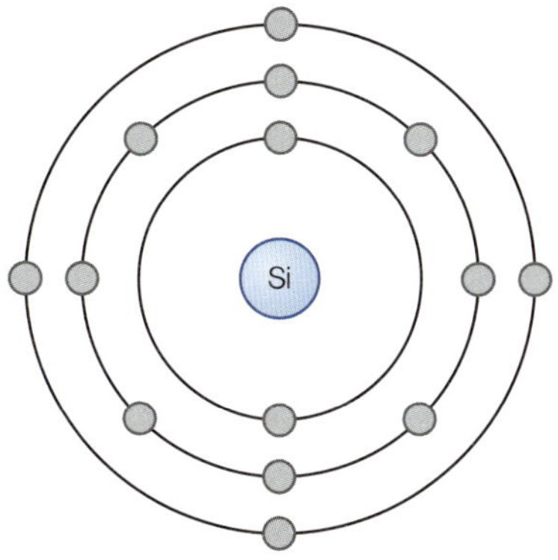

[그림 1-2] 실리콘의 원자 구조

이는 실리콘 원자와 산소 원자가 Si–O–Si–O–Si–O와 같이 교대로 길게 결합(중합)되어 있고 실리콘에 수소 등이 결합한 형태인 '실리콘 수지' 또는 실리콘 고무 등으로 알려진 'silicone'과 구분된다. silicon은 반도체 소자 제작 등에 사용되나, silicone은 창문 틈 등을 메우는 실란트, 방수재료, 오일, 인체 보형물 등으로 사용된다.

실리콘의 원자 구조

실리콘 결정은 원자들끼리 서로 공유결합을 이루고 있으며, 이를 진성 반도체(intrinsic semiconductor)라고 한다. 여기에 불순물을 첨가한 것을 불순물 반도체(extrinsic semiconductor)라고 한다. 불순물(impurity)이라고 하니 마치 오염물처럼 인식되어 깨끗하지 못하다는 부정적인 느낌이 들 수 있으나, 전기적 특성을 변화시키는 도펀트(dopant)를 의미한다. 이때 전자(electron)와 정공(hole)은 모두 전하를 이동시킬 수 있으므로 이들을 캐리어(carrier)라고 칭하는데, 불순물 반도체에서 잉여 정공을 제공하면 페르미 준위는 내려가고 전자를 제공하면 페르미 준위는 올라간다. 진성 반도체에 잉여의 전자를 제공하는 물질을 도너(donor)라고 하고, 잉여의 정공을 제공하는 물질을 억셉터(acceptor)라고 하고 한다.

또한 [그림 1-3]에 나타냈듯이 실리콘에 5족 원소(도너)가 도핑된 반도체를 **n형 반도체**, 3족 원소(억셉터)가 도핑된 반도체를 **p형 반도체**라고 한다.

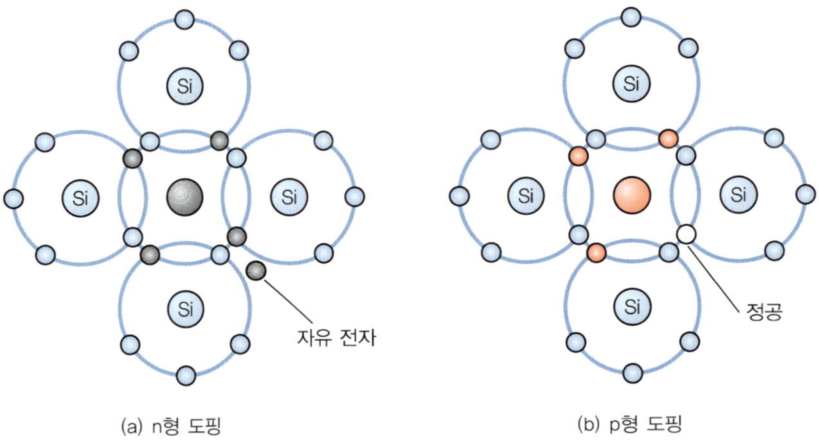

[그림 1-3] 실리콘의 공유결합

n형 반도체에서 도펀트로는 인(P), 비소(As)가 사용되며, 음(−)의 전하를 갖는 전자가 많이 있으므로 네거티브(negative)라는 단어에서 그 이름이 유래되었다. 한편, p형 반도체에는 붕소(B)가 주로 사용되며, 양(+)의 전하를 띠는 정공이 많이 포함되어 포지티브(positive)라는 말에서 유래되었다.

실리콘의 결정 구조

고체는 그 내부의 원자들의 배열 구조에 따라 **단결정**(single crystal), **다결정**(polycrystal), **비정질**(amorphous)로 나눌 수 있다. 먼저 결정이란 물질 내의 원자의 배열이 규칙적이며 반복적으로 이루어진 물질을 일컫는데, 특히 고체의 전체 영역에 걸쳐서 결정의 배열이 일정하게 이루어져 있으면 단결정, 부분적으로는 결정을 이루나, 그러한 결정이 전체적으로 규칙성이 없이 군데군데 따로 형성되어 있는 것을 다결정이라고 한다. [그림 1-4]를 보면 그 구분이 쉽게 이해될 것이다.

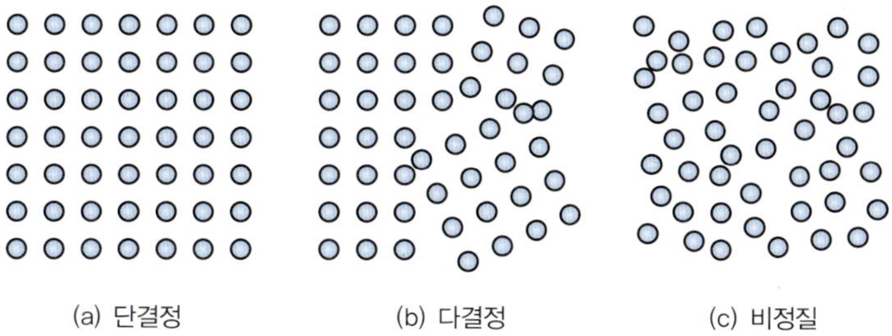

[그림 1-4] 고체 분자의 결정 구조

비정질은 원자의 배열 구조가 규칙성 없이 랜덤하게 이루어져 있는 물질을 말한다. 예를 들어 우리가 주위에서 쉽게 찾아볼 수 있는 유리가 해당되며, 이와 같은 유리(실제로는 SiO_2)가 결정화된 것을 수정(quartz)이라고 부른다. 일반적으로, 단결정으로 형성된 물질은 전자의 이동이 빠르고 우수한 전기적 성질을 나타낸다. 따라서 우수한 특성의 트랜지스터나 기타 전자 소자를 제작하기 위해 단결정 실리콘이 필요하다.

[그림 1-5]는 실리콘 단결정의 단위 격자(unit cell) 구조를 나타낸다.

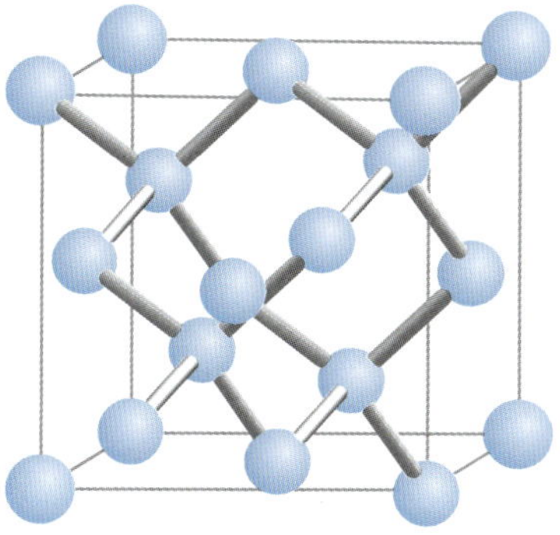

[그림 1-5] 실리콘 단결정의 단위 격자

실리콘은 다이아몬드 입방(diamond cubic) 결정 구조를 갖는다. 각 실리콘 원자는 4개의 가장 가까운 실리콘 원자와 결합하고 있으며, 사면체(tetrahedron) 배열을 이루고 있다. 단위 격자의 한 변 길이인 격자상수(lattice constant)는 0.543 nm 이고, 가장 가까운 이웃 원자와의 거리는 0.235 nm 이다. 그림을 보면 단위 격자에 총 18개의 원자가 보이나 실제로 격자 내에 존재하는 실리콘 원자 수는 그렇지 않다.

실제 단위 격자 내에 존재하는 실리콘의 원자 수에 대해 알아보자. 먼저, 격자 내부에 완전히 들어 있는 원자는 4개이다. 그리고 단위 격자의 모서리에는 8개의 원자가 존재한다. 그러나 사실 이 원자들은 각각 8개의 다른 단위 격자에 의해 공유되고 있다. 또한 정육면체 6개의 면 위에 있는 6개의 원자들은 알고 보면 각각 2개의 다른 단위 격자에 의해 공유된다. 그러므로 격자 내 총 실리콘 원자 수와 격자의 부피($0.543 nm^3$)를 고려한 실리콘 원자의 밀도는 다음과 같다.

- 격자 내 총 실리콘 원자 수 : $4 + \left(8 \times \frac{1}{8}\right) + \left(6 \times \frac{1}{2}\right) = 8$
- 실리콘 원자의 밀도 : $\frac{8}{0.543\,\text{nm}^3} = 5 \times 10^{22}\,\text{at/cm}^3$

[그림 1-6]은 결정 방향과 결정면을 설명하기 위해 x, y, z축에 대한 원자 구조를 나타낸 것이다. 여기서 x, y, z축을 서로 바꿔서 생각해도 무방하다. 그림에서는 [100], [010], [110], [111] 등 다양한 결정 방향을 나타내고 있다. **결정면**(crystal plane)을 표시할 때에는 면이 x, y, z축과 만나는 점을 나타내고 그 역수를 간단한 정수 꼴로 나타내는데 이를 밀러 지수(Miller index)라고 한다. [그림 1-6]에서는 가장 단순한 구조 중 하나인 입방(cubic) 구조에서의 결정면들의 예를 나타낸다. x, y, z축과의 교점이 $(\infty, \infty, 1)$이면 그 역수는 (001)이 되므로 이것은 (001)면이 된다. 만일 교점이 $(1, 1, \infty)$이면 그 역수가 (110)이므로 이것은 (110)면이 된다. 교점이 $(1, 1, 1)$인 경우에는 역수도 (111)이므로 (111)면이 된다. 참고로, 결정을 다룰 때 결정의 방향은 각괄호인 [ ]로, 결정의 면은 일반적인 괄호 ( )로 나타낸다.

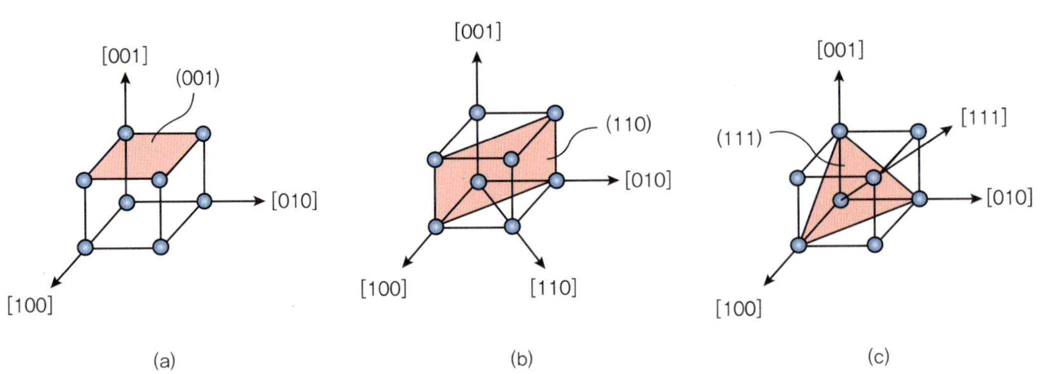

[그림 1-6] 입방 결정 구조에서의 결정 방향과 결정면의 예

그렇다면, 실리콘의 경우는 어떠할까. [그림 1-7]에는 실리콘의 결정 구조를 방향에 따른 2차원적인 결정면으로 표현한 원자 배열을 나타냈다. 이는 [그림 1-6]에서 설명한 (100), (110), (111) 면에서의 실리콘의 결정 구조를 보면 배열이 매우 다르다는 것을 알 수 있다.

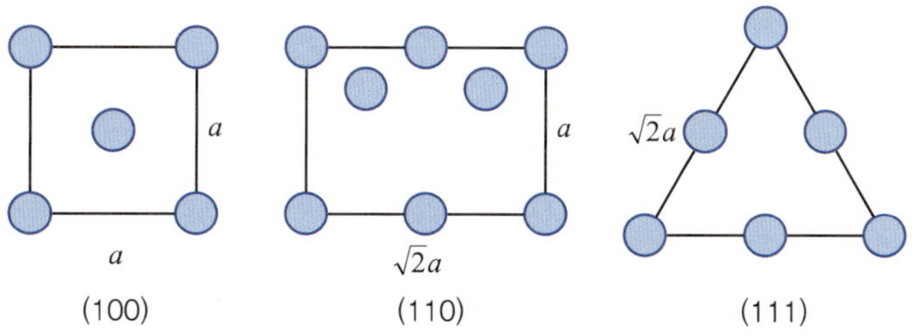

[그림 1-7] 실리콘 결정의 결정 면에 따른 원자 배열

이제 원자의 면밀도를 알아보기로 하자. (100)면, (110)면, (111)면의 면밀도를 계산하면 각각 다음과 같다.

- (100)면 : $\dfrac{1+(4\times 1/4)}{a^2} = 6.78\times 10^{14}\text{at/cm}^2$
- (110)면 : $\dfrac{2+(4\times 1/4)+(2\times 1/2)}{\sqrt{2}\,a^2} = 9.59\times 10^{14}\text{at/cm}^2$
- (111)면 : $\dfrac{(3\times 1/6)+(3\times 1/2)}{\sqrt{3}\,a^2/2} = 7.83\times 10^{14}\text{at/cm}^2$

즉 원자 면밀도는 (110)면 > (111)면 > (100)면 순이다. 이러한 차이는 뒤에 나오는 실리콘의 산화(2장), 식각(4~5장) 등에 지대한 영향을 미친다.

SECTION 1.3 Si 웨이퍼

실리콘은 반도체 소자의 제조용를 위한 원재료로 매우 광범위하게 사용되고 있다. 흔히 단결정 실리콘은 폴리실리콘(다결정 실리콘)을 원재료로 하여 만들어진다. 실리콘은 실리콘의 산화물인 SiO_2(이산화규소)의 형태로 모래나 석영 등의 주성분으로 존재한다. 실리콘은 지각에서 산소 다음으로 많이 존재하는 물질이다. 이처럼 안정적으로 저렴하게 원료를 공급받을 수 있다는 사실은, 실리콘이 반도체 등의 전자 소자 산업에 유용하게 쓰이는 여러 이유 중 하나이다. 또한 실리콘은 반도체로서 적당한 밴드갭 에너지(1.1eV)와 비저항($2.3\times 10^3\,\Omega\text{m}$)을 가지고 있어 비교적 고온에서도 안정적으로 소자가 작동한다는 장점을 가지고 있다.

또한 실리콘은 4개의 최외각 전자를 가지고 있어 다른 물질들과 반응하여 쉽게 화합물을 만들 수 있고, 특히 산화된 형태인 SiO_2는 매우 뛰어난 절연체로서 역할을 한다. 이러한 측면에서, 실리콘은 반도체 소자, 센서 등의 다양한 전자 부품을 제작하는 데 있어 없어서는 안 될 매우 중요한 물질이다.

이러한 실리콘을 이용하여 고순도로 정제된 **잉곳**(ingot)을 만든다. 잉곳의 지름은 성장 속도에 따라 바뀌는데, 이렇게 형성된 원통형의 잉곳을 얇게 잘라서 원판형 디스크로 만들며 이를 웨이퍼(wafer)라고 한다. 시판되고 있는 과자 중에 '웨하스'라는 이름을 가진 과자가 있는데, 이것은 얇은 형태로 찍어서 만드는 것을 의미하는 wafer에서 비롯된 것이다. 실제 영어로도 웨이퍼이나, 이를 일본식 발음으로 바꾸어 '웨하스'가 되어 버린 것이다. 지금도 일본 사람들은 Si 웨이퍼를 '웨하'라고 한다. 또 하나의 유명한 간식거리인 벨기에 와플(waffle)도 같은 어원을 가진다.

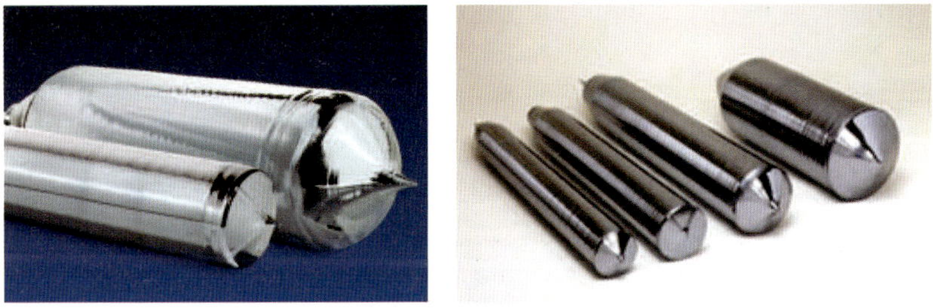

[그림 1-8] 실리콘 잉곳[1]

이제 이러한 Si 웨이퍼를 만드는 방법을 좀 더 자세히 알아보자. 일반적으로, SiO_2를 가열한 후 녹여서 순수 실리콘을 얻게 되는데 아직 그 순도가 반도체 급이라 불릴 만큼 고순도는 아니기 때문에 추가 공정이 필요하다.

초크랄스키법

초크랄스키법(Czochralski Method)은 단결정을 만드는 가장 일반적인 방법으로서 CZ법이라고 한다. [그림 1-9]에 나타낸 바와 같이 석영 도가니(quartz crucible) 안에서 폴리실리콘을 가열하여 용해시키고 종자 결정(seed crystal)을 용융액(molten silicon) 속에 담궈서 천천히 봉(rod)을 돌리면서 끌어올리면 순수한 실리콘 잉곳이 만들어진다. 이때 실리콘 원자들이 종자 결정에 달라붙어서 결정 구조가 커지게 되는데, 그 결과로 초크랄스키법에 의해 형성된 실리콘의 결정 배향(orientation)은 종자와 같은 방위를 갖게 된다. 이러한 방법으로 만들어진 잉곳은 하나의 커다란 결정체로 제작된 실리콘 덩어리이며, 한 방향으로 배향된 단결정이기 때문에 결정 사이의 경계가 없다. 단, 용융 실리콘을 유지하는 석영 도가니로부터 용해된 산소 불순물을 함유할 수 있다는 단점이 있다.

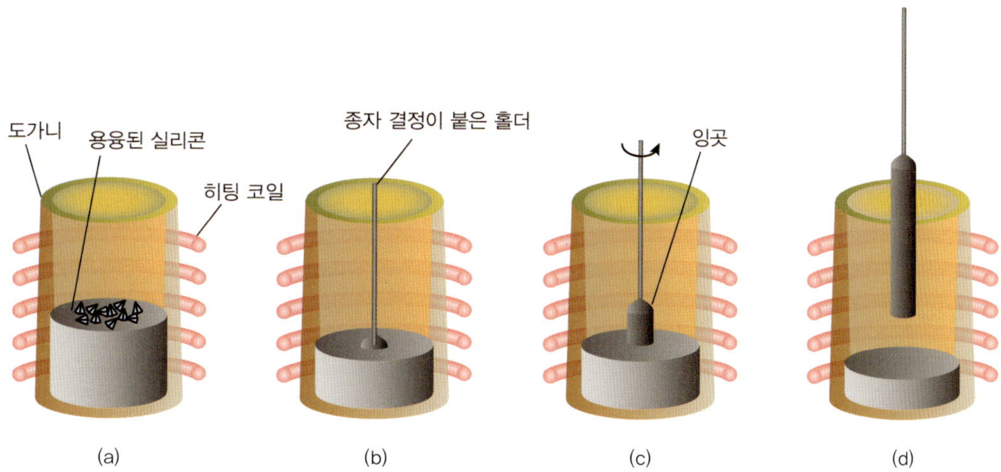

[그림 1-9] 실리콘 단결정 잉곳을 만드는 초크랄스키법의 개략도

부유 대역법

부유 대역법(Floating Zone Method)은 FZ법이라고도 불리는데, [그림 1-10]에서 보듯이 하단에 종자 결정이 이미 있는 원통형 폴리실리콘 잉곳을 이용하여 제작된다. 먼저, 원료가 되는 상부의 폴리실리콘 주위를 둘러싸고 있는 RF 코일을 이용한 고주파 가열법을 이용하여 폴리실리콘을 용융시킨다. 그리고 그 아래에서 실리콘 단결정층을 형성시킨 후 이를 냉각시켜서 단결정 실리콘 잉곳을 만든다. 코일 히터가 아래에서부터 시작하여 용융 구역 쪽으로 위로 이동하므로, 응고된 단결정 잉곳은 아래쪽에 형성된다. 초크랄스키법과 같이 도가니를 사용하지 않고, 불순물은 용융 실리콘에 머무르는 것을 선호하므로 결정 잉곳에 결함 산소와 같은 불순물이 혼합되지 않고 매우 고순도의 단결정을 얻을 수 있다.

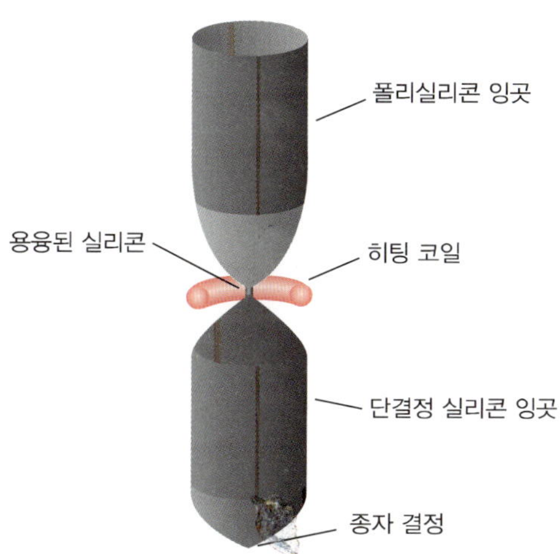

[그림 1-10] 실리콘 단결정 잉곳을 만드는 부유 대역법의 개략도

웨이퍼 크기의 변화

웨이퍼는 도펀트 타입에 따라 n형과 p형이 존재하며, 도펀트 농도에 따라 비저항이 변화한다. 앞서 언급한 것처럼 실리콘의 결정 및 슬라이스 방향에 따라 (100), (111), (110) 등의 웨이퍼가 존재하며, 일반적으로 반도체 소자의 양산을 위해서는 (100) 웨이퍼를 사용하고 있다. 또한 웨이퍼는 공정 및 취급 중에 균열 없이 무게를 지탱할 정도의 두께를 가져야 하는데, 웨이퍼의 두께는 실리콘의 기계적 강도에 의해 결정된다. 그리고 반도체 양산을 위한 웨이퍼 크기(직경)는 2→4→6→8→12인치로 점점 커져 왔다([그림 1-11] 참고).

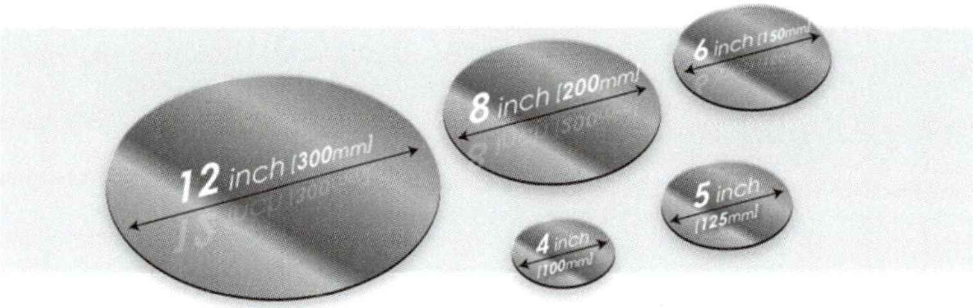

[그림 1-11] 크기가 다른 Si 웨이퍼 [2]

식 (1.1)에는 **다이**(die) 또는 **칩**(chip)의 크기, 웨이퍼의 크기, 그리고 한 장의 웨이퍼당 다이의 개수의 관계를 나타내며, [그림 1-12]에는 이 식으로 계산된 결과를 나타낸다.

$$\text{웨이퍼당 다이의 개수} = \frac{\pi \times (\text{웨이퍼 지름}/2)^2}{\text{다이의 크기}} - \frac{\pi \times \text{웨이퍼 지름}}{\sqrt{2} \times \text{다이의 크기}} \tag{1.1}$$

웨이퍼의 크기가 증가함에 따라 원료의 양이나 제작 장비 등의 기반 투자가 증가한다. 그러나 [그림 1-12]에 나타난 바와 같이 웨이퍼의 크기가 커지면 단일 웨이퍼에서 얻어지는 칩의 수가 급격히 증가하므로, 반도체 업계에서는 웨이퍼의 크기를 확대하려는 노력을 꾸준히 기울이고 있다.

100mm(4인치) 웨이퍼에서 150mm(6인치) 웨이퍼로의 진화는 면적이 약 125% 증가한 결과를 가져왔다. 이는 200mm(8인치) 웨이퍼에서 300mm(12인치)까지 확대되었을 때의 비율와 같다. 이러한 추세라면 300mm 이후에는 450mm 직경의 웨이퍼에서 양산이 이루어질 것으로 기대된다. 물론 웨이퍼의 크기가 커지면 이에 따른 생산 기술 및 장비의 발전이 뒷받침되어야 함은 필수적이다.

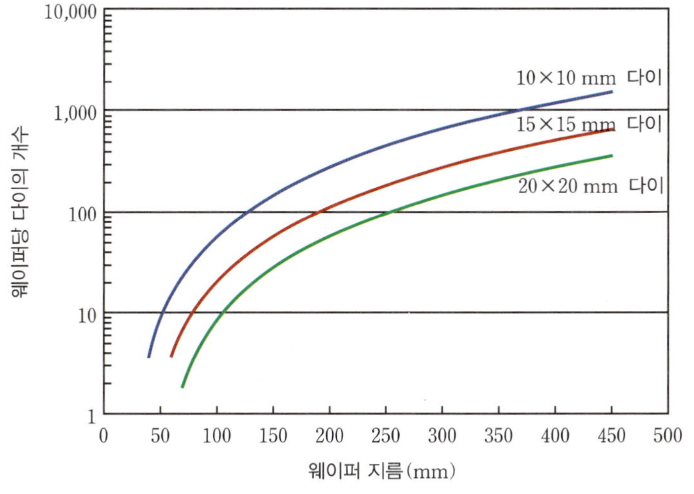

[그림 1-12] 웨이퍼의 크기와 다이의 크기에 따른 웨이퍼 상에서 얻어지는 다이의 개수

SECTION 1.4 반도체 제조 Fab

클린룸

반도체 제작을 위해서는 초청정(ultraclean)의 실내 공기질이 필요하다. 초청정이라 함은 공기 중의 단위 부피당 파티클의 수로 정의되는데, 일반적으로 초고집적 회로 소자를 제작하기 위해서는 Class 1~100 정도의 **클린룸**(cleanroom)에서의 공정이 요구된다. 클린룸에서는 공기가 위에서 아래 방향으로 흐르며, 바닥에 구멍이 뚫려있어 밑으로 공기가 배출된다. [그림 1-13]은 클린룸의 모습이다.

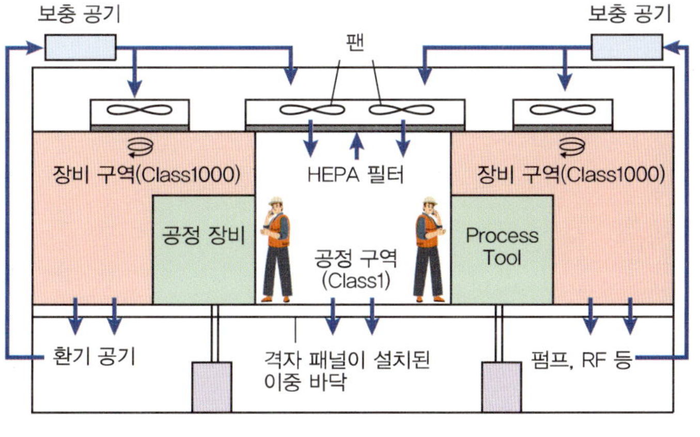

[그림 1-13] 클린룸의 모습

[표 1-1]은 클린룸의 클래스(Class)와 그에 따른 부피당 파티클의 수를 나타낸다. 이처럼 반도체 공정에서 초청정 조건이 필요한 이유는, 미세한 파티클이 웨이퍼나 포토마스크 표면에 부착되었을 때 디펙트(defect)로 작용하여 직접적으로 반도체 **수율**(yield)에 큰 영향을 주기 때문이다.

[표 1-1] 클린룸의 클래스와 그 정의

ISO	최대 파티클 수 / m^3						FED STD 209E*
	≧0.1㎛	≧0.2㎛	≧0.3㎛	≧0.5㎛	≧1㎛	≧5㎛	
ISO1	10	2.37	1.02	0.35	0.083	0.0029	
ISO2	100	23.7	10.2	3.5	0.83	0.029	
ISO3	1,000	237	102	35	8.3	0.29	Class1
ISO4	10,000	2,370	1,020	352	83	2.9	Class10
ISO5	100,000	23,700	10,200	3,520	832	29	Class100
ISO6	1×10^6	237,000	102,000	352,00	8,320	293	Class1,000
ISO7	1×10^7	2.37×10^6	1.02×10^6	352,000	83,200	2,930	Class10,000
ISO8	1×10^8	2.37×10^7	1.02×10^7	3.52×10^6	832,000	29,300	Class100,000
ISO9	1×10^9	2.37×10^8	1.02×10^8	3.52×10^7	8.32×10^6	293,000	Room air

* Airborne Particulate Cleanliness Class : 2001년 General Services Administration에서 취소되고, 국제표준화기구(ISO)의 표준으로 대체됨

[그림 1-14]에는 포토마스크에 발생한 디펙트(오염)와 이 결과로 발생한 웨이퍼 표면의 디펙트의 예를 나타낸다.

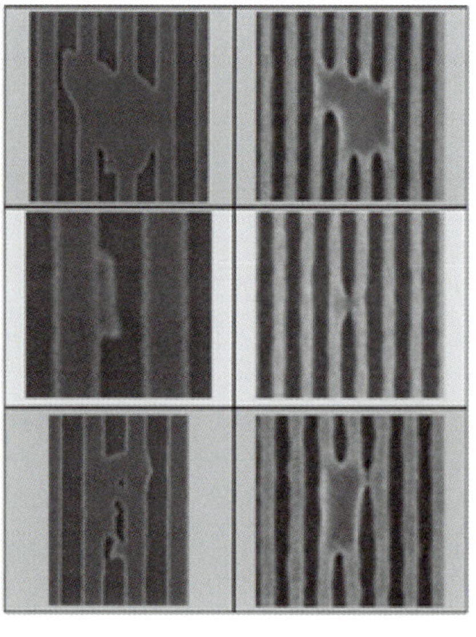

[그림 1-14] 포토마스크 상의 디펙트와 그에 따라 제작된 웨이퍼 상의 패턴 불량 [3]

FOUP

FOUP(Front Opening Unified Pod)은 웨이퍼를 공정 장비 사이에서 오염 없이 안전하게 이동할 수 있도록 설계된 특수 플라스틱 캐리어이다([그림 1-15] 참고). FOUP의 몸체, 도어 등은 고순도의 폴리카보네이트(polycarbonate, PC)로 제작되며, 탄소가 함유된 폴리에텔에텔케톤(polyether ether ketone, PEEK) 등의 고온 방습 재료가 웨이퍼와의 접촉 부분에 사용된다. 웨이퍼의 크기가 200mm였던 시기에는 웨이퍼 카세트(wafer cassette)라는 데에 넣어 웨이퍼를 이동시켰으나, 300mm 웨이퍼가 도입되면서 FOUP이 등장하였다.

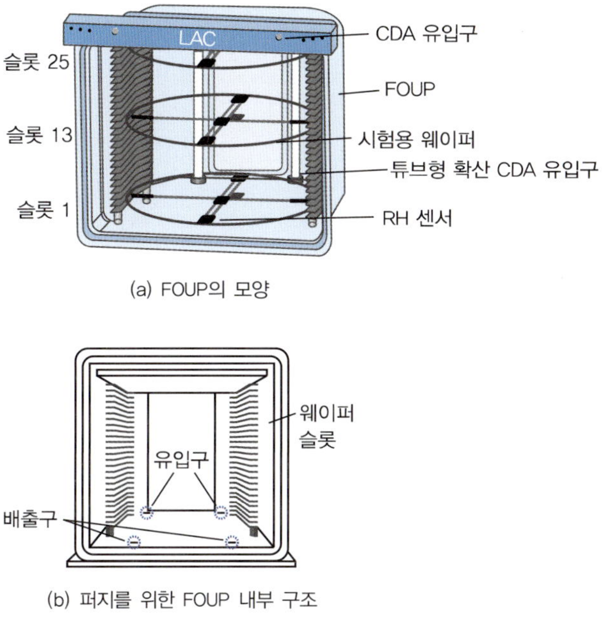

[그림 1-15] FOUP의 모양과 퍼징 구조 [4]~[5]

웨이퍼가 대기 중에 노출되면 공기 중의 파티클뿐만 아니라 대기 분자 오염(Airborne Molecular Contamination, AMC) 등의 다양한 이물질이 웨이퍼 위에 부착될 가능성이 커진다. 이는 수율 저하에 직결되므로, FOUP이 필요하다. FOUP 내부에는 가스를 이용해 퍼지(purge)가 가능하도록 설계되어 있다.

예를 들어, 질소(N)로 퍼징하면 FOUP 내부의 상대 습도가 최소화된다. 그리고 퍼징 방법이나 슬롯(또는 웨이퍼)의 위치에 따라 습도 레벨이 달라진다. 특히 FOUP의 도어가 열려 웨이퍼가 노출되는 공간인 **미니 환경**(Mini-Environment)에서도, 팬 필터 유닛(Fan Filter Unit, FFU)에서 발생하는 하강 기류가 FOUP 내부로 유입될 수 있다.

이 과정에서 습도가 있는 공기의 흐름이 FOUP 내부로 침투하여 웨이퍼 결함을 유발할 수도 있다([그림 1-16] 참고). 따라서 웨이퍼가 보관되는 FOUP뿐만 아니라 EFEM(Equipment Front End Module) 내의 미니 환경 내에서도 웨이퍼는 줄곧 오염원과 습도로부터 보호되어야 한다. 이를 위해 FFU로부터 FOUP으로 들어오는 입구에 CDA(Clean Dry Air)를 흐르게 하여 에어 커튼을 형성하기도 한다.

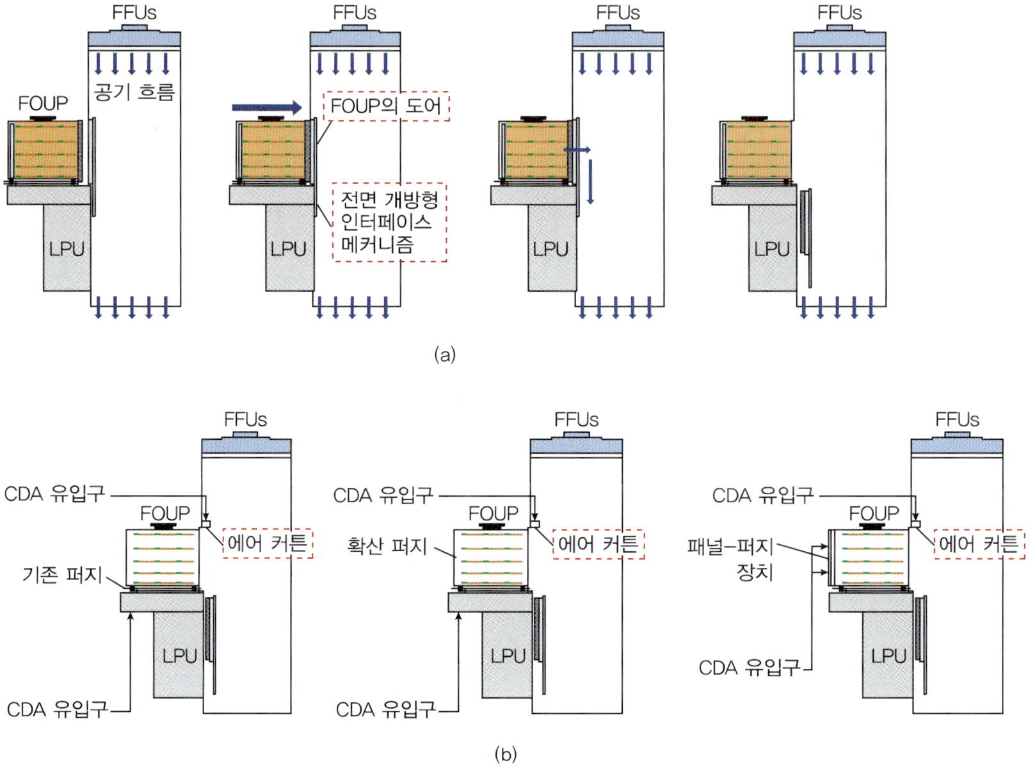

[그림 1-16] 미니 환경 내부에서의 공기 흐름[5]

FOUP의 오염이 심한 경우에는 습식 세정(wet cleaning)이 요구되어, FOUP 재료의 종류와 더불어 퍼지, 습식 세정 등은 수율에 큰 영향을 미친다. FOUP을 세정하는 세정기(cleaner)가 있으며, 노즐을 사용한 고압 초순수 분무와 적외선(IR) 가열 및 고온 CDA를 결합하여 파티클과 AMC를 제거한다.

EFEM

EFEM(Equipment Front End Module)은 반도체 제조 공정에서 웨이퍼의 로더/언로더 역할을 한다([그림 1-17] 참고). 이에 따라 웨이퍼는 FOUP으로부터 다음과 같이 이송된다.

> FOUP → EFEM → Loadlock → Wafer Transfer Chamber → Process chamber → Wafer Transfer Chamber → Loadlock → EFEM → FOUP

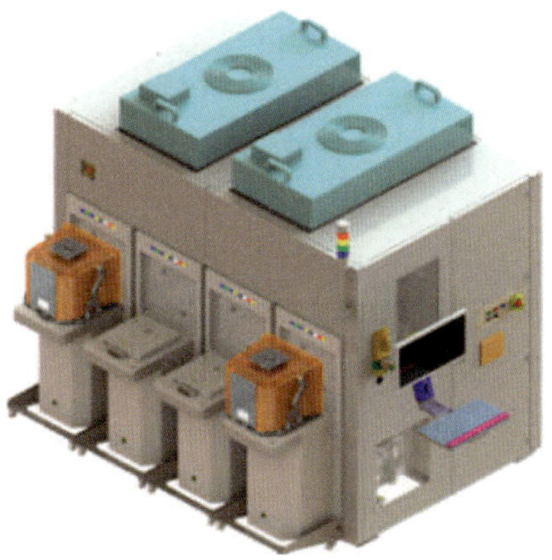

[그림 1-17] EFEM의 예 [6]

OHT

OHT(Overhead Hoist Transport)는 반도체 제조 공정에서 후속 공정 및 보관을 위해 웨이퍼들이 담긴 FOUP을 자동으로 이송하는 장비이다([그림 1-18] 참고). 이는 천장에 설치된 고정 레일을 따라 FOUP을 각 공정 장비로 직선 5m/s, 곡선에서 1m/s 정도의 속도로 운반하는 장치이며, 센서와 무선 통신 모듈을 통해 중앙 컨트롤러와 정보를 주고받으며 공정 자동화 및 생산성 향상에 기여하고 있다.

[그림 1-18] OHT의 예 [7]~[8]

SECTION 1.5 수율

인공지능(AI) · 빅데이터 시대를 맞아 새롭고 다양한 서비스의 수요가 발생함에 따라 반도체 소자는 미세화 · 고집적화되는 방향으로 끊임없이 발전하고 있다. 더구나 반도체 제조를 위한 기술 혁신을 위해 업계는 막대한 비용을 소모하며 기술 경쟁을 벌이고 있다. 이러한 반도체 설계와 제조 기술의 고도화는 당연히 중요한 것이지만, 그와 못지않게 중요한 것은 반도체 생산에 있어서의 수율(yield) 향상이다.

수율이란 반도체 제조에 있어서 웨이퍼 한 장에 설계된 칩(chip)의 개수 대비 실제 정상적으로 생산된 칩의 비율을 일컫는다. 반도체 산업은 기술 개발은 물론 수율을 높이기 위한 필사적인 전쟁을 치루고 있다. 제 아무리 반도체 소자가 미세화 · 고집적화되어도, 제조 공정에서 문제점이 발생해 수율이 낮아지면 곧 매출 및 이익의 감소를 불러온다.

다이 수율

반도체 공정에 있어서 웨이퍼로부터 얻어지는 **다이 수율**(die yield, Y_D)은 시스템 제한 수율(systematic limited yield, Y_S)과 랜덤 디펙트 제한 수율(random-defect limited yield, Y_R)의 곱으로 결정된다.

$$Y_D = Y_S \cdot Y_R \tag{1.2}$$

여기서 랜덤 디펙트 제한 수율(Y_R)이 흔히 공정상에서 얻어지는 수율이 되며, 푸아송 수율 모델(Poisson yield model), 음이항 수율 모델(Negative binomial yield model) 등을 기반으로 해석될 수 있다.

$$Y_R = \exp(-D_0 A) \quad : \text{푸아송 수율 모델} \tag{1.3}$$

$$Y_R = Y_S \cdot Y_R \quad : \text{음이항 수율 모델} \tag{1.4}$$

$$Y_R = \left\{1 + \frac{D_0 A}{\alpha}\right\}^{-\alpha} \tag{1.5}$$

여기서 A는 다이 면적이고, D_0는 디펙트 밀도(defect density)[1]이다. α는 클러스터링 계수(clustering factor)로 일반적으로 0.3~5의 값을 가지나 보통 2로 취급된다.

---

1 단위 면적당 디펙트 수를 의미한다.

푸아송 수율 모델은 디펙트가 웨이퍼 전체에서 무작위로 독립적으로 발생한다고 가정한다. 이는 디펙트 밀도가 낮고 디펙트 분포가 랜덤한 공정에 적합하며, 대형 소자의 수율을 낮게 예측하는 경향이 있다. 한편, 음이항 수율 모델은 웨이퍼 상의 디펙트 클러스터링 정도를 정량화한 클러스터링 계수 α를 도입하여 푸아송 모델을 확장시킨다. 클러스터링 계수 α가 작을수록 디펙트가 더 많이 모여 있음을 나타내고, 값이 클수록 디펙트가 더 랜덤하게 분포되어 있음을 나타낸다.

[그림 1-19(a)]에서 볼 수 있듯이, 클러스터링 계수 α가 작을수록 디펙트가 더 많이 모여 있기 때문에 결과적으로 수율이 증가한다. 그리고 디펙트 밀도가 클수록 α가 수율에 미치는 영향이 크고, 디펙트 밀도가 낮으면 α가 수율에 미치는 영향이 상대적으로 작다.

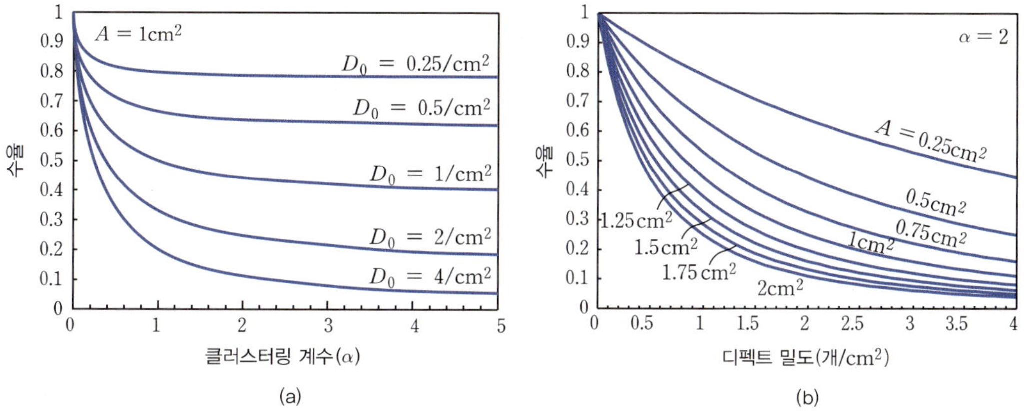

[그림 1-19] 디펙트 밀도, 클러스터링 계수, 다이 크기에 따른 수율의 변화

또한 [그림 1-19(b)]에서 볼 수 있듯이, 디펙트 밀도가 낮을수록, 그리고 다이의 크기가 작을수록 수율의 향상된다. 이 모델은 디펙트 분포가 무작위적이지 않은 공정에 이상적이며, 디펙트 클러스터링이 있는 웨이퍼의 경우 예측도가 향상된다. 그러나 추가적인 변수들은 통계적 방법이나 실제 디펙트 데이터로부터 추정해야 한다. 분명한 것은 어떠한 수율 모델을 적용하건, 다이가 크면 수율이 낮아지고, 다이가 작으면 수율이 높아진다는 것이다. 따라서 다이 크기를 나타내지 않은 상태에서 수율을 반도체 생산 상태의 지표로 언급하는 것은 정확하지 않다. 사실 수율은 디펙트 밀도로 표현되는 것이 더 정확하다.

공정 및 설계 제한 수율

반도체 소자의 생산 단계에서 수율은 공정 제한 수율(process-limited yield)과 설계 제한 수율(design-limited yield)의 조합이라고 볼 수 있다. 공정 제한 수율에 대한 기존 모델은 무작위 디펙트 불량(random defect fail)에 기반하며, 여러 공정 세대에 걸쳐 오랜 시간 동안 검증되어 왔다. 파티클과 리소그래피 공정에서 유래된 디펙트의 크기와 밀도는 지속적으로 모니터링된다.

이렇게 팹(Fab)에서 모니터링되는 디펙트 밀도 분포는 수율 모델의 주요 입력 정보가 된다. 최종적으로 이 디펙트 밀도 분포 정보를 설계와 관련된 중요 영역 분석(critical area analysis)에 의한 정보와 통합하여 최종 생산 제조 수율을 추정한다.

공정 제한 수율을 저하시키는 요소로는 파티클 등의 오염 물질에 의한 무작위적인 것들이 있으며, 오염 물질의 원인으로는 사람, 취급, 전구체, 화학 물질, 부산물, 하드웨어, 웨이퍼 교차 오염 등이 있다. 한편, 설계 제한 수율은 공정 설계 키트(process design kits), 포토마스크 디자인 등에서 비롯된다. 라인 에지 거칠기 및 공정-설계 간 불일치를 포함한 매개변수적 수율 제한 문제 또한 수율을 결정하기도 한다.

예를 들어, 3장에서 설명할 극자외선 리소그래피(extreme ultraviolet lithography, EUVL)의 장점은 기존의 4~5단계의 포토리소그래피 공정을 1단계로 단축시킬 수 있다는 것이다. 그러므로 EUV를 적용한 공정에서는 EUV를 적용하지 않은 공정에 비해 전체 공정 중 마스크 수가 급격히 줄어든다. 따라서 단위 면적당 디펙트 수도 감소하고, 결과적으로 수율이 개선되는 효과를 보인다. [그림 1-20(a)]에 나타냈듯이 수율 램프 주기는 공정 개발, 파일럿 생산, 양산의 3단계로 구분된다. 이 시기 중 특히 파일럿 생산 단계의 시기를 단축시켜서 양산 단계로 가는 기간을 단축하는 것이 결국은 수율 향상의 목표이다.

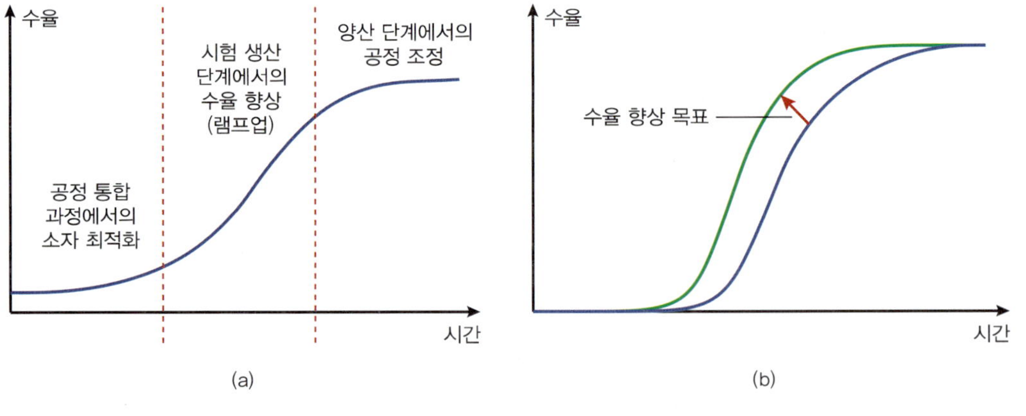

[그림 1-20] 수율 램프 주기 및 수율 향상 목표

SECTION 1.6 반도체 기술 발전

반도체의 집적도는 계속 향상되어 왔으며, 앞으로도 그럴 것이나 이의 실현을 위해서는 여러 가지 공정 기술과 재료의 개발이 이루어져야 한다. 무어의 법칙(Moore's law)은 인텔의 공동 설립자인 고든 무어가 1965년에 발표했으며, 반도체 집적회로의 성능(단위 면적당 트랜지스터 수)이 24개월마다 2배로 증가한다는 법칙으로서 [그림 1-21]과 같이 경험적인 관찰에 바탕을 두고 있다.

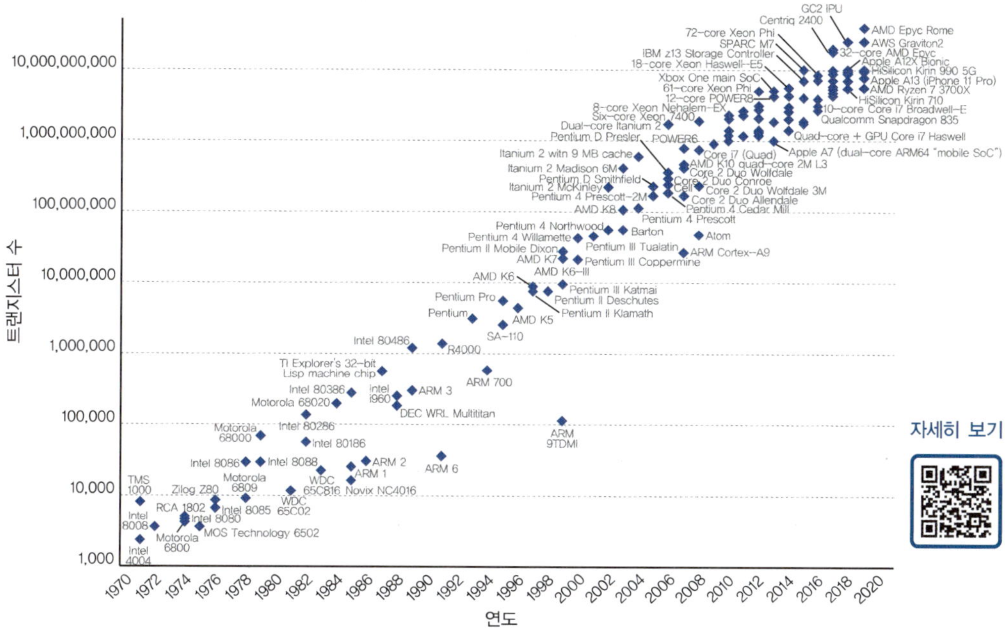

자세히 보기

[그림 1-21] 무어의 법칙에 따른 반도체 기술 개발의 변화[9]

사실 처음 발표 당시에는 매년 2배로 증가한다고 했으나, 1975년에 이를 2년마다 2배로 수정하여 그 후 50여 년간 비교적 이 법칙이 유지되며 기술 개발이 이루어져 왔다. 그러나 여러 가지 물리적 한계로 인해 이 법칙이 계속 유지되어 갈지는 의문이다.

SECTION 1.7 반도체 공정

지금까지 반도체의 배경 그리고 반도체가 제작되는 환경에 대해 간단히 살펴보았다. 그러면 이러한 반도체를 제작하는 공정에는 과연 어떤 과정이 있을까?

[그림 1-22]는 논리 소자인 마이크로프로세서(microprocessor)의 단면 이미지를 나타낸다. 과연 이렇게 복잡해 보이면서도 미세한 구조를 어떻게 제작할 수 있을까? 반도체 제조 공정에는 몇 가지의 대표적인 단위 공정들이 있으며, 이들의 수많은 반복 작업을 통해 최종적인 소자가 완성된다. 그 공정들은 포토리소그래피, 식각, CMP, 산화, 확산, 이온주입, 박막 증착 등이며, 앞으로 이 단위 공정을 개별적으로 하나씩 자세히 살펴볼 것이다.

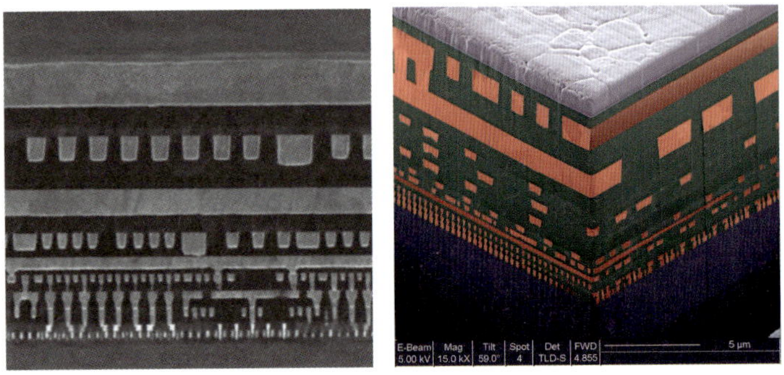

[그림 1-22] 마이크로프로세서의 예 [10]

여기서는 반도체 공정을 하나하나 자세하게 설명하기 전에 [그림 1-23]에 나타낸 것과 같이 웨이퍼에 형성된 비교적 간단한 구조가 어떻게 제작되는지 그 흐름만 살펴보기로 한다.

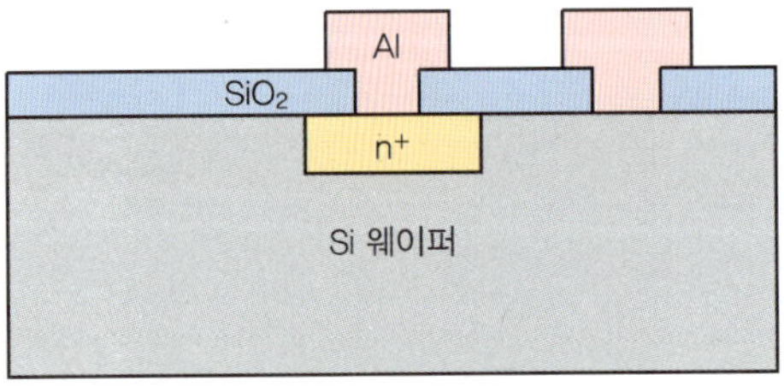

[그림 1-23] Si 웨이퍼 상에 제작된 간단한 구조의 예

먼저 알아야 할 것은, [그림 1-23]과 같은 구조가 트랜지스터든 커패시터든 하나의 기능을 갖는 소자라 하면, 예를 들어 1GB DRAM의 경우라면 무려 10^9개의 트랜지스터와 커패시터가 단 하나의 칩에 존재한다. 거기에다가 그러한 칩들이 하나의 웨이퍼 상에 수백 개 제작되므로, 웨이퍼 상에는 위의 그림으로 대변되는 소자 구조가 무려 10^{11}개 이상 존재한다는 사실을 알 수 있다. 그 결과 [그림 1-23]에 나타낸 구조는 웨이퍼 상의 매우 작은 국소의 부분을 나타내고 있음을 알 수 있으며, 이러한 구조들이 웨이퍼의 전 영역에 걸쳐 매우 많은 수로 똑같이 만들어지고 있다는 사실을 이해해야 한다.

[그림 1-24] ~ [그림 1-26]은 Si 웨이퍼 상에 [그림 1-23]의 구조가 제작되어 나가는 공정을 나타낸 것이다.

먼저 열산화를 통해 SiO_2를 성장시킨 후 포토레지스트를 도포한다. 이후 포토마스크 1을 사용하여 포토리소그래피를 수행하고, 필요 부분을 현상(developing)하여 패턴을 형성한다. 그 후 오픈된 영역의 산화막(SiO_2)을 식각하고, 잔류 포토레지스트를 제거한 다음, 노출된 실리콘 표면에 확산이나 이온주입으로 n^+ 도핑 과정을 수행한다.

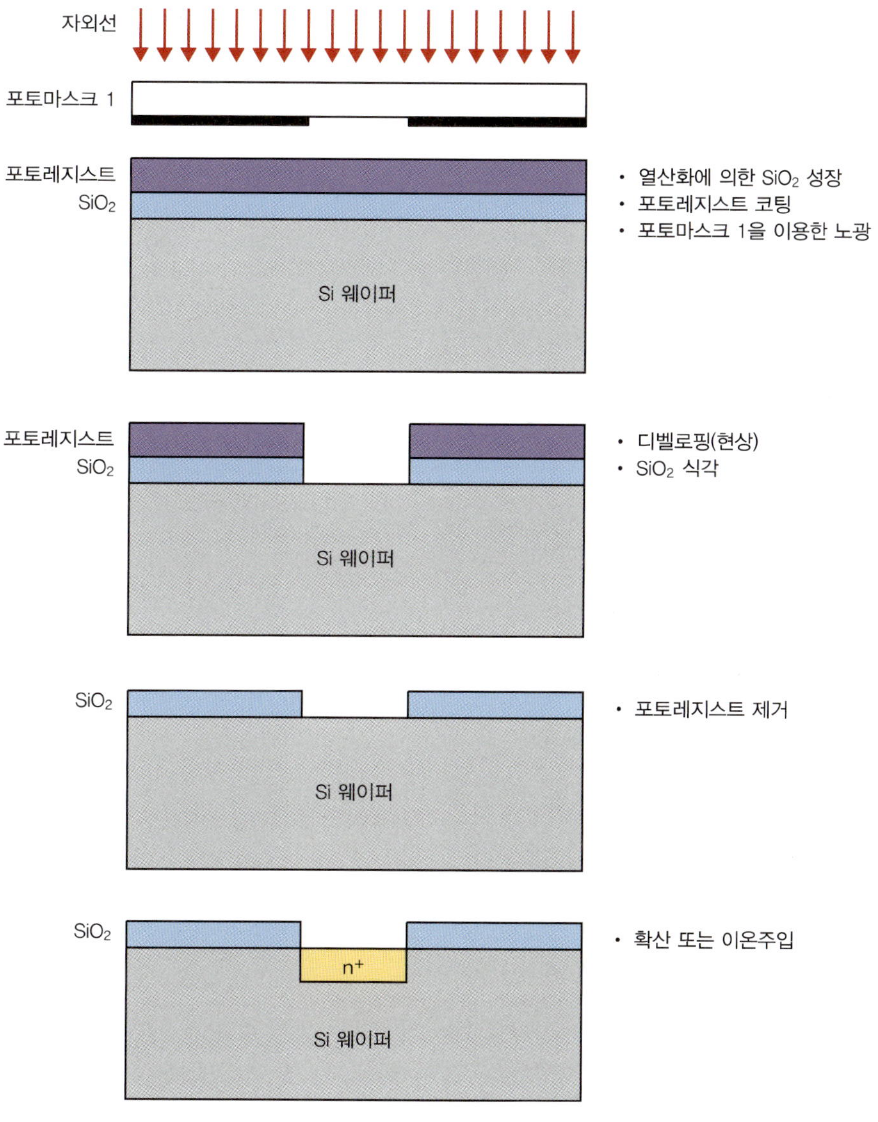

[그림 1-24] 반도체 공정 단계 (1)

그 다음에는 오염된 SiO_2를 제거하고, 다시 열산화를 거쳐 SiO_2를 성장시킨다. 마찬가지로 포토마스크 2를 사용하여 포토리소그래피를 수행하고 알루미늄(Al)이 채워져야 할 부분을 현상액으로 오픈시킨다. 그리고 SiO_2를 식각하고 다시 포토레지스트를 제거한다.

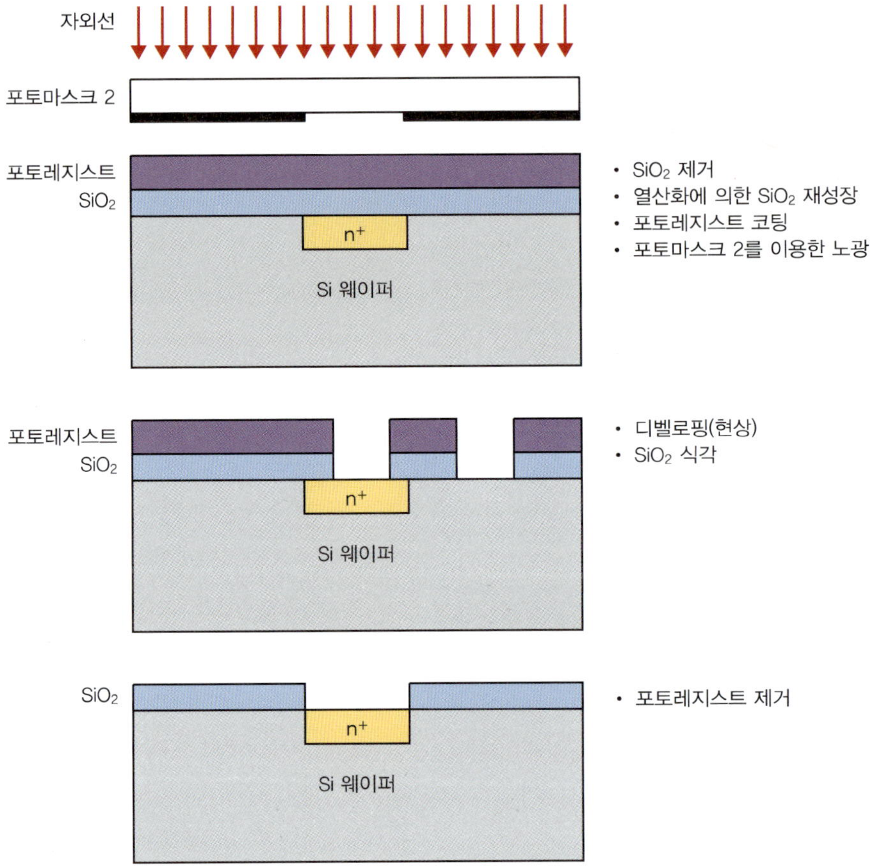

[그림 1-25] 반도체 공정 단계 (2)

그 후 알루미늄을 증착하고, 다시 포토레지스트를 도포한 후 포토마스크 3을 사용하여 포토리소그래피를 수행한 다음, 필요한 부분을 현상하여 패턴을 만들어 알루미늄을 식각한다. 그 다음에 최종적으로 포토레지스트를 제거하여 [그림 1-23]과 같은 구조를 제작한다.

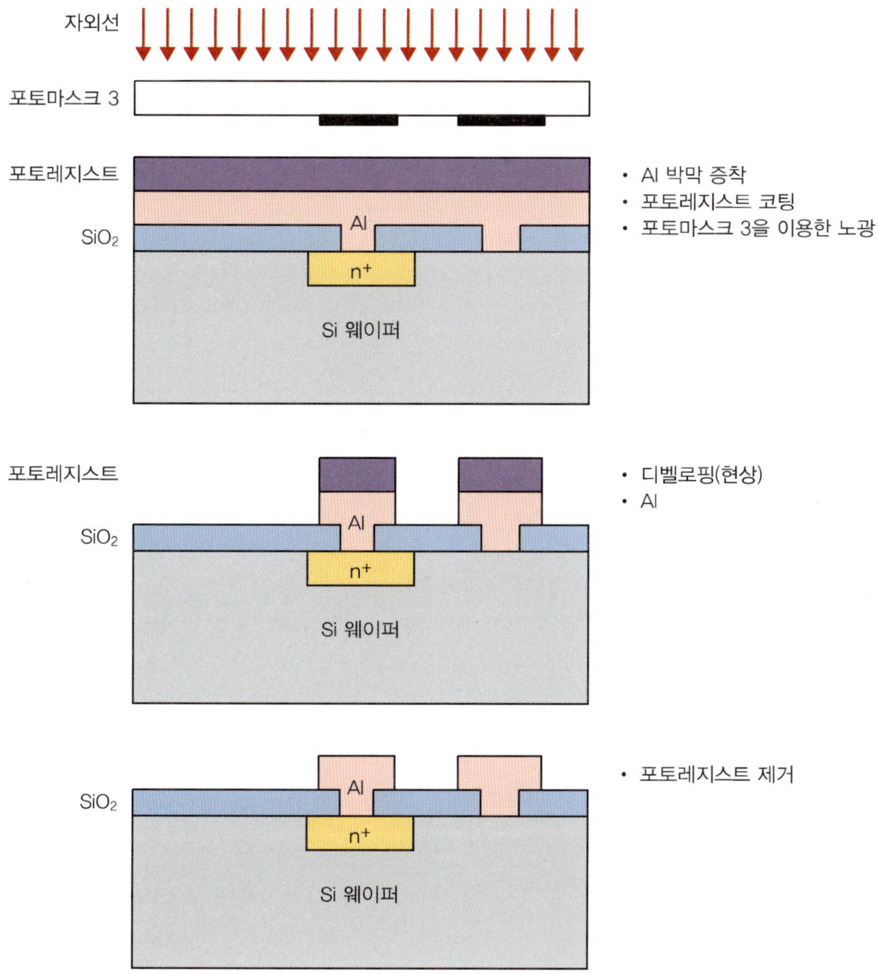

[그림 1-26] 반도체 공정 단계 (3)

이렇듯 반도체의 입체적이며 복잡한 구조를 만들기 위해서는 몇 가지의 대표적인 단위 공정들이 계속적으로 반복된다는 것을 알 수 있는데, 그러한 개별 공정들의 원리와 응용의 예들을 다음 장부터 설명한다.

1장 연습문제

1.1 반도체 제조에서 폴리실리콘(poly-Si)과 단결정 실리콘(single crystal Si)의 차이를 설명하시오.

1.2 실리콘 단결정에서 결정 방향(crystal orientation)이 중요한 이유를 설명하시오.

1.3 웨이퍼가 무엇이며, 왜 실리콘이 주로 사용되는지 설명하시오.

1.4 초크랄스키법(Czochralski, CZ) 방법을 통한 단결정 실리콘 성장 과정을 설명하시오.

1.5 부유 대역법(Floating Zone, FZ) 방법과 CZ 방법의 차이를 설명하시오.

1.6 반도체 생산을 위한 웨이퍼가 대구경화 되는 이유에 대해 설명하시오.

1.7 클린룸(cleanroom)의 필요성에 대해 설명하시오.

1.8 반도체 제조 공정에서 결함이 발생하는 주요 원인과 이를 줄이기 위한 방법을 설명하시오.

1.9 반도체 제조에서 수율의 정의를 설명하시오.

1.10 디펙트 밀도(defect density)와 수율의 관계를 설명하시오.

1.11 칩의 면적(chip area)이 수율에 미치는 영향을 설명하시오.

1.12 웨이퍼 크기(wafer size)와 수율 간의 관계를 설명하시오.

1.13 포토리소그래피 공정이 수율에 미치는 영향을 설명하시오.

1.14 무어의 법칙(Moore's Law)과 그 의미에 대해 설명하시오.

CHAPTER 02

산화

Oxidation

"공기 중에서 금속이 산화한다", "비타민 C는 항산화 기능을 통해 활성산소의 작용을 억제하여 노화방지 효과를 준다"라는 이야기들을 많이 들어보았을 것이다. **산화**(oxidation)란 물질이 산소와 결합하거나, 수소가 떨어져 나가거나, 전자를 잃거나, 산화수가 증가하는 것을 의미한다. 반대로 환원(reduction)은 산소가 분리되어 떨어지거나, 수소와 결합하거나, 전자를 얻거나, 산화수가 감소하는 것을 뜻한다([그림 2-1] 참고). 한 원소가 산화되어 잃어버린 전자는 다른 원소가 받아서 환원된다. 이러한 산화와 환원을 통해 전자의 이동이 이루어지며 산화와 환원은 항상 동시에 발생하는 현상이라고 생각해야 한다.

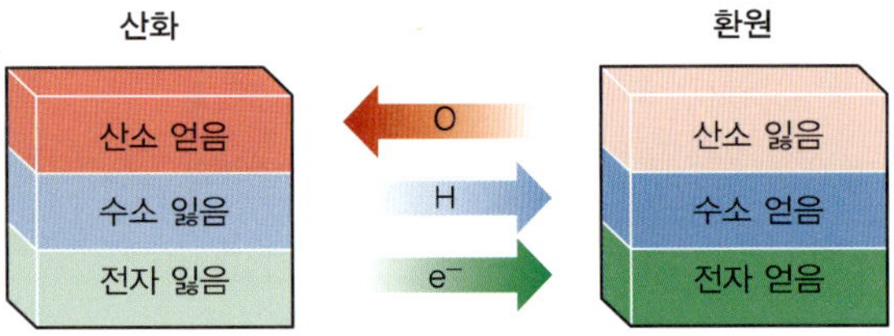

[그림 2-1] 산화 및 환원

이 장에서는 특별한 언급이 없는 한, 실리콘(Si)이 산소와 결합하여 산화물(SiO_2)을 이루는 과정을 산화라고 의미할 것이다. 실리콘이나 금속의 표면 원자가 전자를 잃고 이온 상태로 떨어져 나가는 과정을 **에칭**(etching, 식각)이라고 하는데, 이 과정도 화학적으로는 산화의 한 형태로 볼 수 있다. 그러나 이 장에서는 실리콘 표면에서 SiO_2가 형성되는 과정을 다루고 있으므로, 이 점을 혼동하지 말고 명확히 인식할 필요가 있다.

SECTION 2.1 SiO_2의 특징 및 형성

실리콘이 산화되어 만들어진 SiO_2 층은 전기적으로 매우 훌륭한 절연체로서, $10^{16}\,\Omega\text{cm}$ 이상의 비저항과 9eV 이상의 밴드 갭 에너지를 가진다. 또한 약 $10^7\,\text{V/cm}$에 달하는 높은 절연 파괴 전압(dielectric breakdown field)을 나타낸다. 그리고 전기적인 절연체 역할은 물론 고온에서의 확산 장벽층(diffusion barrier layer)로 사용될 수 있으며, 많은 종류의 도펀트(B, P, As, Sb 등)의 마스크 역할을 할 수 있다. 또한 SiO_2는 실리콘과의 식각 선택비가 높아 선택적 식각이 가능하다는 공정상 이점이 있다.

[그림 2-2]에는 실리콘이 산화되어 형성된 Si/SiO_2 계면의 단면 TEM(Transmission Electron Microscopy) 이미지와 원자 구조를 나타낸다.

(a) (b)

[그림 2-2] Si/SiO_2 계면의 단면 TEM 이미지와 원자 구조 [1]

[그림 2-2(a)]에 나타낸 TEM 이미지로부터 알 수 있듯이, 먼저 Si 웨이퍼는 단결정임이나 SiO_2는 비정질(amorphous)의 구조로 원자 구조가 랜덤하게 이루어져 있다. 또한 Si/SiO_2 계면은 그 어떤 반도체/절연체(유전체) 계면보다 균일하고 편평하며, 전기적 특성이 우수한 것으로 알려져 있다.

SiO_2 층의 형성 과정은 다음과 같은 반응식으로 나타낼 수 있다.

$$Si + O_2 \rightarrow SiO_2 \tag{2.1}$$

$$Si + 2H_2O \rightarrow SiO_2 + 2H_2 \tag{2.2}$$

두 식을 보면, 실리콘이 O_2와 반응하여 산화되어 SiO_2를 형성하는 과정을 **건식 산화**(dry oxidation), 식 (2.2)와 같이 실리콘이 H_2O 분자와의 반응해 SiO_2 층을 형성하는 과정을 **습식 산화**(wet oxidation)라고 한다.

이렇게 형성된 SiO_2 층은 앞서 언급한 여러 가지 장점이 있으므로, 반도체 소자의 여러 영역에서 다양한 목적으로 활용된다. 예를 들어, 반도체 소자 공정 중 세정이나 린스에서 형성된 화학적 산화막(chemical oxide)이 간혹 실리콘 표면을 보호하는 데 사용된다. 또한 이보다 좀 더 두꺼운 수~수십 나노미터(nm)의 SiO_2 막은 게이트 절연막(gate dielectrics)으로 사용되었다. 그 외에도 더 두꺼운 SiO_2 층이 패드 옥사이드(pad oxide), 마스킹 옥사이드(masking oxide), 필드 옥사이드(field oxide), 층간 절연막(interlayer dielectrics) 등으로 사용되기도 한다.

여기서 흥미로운 질문을 하나 해보기로 하자. 만일 1μm 의 SiO_2 층을 성장(growth)시키려면 어느 정도 두께의 실리콘이 사용되고 소비되겠는가? 겉보기에는 단순히 1μm 가 소비된 것이 아닌가 생각할 수도 있겠으나, 이는 정답이 아니다. 정답을 구하기 위해 앞서 언급한 두 반응식을 살펴보면, 하나의 실리콘 원자당 하나의 SiO_2 분자를 생성함을 알 수 있다. 즉, 실리콘 1몰당 SiO_2 1몰을 생성한다. 그런데 실리콘이나 SiO_2나 입체적으로 부피의 변화가 발생하기 때문에, 각각 1몰에 해당하는 부피를 생각해보아야 한다.

실리콘과 SiO_2의 밀도와 원자량 및 분자량으로부터 **몰 부피**(molar volume)는 다음과 같이 구할 수 있다.

- 1몰 실리콘의 부피 : $\dfrac{\text{실리콘의 원자량}}{\text{실리콘의 밀도}} = \dfrac{28.09\text{g/mol}}{2.33\text{g/cm}^3} = 12.06\,\text{cm}^3/\text{mol}$
- 1몰 SiO_2의 부피 : $\dfrac{SiO_2\text{의 분자량}}{SiO_2\text{의 밀도}} = \dfrac{60.08\text{g/mol}}{2.21\text{g/cm}^3} = 27.19\text{cm}^3/\text{mol}$

부피라고는 했지만 실질적으로 웨이퍼 상에서 옆 방향으로 면적이 증가하는 것은 매우 제한적이기 때문에 실리콘이나 SiO_2나 그 면적이 같다고 볼 수 있다. 따라서 위에 계산한 부피의 비(12.06 : 27.19)는 실제 실리콘과 SiO_2의 두께의 비율에 해당된다고 간주할 수 있다.

실리콘		SiO_2
1몰의 부피	:	1몰의 부피
면적×두께	:	면적×두께
$12.06\,\text{cm}^3/\text{mol}$	:	$27.19\,\text{cm}^3/\text{mol}$

그렇게 볼 때, 실리콘이 산화되어 SiO_2가 생성된 경우, 부피가 팽창되어 생성된 SiO_2의 두께는 소모된 실리콘의 2.2배(12.06 → 27.19)로 증가한다는 것을 알 수 있다. 바꿔 말하면, 생성된 SiO_2 층 두께의 44%(12.06/27.19)에 해당하는 만큼의 실리콘이 반응하여 소모된다는 사실을 알 수 있다. 이제 질문으로 돌아가 1μm 의 SiO_2 층이 성장되었으니, 결국 우리는 그의 44%에 해당하는 두께인 0.44μm 의 실리콘이 반응으로 사라졌다는 것을 알 수 있다. 이를 보다 알기 쉽게 [그림 2-3]에 나타냈다.

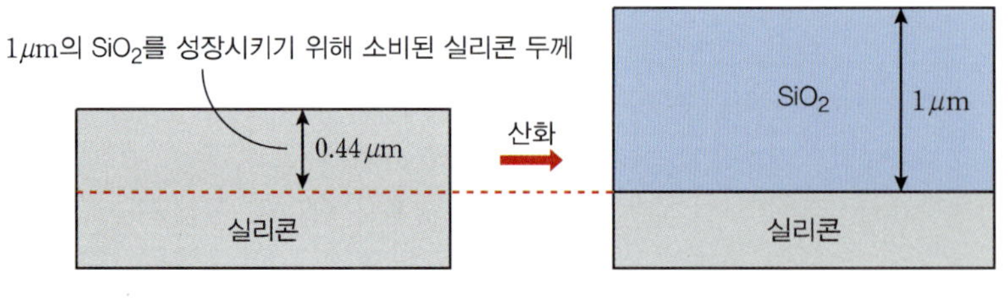

[그림 2-3] 생성되는 SiO_2와 소모되는 실리콘의 두께의 관계를 나타내는 모식도

SECTION 2.2 Si의 산화 메커니즘

실리콘의 산화는 석영관으로 만들어진 로(furnace, 爐)에서 이루어진다. 전체적인 반응기 설비의 개략도와 로의 예를 [그림 2-4]에 나타냈다. 종래에는 수평형(horizontal type) 로가 주로 사용되었으나, 공간의 활용도를 생각하여 점차 수직형(vertical type)으로 바뀌는 실정이다. 그림에서 보듯이 산화를 일으킬 기체들이 로 내로 유입된 후 Si 웨이퍼 표면에서 실리콘과 반응한 후 배기된다. 석영관의 주위는 히터가 장착되어 고온까지 웨이퍼의 온도를 올린다.

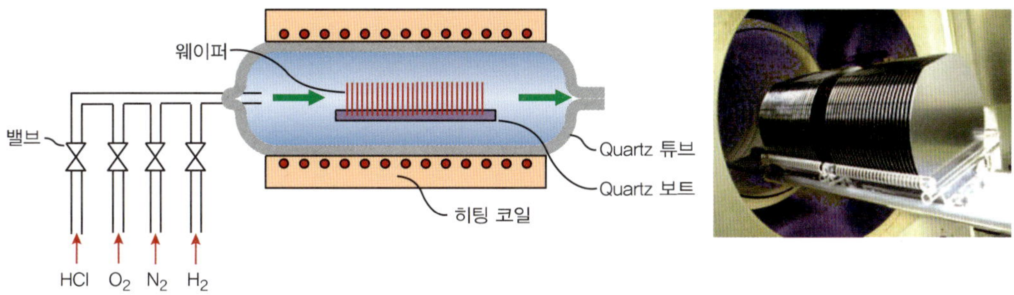

[그림 2-4] 산화 공정를 위한 로의 예

이러한 로 안에서 실리콘은 어떤 과정을 거쳐 SiO_2로 변화하는 것일까. 기본적인 컨셉은 1965년 페어차일드 반도체(Fairchild Semiconductor) 사에 근무하던 브루스 딜(Bruce Deal)과 앤디 그로브(Andy Grove)[1]가 제안한 산화 모델에 기초하며 이를 **딜-그로브 모델**(Deal-Grove model)이라 한다.[1] 앞서 언급한 실리콘의 산화 반응식은 얼핏 보면 매우 단순한 반응식이나 여기에는 눈에 보이지 않는 심오한 사실이 숨어 있다. 산화 반응식에 따르면 실리콘은 O_2나 H_2O 등의 산화제와 직접 반응해서 SiO_2를 생성한다. 이는 산화제인 O_2이건 H_2O이건 실리콘과 접촉을 해야만 SiO_2가 생성된다는 뜻이다. 이 말은 만일 실리콘 표면에 SiO_2가 조금이라도 성장해 있을 경우에, 상기의 산화 반응이 SiO_2의 표면이 아니라, Si/SiO_2 사이의 계면에서 발생한다는 매우 중요한 사실을 의미한다.

이러한 점을 고려했을 때, 산화 반응을 발생시키기 위해 다음과 같은 3가지 현상이 일어나고 있는 것을 생각해 볼 수 있다.

❶ 반응기에 유입된 O_2와 같은 벌크(bulk) 기체의 웨이퍼 표면 위로의 대류 이동(확산)
❷ 표면의 O_2가 이미 존재하고 있던 SiO_2 층을 지나서 Si/SiO_2 계면까지 이동하는 확산
❸ Si/SiO_2 계면에 도달한 O_2가 실리콘과 접촉하여 SiO_2를 생성하는 반응

1 앤디 그로브는 1997년부터 인텔(Intel) 사의 회장을 역임하였고, 브루스 딜은 스탠퍼드대학교의 교수로 재직하였다.

[그림 2-5]는 산화 기체가 반도체 표면으로 이동하고, SiO_2 층을 확산한 후 Si/SiO_2 계면에 도달하여 실리콘을 산화시키는 과정의 3단계를 나타낸 산화 공정 개념도이다. 먼저 실리콘 표면 위에 약간의 SiO_2 층이 형성되어 있음을 가정하면 다음의 3가지 현상이 단계적으로 일어나는 것을 생각할 수 있다.

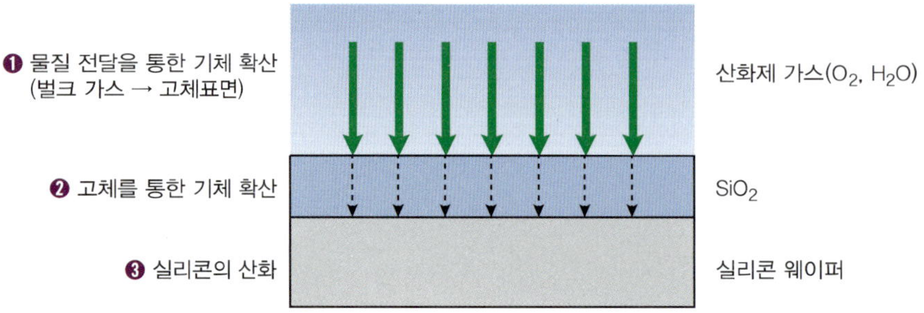

[그림 2-5] 산화 반응을 위한 3단계 개념도

첫 번째 현상에서는 헨리의 법칙(Henry's law), 두 번째 현상에서는 **픽의 법칙**(Fick's law), 세 번째 현상에서는 일차 반응 속도식을 적용해볼 수 있으며, 산화가 계속 일어나는 동안은 정상상태(steady state)라고 생각할 수 있다. 또한 각 단계에서 산화제의 농도에 비례하여 현상들이 일어나고 있다고 가정해 볼 수 있다. 헨리의 법칙에 따르면, 일정한 온도에서 일정 부피의 액체에 용해되는 기체의 질량은 용매와 평형을 이루고 있는 그 기체의 부분 압력에 비례하며, 산화 반응을 위해 로에 존재하는 벌크 기체의 양이 결정된다.

픽의 첫 번째 법칙에 따르면, 플럭스는 고농도 영역에서 저농도 영역으로 농도구배에 비례하는 크기로 이동한다. 그리고 Si/SiO_2 계면에 도달한 산화제 기체(예 : O_2)와 고체 실리콘 간의 기체-고체 불균일계 반응(heterogeneous reaction)의 속도는 농도와 반응 속도상수에 선형적으로 비례하는 일차 반응이라고 생각한다. 그러면 3가지 현상에서의 농도구배는 [그림 2-6]과 같이 그려지며, 각각의 플럭스 F_{conv}, F_{diff}, F_{reaction}은 다음 식들로 나타낼 수 있다.

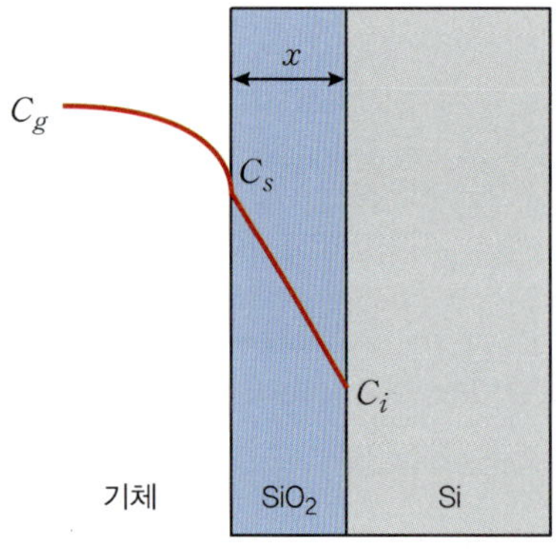

$$F_{\mathrm{conv}} = h_g(C_g - C_s) \tag{2.3}$$

$$F_{\mathrm{diff}} = D(C_s - C_i)/x \tag{2.4}$$

$$F_{\mathrm{reaction}} = kC_i \tag{2.5}$$

[그림 2-6] 기체가 벌크로부터 반도체 표면으로 이동하고 SiO_2 층을 확산하여 Si/SiO_2 계면에 도달하는 동안의 기체 농도구배의 변화

여기서 h_g는 대류물질 전달계수, C_g는 벌크 기체 농도, C_s는 고체 표면상의 기체 농도, D는 기체의 SiO_2 층의 확산계수, C_i는 Si/SiO_2 계면에서의 기체 농도, x는 실리콘 표면 위에 존재하는 SiO_2 층의 두께, k는 실리콘과 기체와의 산화를 위한 표면 반응 속도상수이다. 이때 3가지 플럭스가 모두 평형상태에 있다고 하면, 다음 식을 얻을 수 있다.

$$F = F_{\mathrm{conv}} = F_{\mathrm{diff}} = F_{\mathrm{reaction}} = \frac{C_g}{\dfrac{1}{k} + \dfrac{x}{D} + \dfrac{1}{h_g}} \tag{2.6}$$

$1/k$, x/D, $1/h_g$는 각 단계에서 물질 거동의 저항을 나타낸다. 이 저항은 실제 공정에서 벌크 기체가 표면에 도달하는 과정이 속도에 영향을 줄 만큼 느리지 않으므로 무시할 수 있다. 따라서 식 (2.6)에서 $h_g = \infty$이면, $1/h_g$가 무시되고 $C_g \approx C_s$라고 생각할 수 있으므로 이 식은 다시 다음 식으로 정리될 수 있다.

$$F = \frac{DC_s}{x + \dfrac{D}{k}} \tag{2.7}$$

이렇게 구해진 플럭스로부터 시간 변화에 따른 SiO_2 층 두께의 변화를 구해보면 다음과 같다. 이때 M은 산화 종의 농도($\mathrm{mol/m^3}$)를 의미한다.

$$\frac{dx}{dt} = \frac{F}{M} = \frac{\dfrac{DC_s}{M}}{x + \dfrac{D}{k}} \tag{2.8}$$

이 식을 적분하면 다음과 같으며, 이를 통해 SiO_2의 두께, x와 시간 t의 관계를 알 수 있다.

$$x^2 + \frac{2D}{k}x = \frac{2DC_s(t+\tau)}{M} \tag{2.9}$$

여기서 τ는 적분상수에 해당하는 것으로 실리콘 표면에 이미 존재하고 있던 SiO_2에 관련된 정보라고 생각하면 된다. 이 식을 간략화하여 다음과 같이 나타낼 수 있다.

$$x^2 + Ax = B(t+\tau) \tag{2.10}$$

여기서 $A = 2D/k$, $B = 2DC_s/M$이다. 이에 따르면 $B/A = kC_s/M$이 되는데, 이로부터 B는 SiO_2 층을 확산하는 성질을 나타내는 인자, B/A는 표면 반응의 정도를 나타내는 인자라고 이해하면 좋을 것 같다.

τ와 t 역시 다음과 같은 식으로 주어지며, 일반적으로 건식 산화일 경우 $x_i = 25\text{nm}$, 습식 산화일 경우 $x_i = 0$이 주로 사용된다.

$$\tau = \frac{x_i^2 + Ax_i}{B} \tag{2.11}$$

$$t = \frac{x^2}{B} + \frac{x}{B/A} - \tau \tag{2.12}$$

여기서 상기의 SiO_2의 두께의 2차방정식을 풀면, 시간에 따른 SiO_2의 두께는 다음과 같이 계산할 수 있다.

$$x(t) = \frac{-A + \sqrt{A^2 + 4B(t+\tau)}}{2} \tag{2.13}$$

이 해(解)의 가장 짧고 긴 시간의 극한을 생각하면 단순화한 다음의 2가지의 식을 얻을 수 있다. 먼저 산화 초기단계에서 $t \ll A^2/4B$일 경우라면 다음과 같다.

$$x(t) = \frac{B}{A}(t+\tau) \tag{2.14}$$

산화가 상당히 진행되어 $t \gg A^2/4B$인 경우라면 다음과 같이 정리된다.

$$x(t) = \sqrt{Bt} \tag{2.15}$$

산화 초기($t \ll A^2/4B$)에 SiO_2의 두께는 시간에 비례하여 증가하는데, 그 비례상수가 B/A이다.

그리고 [그림 2-7]에서 나타나듯이 선형적 비례 관계를 가지므로 B/A를 **선형 속도상수**(linear rate constant)라 한다.

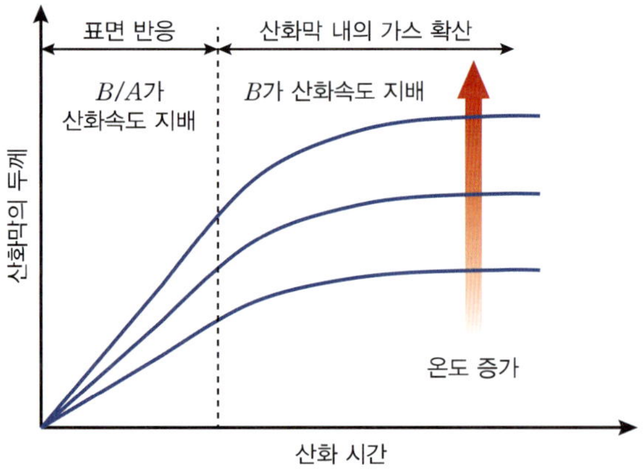

[그림 2-7] 산화시간에 따른 산화막 두께의 변화 그래프

B/A의 물리적 의미를 살펴보면, 앞서 설명된 것처럼 실리콘 표면(계면)에서의 반응 속도상수(k)를 의미한다. 그러므로 초기 상태의 산화 과정은 Si/SiO_2 계면에서의 산화 반응이 SiO_2 층의 두께 및 산화 속도를 결정한다는 것을 알 수 있다. 그러나 산화가 어느 정도 진행된 이후($t \gg A^2/4B$)에는 산화막의 두께가 시간의 거듭제곱근에 비례한다. 즉 시간의 경과에 따라 포물선(parabolic) 모양으로 증가한다. 따라서 B를 **포물선 속도상수**(parabolic rate constant)라고 한다. 실제로 B의 물리적 의미는 산화제가 SiO_2 층을 뚫고 지나가는 확산계수(D)를 의미한다.

산화가 이미 진행되어 실리콘 위에 무시할 수 없는 두께의 SiO_2 층이 존재할 때에는, O_2 등의 산화제가 Si/SiO_2 계면에서 반응하기 위해 SiO_2 층을 뚫고 확산한다. 이 현상은 산화막의 두께와 산화 속도를 결정하는 단계에 해당한다.

쉽게 정리하면, [그림 2-8(a)]와 같이 산화 초기에는 산화막(SiO_2)이 얇거나 없어 SiO_2 층을 통한 기체 확산은 빠르고 실리콘 표면에서의 반응 자체가 속도를 결정한다. 그리고 [그림 2-8(b)]와 같이 산화가 진행된 후에는 산화막이 두꺼워져서 Si/SiO_2 계면에서의 반응 전에 그 산화막을 확산하여 통과하는 것, 즉 산화 종의 확산 과정이 전체 산화 속도를 결정하는 것이라고 할 수 있다. 화학 속도론적으로 전체 반응 속도를 결정하는 가장 느린 단계를 **속도 결정 단계**(Rate-Determining Step, RDS)라고 한다.

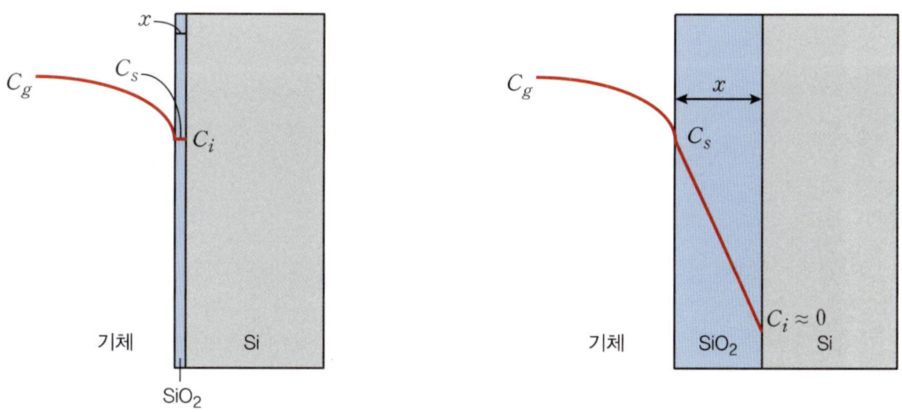

(a) 산화 초기 (b) 산화 진행 후

[그림 2-8] (a) 산화 과정 초기에 상대적으로 두께가 얇아 무시될 수 있을 정도의 SiO_2의 두께가 실리콘 상에 존재하는 경우와 (b) 산화가 경과되어 상대적으로 두꺼운 SiO_2가 존재하는 경우의 기체 농도구배

SECTION 2.3 반응 속도상수의 해석

선형 속도상수(B/A)에 대해 더 알아보자. [그림 2-9]는 Si (100)와 (111)면의 습식 산화와 건식 산화 과정에서 얻어진 선형 속도상수를 온도의 역수에 대해 나타낸 것이다. 이러한 그래프를 아레니우스 플롯(Arrhenius plot)이라고 한다. 여기서 먼저 눈에 띄는 것은 온도가 증가할수록 선형 속도상수가 지수함수적으로 증가한다는 것인데, 이는 반응 속도상수, $k = k_0 \exp(-E_a/RT)$로 나타내지는 아레니우스 식에서의 온도와 반응 속도상수와의 관계로부터 쉽게 파악된다.

그 다음 관찰되는 것은 4가지의 다른 경우에서 기울기가 다 같다는 사실이다. 아레니우스 플롯에서 기울기가 같다는 사실은 반응의 활성화 에너지가 같다는 것을 의미한다. 실제로 [그림 2-9]의 기울기로부터 2eV (46kcal/mol)의 **활성화 에너지**(activation energy)를 구할 수 있다.

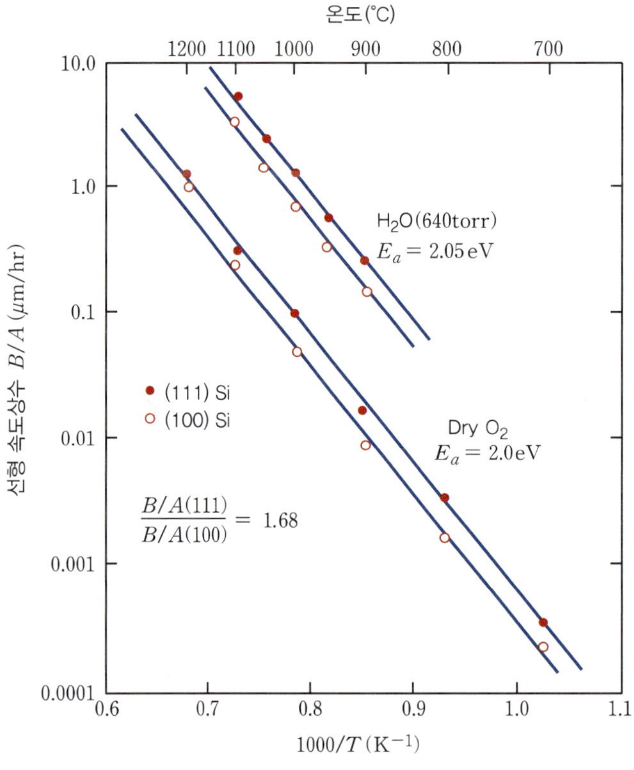

[그림 2-9] Si (100)과 (111)면의 습식 산화와 건식 산화 과정에서 얻어진 선형 속도상수의 아레니우스 플롯 [1]

활성화 에너지란 반응을 일으키기기 위한 최소의 필요한 에너지라고 정의되는데, 이로부터 Si (100)이건 (111)면이건, 또 산화가 습식으로 일어나건 건식으로 일어나건 어떤 경우에서도 반응의 메커니즘이 동일하다는 것을 의미한다. 활성화 에너지가 2eV 이며 반응의 메커니즘이 동일하다는 사실은 또 과연 무엇과 관련이 있을까. 재미있게도 우리는 그 에너지가 Si-Si의 결합 에너지와 유사하다는 사실을 발견할 수 있다. 즉, O_2이건 H_2O이건 습식 산화이건 건식 산화이건 실리콘 표면에서 Si-Si 결합을 끊는 것이 산화 반응의 시작이라는 것을 의미한다.

[그림 2-9]로부터 알 수 있는 또 하나의 사실은 동일한 온도에서 Si (111)면에서의 B/A가 (100)면의 그것보다 크다는 사실이다. 즉, 활성화 에너지는 같은 상태에서 반응 속도상수가 크다는 것을 의미한다. **아레니우스 식**인 $k = k_0 \exp(-E_a/RT)$로부터 주어진 온도에서 활성화 에너지 (E_a)가 같은데 반응 속도상수(k)가 다르려면 k_0가 다를 수밖에 없다. 그러면 이것은 또 무엇을 의미할까. 결국 반응이 일어날 빈도 또는 확률이 다르다는 것을 의미하는데, 이는 앞선 1장에서 실리콘의 결정면에 따라 원자의 면밀도가 다르다는 사실로부터 기인한다.

즉 [표 2-1]에 나타냈듯이, Si (111)면의 단위 면적당 원자 수가 (100)면보다 많고 가능한 결합 수가 많다. 이는 동일한 개수의 산화제(O_2)가 오더라도 (111)면 상에서의 표면 반응에 의한 산화 속도(같은 수의 SiO_2 분자가 생성되는 속도)가 1.7배가량 더 빠를 수 있다는 것을 의미한다.

[표 2-1] 결정면에 따른 Si의 원자 면밀도, 결합 수 및 상대적인 결합 가능 수

결정 방향	면적	결정면 내 Si 원자 수	면 밀도 (10^{14} cm^{-2})	결정면 내 Si 결합 수	결정면 내 결합 가능한 수	가능한 결합 수	상대적 비율
(110)	$\sqrt{2}a^2$	4	9.59	8	4	9.59	1.00
(111)	$\sqrt{3}a^2/2$	2	7.83	4	3	11.76	1.23
(100)	a^2	2	6.78	4	2	6.78	0.71

[그림 2-9]로부터 동일한 활성화 에너지를 가지는데도 습식 산화의 B/A가 건식 산화의 B/A보다 크다는 것을 알 수 있다. 왜 이러한 결과가 나타날까? 이 경우도 앞서와 마찬가지로 k_0가 다르기 때문인데, 이번에는 같은 실리콘 결정면에서 무엇이 달라서 다른 k_0를 가질까? 이는 같은 온도에서 O_2보다 H_2O의 반응이 일어날 빈도가 더 크기 때문이다. 더 정확하게 말하면 H_2O 분자가 웨이퍼 표면에 도달하는 현상의 **경계층 두께**(boundary layer thickness, δ)가 O_2가 물질 전달하여 표면에 이동할 때의 δ보다 작아서 D/δ로 정의되는 물질 전달계수(h_g)가 더 크기 때문이라고 볼 수 있다. 이는 같은 온도에 설정되어 있더라도 욕탕 안에 들어가 있을 때가 건식 사우나에 들어가 있을 때보다 더 뜨겁게 느껴지는 것과 동일한 이치라고 볼 수 있다.

다음으로 **포물선 속도상수**(B)에 대해 살펴보자. [그림 2-10]에는 Si (100), (111)면의 습식 산화와 건식 산화 과정에서 얻어진 포물선 속도상수의 아레니우스 플롯을 나타냈다. 이 역시 온도의 역수에 대한 값을 나타낸다.

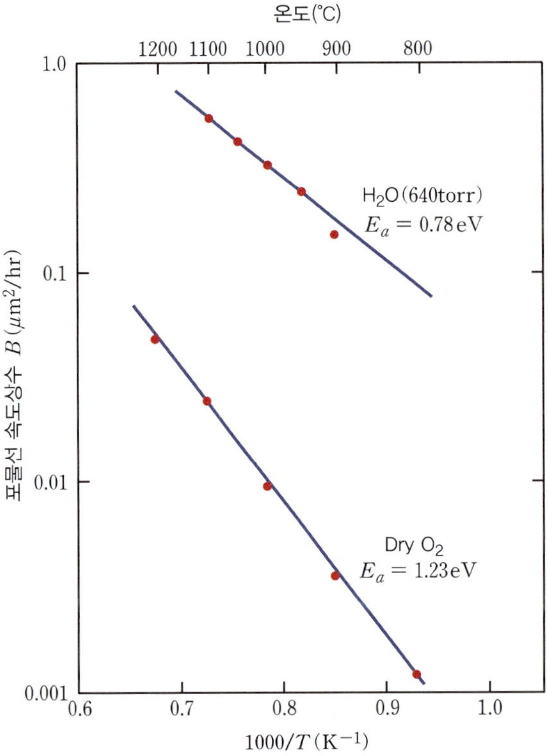

[그림 2-10] Si (100)과 (111)면의 습식 산화와 건식 산화 과정에서 얻어진 포물선 속도상수의 아레니우스 플롯 [2]

선형 속도상수와 마찬가지로, 포물선 속도상수 역시 온도가 증가하면 지수함수적으로 증가함을 알 수 있으며, 이는 확산계수(D)도 온도에 따라 $D = D_0 \exp(-E_a/RT)$로 나타내지므로 포물선 속도상수, B로 나타내지는 상수가 온도에 따라 달라진다는 사실을 알 수 있다. 포물선 속도상수의 경우 Si (111)면과 (100)면에서의 값이 동일한데, 이는 실리콘이 산화되어 형성된 비정질(amorphous)의 SiO_2 층을 기체가 확산해나가는 현상은 실리콘의 면밀도와는 상관이 없다는 사실을 의미한다. 또한 기울기로부터 알 수 있듯이, 습식 공정이 건식 공정의 활성화 에너지보다 다소 작았는데, 이는 H_2O가 SiO_2 내에서 확산이 일어나기가 O_2가 확산하기보다 쉽고 빠르다는 것을 의미한다.

[표 2-2]에는 온도에 따른 Si (100)면과 (111)면에서 얻어진 선형 속도상수(B/A)와 포물선 속도상수(B) 값을 나타낸다. 이를 통해 포물선 속도상수는 실리콘의 결정면에 무관하며 (100)면에 대한 (111)면에서의 선형 속도상수는 온도에 관계없이 1.7배 정도 큼을 알 수 있다. 이는 앞서 설명한 결정면에 따른 면밀도 차이와 결합이 가능한 수의 차이에 기인한다.

[표 2-2] Si (100)과 (111)면의 습식 산화 과정에서 얻어진 다양한 온도에서의 선형 속도상수와 포물선 속도상수

산화 온도 (℃)	Si 배향	포물선 속도상수 B(μm/h)	선형 속도상수 B/A(μm/h)	B/A 비율 (111)/(100)
900	(100) (111)	0.143 0.151	0.150 0.252	1.68
950	(100) (111)	0.231 0.231	0.311 0.524	1.68
1000	(100) (111)	0.314 0.314	0.664 1.163	1.75
1050	(100) (111)	0.413 0.413	1.400 2.307	1.65
1100	(100) (111)	0.521 0.517	2.977 4.926	1.65

또한 각 온도에서 구해진 (100) 및 (111) 면의 선형 속도상수와 포물선 속도상수로부터 아레니우스 식을 적용해 습식 및 건식 산화에 대한 k_0, D_0 및 활성화 에너지 E_a를 구할 수 있으며 이를 [표 2-3]에 나타냈다.

[표 2-3] Si (100)과 (111)면의 습식 및 건식 산화 과정에서의 선형 속도상수(B/A)와 포물선 속도상수(B)의 상수값

Si 배향	속도상수	습식 산화 ($x_i=0$)		건식 산화 ($x_i=25$nm)	
		k_0 또는 D_0 (μm/h 또는 μm^2/h)	E_a(eV)	k_0 또는 D_0 (μm/h 또는 μm^2/h)	E_a(eV)
(100)	B/A	9.70×10^7	2.05	3.71×10^6	2.00
	B	3.86×10^2	0.78	7.72×10^2	1.23
(111)	B/A	1.63×10^8	2.05	6.23×10^6	2.00
	B	3.86×10^2	0.78	7.72×10^2	1.23

[그림 2-11]에는 [표 2-3]에 정리된 계수들을 이용하여 식 (2.13)에 나타낸 대로 습식 산화와 건식 산화의 시간의 경과에 따른 SiO_2의 두께를 (100)면과 (111)면에 대해 그래프로 나타냈다. 그래프로부터 쉽게 알 수 있듯이, 동일한 온도에서는 습식 산화방법이 더 산화 속도가 빨라서 동일한 시간에 더 두꺼운 SiO_2를 형성한다. 즉 습식 산화로 제작된 SiO_2 박막은 주로 두꺼운 마스크와 같은 역할을 하는 데 사용되며, 건식 산화로 제작된 SiO_2는 얇더라도 밀도가 상대적으로 높고 파괴전압이 더 높아 절연체 역할을 하는 데 더 선호된다.

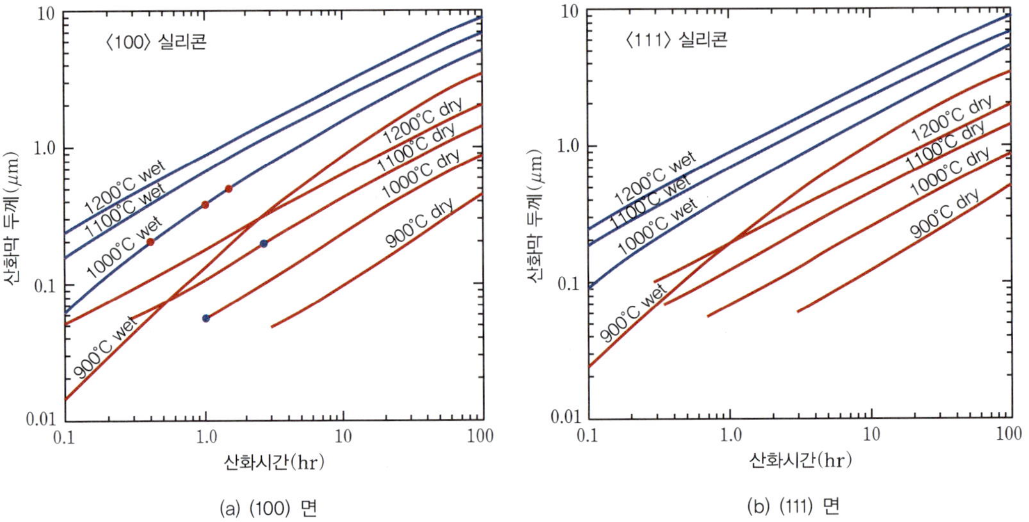

[그림 2-11] 습식 산화와 건식 산화의 시간의 경과에 따른 SiO_2막의 두께의 변화

Si 산화의 예

이번에는 앞서 얻은 데이터를 이용하여 지금까지 설명한 내용을 실례에 적용해보기로 한다. 예를 들어, $0.25\mu m$의 SiO_2가 (100) Si 웨이퍼 상에서 건식 산화에 의해 1000℃에서 성장되었다고 하자. 이를 위해 어느 정도의 공정시간이 필요했을까?

먼저 앞에 제시한 [표 2-3]을 이용하여 1000℃에서의 선형 속도상수와 포물선 속도상수를 다음과 같이 구할 수 있다.

$$\frac{B}{A} = 3.71 \times 10^6 \exp\left(\frac{-2.00}{kT}\right) = 0.043\,\mu\text{m/h} \tag{2.16}$$

$$B = 7.72 \times 10^2 \exp\left(\frac{-1.23}{kT}\right) = 0.010\,\mu\text{m}^2/\text{h} \tag{2.17}$$

그 다음, 앞서 얻어진 값들과 건식 산화의 $x_i = 25\text{nm}$을 식 (2.11) ~ 식 (2.12)에 대입하면, τ가 $0.644\,\text{h}$로 구해지고 최종 산화막의 두께 $0.25\mu\text{m}$를 고려하여 계산하면 $11.4\,\text{h}$이 나온다. 즉 $0.25\mu\text{m}$의 SiO_2가 건식 산화에서 성장하기 위해서는 11시간 24분 정도의 산화시간이 필요하다는 것을 알 수 있다.

$$\tau = \frac{(0.025\,\mu\text{m})^2}{0.010\,\mu\text{m}^2/\text{h}} + \frac{0.025\,\mu\text{m}}{0.043\,\mu\text{m}/\text{h}} = 0.644\,\text{h} \quad (2.18)$$

$$t = \frac{(0.25\,\mu\text{m})^2}{0.010\,\mu\text{m}^2/\text{h}} + \frac{0.25\,\mu\text{m}}{0.043\,\mu\text{m}/\text{h}} - 0.644\,\text{h} = 11.4\,\text{h} \quad (2.19)$$

여기서 한걸음 더 나아가 좀 더 복잡한 예를 살펴보기로 하자. 이번에는 위에서 언급한 $0.25\mu\text{m}$의 SiO_2가 이미 성장되어 있는 Si 웨이퍼에 $0.25\mu\text{m}$의 SiO_2를 더 성장시켜서 최종적으로 $0.5\mu\text{m}$의 두께를 갖고자 한다. 그리고 1000℃에서 습식 산화를 이용하여 이를 이루고자 한다. 과연 어느 정도의 공정시간이 필요할까? 해를 구하는 방법은 유사하다.

먼저 [표 2-3]로부터 1000℃에서 습식 산화에 대한 선형 속도상수와 포물선 속도상수를 구한다. 이로부터 1000℃에서 Si (100)면에서의 습식 산화에 대한 B/A와 B는 각각 다음과 같이 얻을 수 있다.

$$\frac{B}{A} = 9.70 \times 10^7 \exp\left(\frac{-2.05}{kT}\right) = 0.715\,\mu\text{m}/\text{h} \quad (2.20)$$

$$B = 3.86 \times 10^2 \exp\left(\frac{-0.78}{kT}\right) = 0.310\,\mu\text{m}^2/\text{h} \quad (2.21)$$

이 값들을 식 (2.11)과 (2.12)에 대입하는데, 이때 중요한 것은 습식 산화라고 해서 x_i를 0으로 취급하는 것이 아니라, 산화 전에 이미 웨이퍼 표면 위에 존재하고 있던 $0.25\mu\text{m}$로 다뤄야 한다는 점이다. 그러면 τ는 0.551h로 구해지고 최종 산화막의 두께 $0.5\mu\text{m}$를 고려하여 t를 계산하면 0.95h이 나온다. 즉 57분 정도의 산화시간이 추가되면 기존에 존재하고 있던 $0.25\mu\text{m}$의 SiO_2에 산화 과정이 더 이루어져 최종적으로 $0.5\mu\text{m}$의 SiO_2가 습식 산화 과정으로부터 성장할 것이라는 것을 알아낼 수 있다.

$$\tau = \frac{(0.25\,\mu\text{m})^2}{0.310\,\mu\text{m}^2/\text{h}} + \frac{0.25\,\mu\text{m}}{0.715\,\mu\text{m}/\text{h}} = 0.551\,\text{h} \quad (2.22)$$

$$t = \frac{(0.5\,\mu\text{m})^2}{0.310\,\mu\text{m}^2/\text{h}} + \frac{0.5\,\mu\text{m}}{0.715\,\mu\text{m}/\text{h}} - 0.551\,\text{h} = 0.95\,\text{h} \quad (2.23)$$

Si의 산화에 영향을 미치는 요인

앞서 실리콘의 산화 속도에는 산화제(O_2 또는 H_2O), 실리콘 결정 배향((100) 또는 (111)), 온도, 압력 등이 영향을 준다는 사실을 배웠다. 그 외에도 다음과 같은 인자들이 SiO_2의 성장 속도에 영향을 미친다.

- **도펀트** : 일반적으로 n형의 도펀트들은 표면 반응 속도를 증가시켜 전체적인 SiO_2 성장 속도를 증가시킨다. 이렇게 형성된 SiO_2 층은 식각 속도 또한 영향을 받을 것이다.
- **표면 상태** : 실리콘 표면에 결함이 있어 댕글링 본드(dangling bond)가 존재한다면, SiO_2의 성장속도가 증가할 것이다.
- **표면 오염** : 실리콘 표면에 금속이온의 오염물이 있으면 산화 속도가 빨라지거나 느려지는 영향을 받는다. 또한 실리콘 표면에 불순물(impurities)이 존재하면, SiO_2의 성장 속도뿐만 아니라 절연 파괴전압과 같은 절연 특성 및 기타 전기적 특성, SiO_2의 식각 속도 등에 영향을 줄 수 있다. 예를 들어, 소듐(Na)이나 칼륨(K)이 SiO_2에 혼입되면 Na^+, K^+와 같은 이동 이온전하(mobile ionic charge)로 작용하여 문턱 전압의 네거티브 시프트(negative shift) 등이 발생한다. 이를 제거하기 위해 Cl_2, HCl, 트리클로로에틸렌(trichloroethylene)과 같이 염소(Cl)가 함유된 기체를 산화 공정에 첨가하기도 한다. 이로써 Si/SiO_2의 계면 특성이 개선되기도 한다.

2장 연습문제

2.1 SiO_2의 주요 전기적 특성을 쓰시오.

2.2 건식 산화와 습식 산화의 차이를 공정 속도, 산화막 품질, 적용 분야 관점에서 서술하시오.

2.3 딜-그로브 모델의 기본 방정식을 쓰고, 각 항의 물리적 의미를 설명하시오.

2.4 딜-그로브 모델에서 얇은 산화막과 두꺼운 산화막 구간의 시간 의존성을 비교 설명하시오.

2.5 실리콘 산화에서 (100)과 (111) 면의 산화 속도를 비교하고, 그 원인을 결정 구조의 차이로 설명하시오.

2.6 1000℃ 건식 산화에서 초기 산화막이 없을 경우 최종 50nm의 산화막을 얻기까지 필요한 시간 t를 구하시오. (상수 $B = 0.03\mu m^2/h$, $B/A = 0.01\mu m/h$)

2.7 Si 웨이퍼 상에 초기 산화막이 없는 경우, 100nm 산화막을 성장시키기 위해 필요한 시간을 비교하시오. (건식 산화 : 상수 $B = 0.03\mu m^2/h$, $B/A = 0.01\mu m/h$, 습식 산화 : 상수 $B = 0.3\mu m^2/h$, $B/A = 0.1\mu m/h$)

2.8 열산화로 200nm의 SiO_2를 성장시킬 때 소모된 실리콘 두께는 얼마이며, 표면 위로 솟은 두께는 얼마인가?

2.9 200mm 웨이퍼 양면에 500nm를 습식 산화 시킨다고 할 때 필요한 H_2O 몰수를 구하시오. ($\rho_{SiO_2} = 2.2g/cm^3\sim$, $M_{SiO_2} = 60.084g/mol$)

2.10 (100) Si 웨이퍼 상에 $0.35\mu m$의 산화막을 1000℃에 성장시키기 위해 습식 산화와 건식 산화의 경우에 각각 필요한 시간을 구하시오.

2.11 (100) Si 웨이퍼에 250nm의 산화막이 존재할 때 1100℃에서 60분 동안 습식 산화 공정을 거칠 때 최종적인 산화물의 두께를 구하시오.

2장 연습문제

2.12 (100) Si 웨이퍼에 0.375μm 의 산화막이 이미 만들어져 있다. 1050℃ 에서 습식 산화를 사용하여 최종적으로 0.75μm 의 산화막을 갖게 하려면 얼마 동안 산화를 시켜야 할지 계산하시오.

2.13 (100)의 Si 웨이퍼를 먼저 1150℃ 에서 120분 동안 건식 산화를 실시한 후, 그 다음에 1000℃ 에서 30분 동안 습식 산화를 실시할 때 최종적인 산화막의 두께를 구하시오.

2.14 산화 시 HCl 등의 염소 기체를 첨가할 때 얻을 수 있는 효과를 서술하시오.

CHAPTER 03

포토리소그래피

Photolithography

1장에서는 복잡하게 얽힌 구조의 반도체 소자들이 몇 가지의 대표적이고 반복적인 공정을 거쳐 제작되는 것을 보았다. [그림 3-1]에는 이러한 공정들을 이용하여 제작한 **CMOS**(Complementary Metal-Oxide Semiconductor)의 간단한 입체적인 구조를 나타낸다. 그런데 그림을 살펴보면 다양한 박막층들이 국소적인 영역에서만 제한적으로 형성되어 있는 것을 알 수 있다. 과연 어떠한 방법으로 이러한 미세한 영역을 선택적으로 형성할 수 있을까?

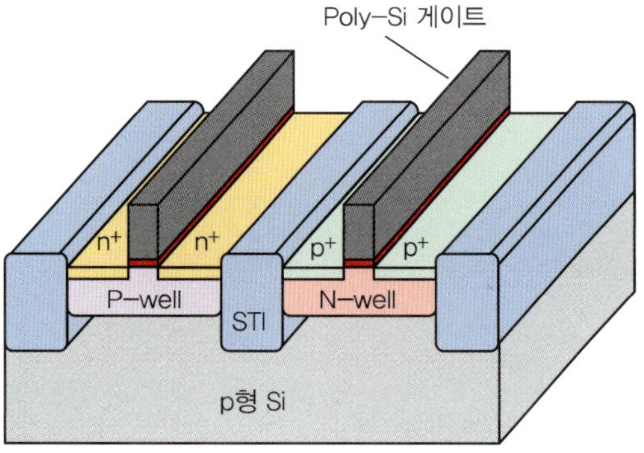

[그림 3-1] 다양한 단위 공정의 반복으로 이루어진 반도체 소자의 단면 개략도

SECTION 3.1 포토리소그래피

포토리소그래피(photolithography)는 웨이퍼 표면에 패턴을 형성하는 공정으로, photo(빛), litho(돌), graph(그림)이 합쳐진 용어이다. 즉 미세 패턴을 형성하기 위해 빛을 이용하여 기판 위에 포토레지스트(photoresist)가 코팅된 상태에서 마스크를 통해 패턴(회로)을 형성하고, 이후 열처리 과정을 거쳐 이를 현상하여 필요한 패턴을 제작하는 과정이라고 볼 수 있다. 예를 들어 [그림 3-2]와 같이 조각칼로 나무나 고무판을 조각하고, 모양이 조각된 판에 잉크를 묻혀 이를 종이 등에 전사하여 이미지를 만들어 내는 판화 작업을 생각하면 다소 이해가 될 것이다.

[그림 3-2] 판화를 통한 이미지 전사[1]

고집적 회로를 가진 반도체 소자를 제작하기 위한 미세 패턴 가공은 리소그래피 기술의 발전에 의해 결정된다고 할 수 있다. 최근에는 디바이스의 속도 및 메모리 용량 확대가 요구되고 있다. 이런 흐름에 따라 로직 소자이건 메모리 소자이건 **하프 피치**(half pitch)로 표현되는 소자의 패턴 크기는 점점 더 미세화되고 있다.

이러한 소자의 미세화 및 집적화에 반도체 소자에서 인접한 트랜지스터의 게이트 간 거리를 게이트 피치(gate pitch)라고 하며, 이를 전통적으로 공정 노드로 정의한다. 또는, 배선 1층의 **콘택트된 폴리 피치**(contacted poly pitch, CPP)의 하프 피치로도 정의될 수 있다. 각 노드에서 주어진 면적에서 데이터 양(data density)을 2배로 증가시키려면, [그림 3-3]에 묘사된 콘택트된 폴리 피치와 **최소 금속 피치**(minimum metal pitch, MMP)를 각각 0.7배로 작게 만들어야 한다.

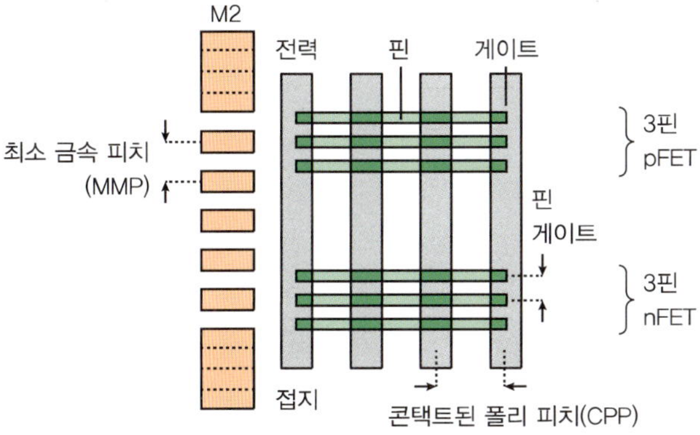

[그림 3-3] 콘택트된 폴리 피치(CPP)와 최소 금속 피치(MMP)

이를 관계식으로 나타내면 다음과 같다.

$$(\mathrm{CPP} \times 0.7) \times (\mathrm{MMP} \times 0.7) = \frac{1}{2}(\mathrm{CPP} \times \mathrm{MMP})$$

위 식에서 면적을 반으로 줄이는 것이 무어의 법칙을 실현시킨 결과를 의미한다. 포토리소그래피 공정은 여러 가지 과정을 거치는데, [그림 3-4]에는 일반적인 포토리소그래피의 순서들을 나타내며, 다음과 같이 그 과정들을 정리할 수 있다.

❶ **포토레지스트 코팅(photoresist coating)**
- 프라이머 코팅 : hexamethyldisilazane(HDMS), adhesion promoter
- 포토레지스트 스핀 코팅 : 1000~5000 rpm(회전속도), 30~60 s(회전 지속시간), ~1.5 μm(두께)

❷ **소프트 베이킹(soft baking)**
- 코팅된 재료로부터 용매를 제거하고, 기판과의 접착력을 증가시킨다.
- 90~100℃(온도), 5~30 min(시간)

❸ **포토마스크 정렬(photomask alignment)**

❹ **노광(exposure)**

⑤ 노광 후 베이킹(post exposure baking)

- 노광 시 입사광과 반사광이 서로 결합하여 정상파(standing wave)를 형성하여 포토레지스트 막의 두께에 따라 빛의 세기가 불균일하게 되는 정상파 효과를 감소시키려는 목적이다.
- 이 공정은 선택적으로 수행된다.

⑥ 현상(developing)

⑦ 하드 베이킹(hard baking)

- 포토레지스트 패턴 형성 이후 접하는 식각 공정 시의 내식각성 및 기판과의 접착성을 증가시키기 위해, 잔류하는 현상액, 린스액, 세정액 등을 제거하기 위한 목적이다.
- 120～180℃(온도), 20～30min(시간)

⑧ 검사

⑨ 후속 공정(식각, 이온주입 등)

⑩ 포토레지스트 제거

- resist stripper 또는 ashing(O_2 plasma) + H_2SO_4/H_2O_2

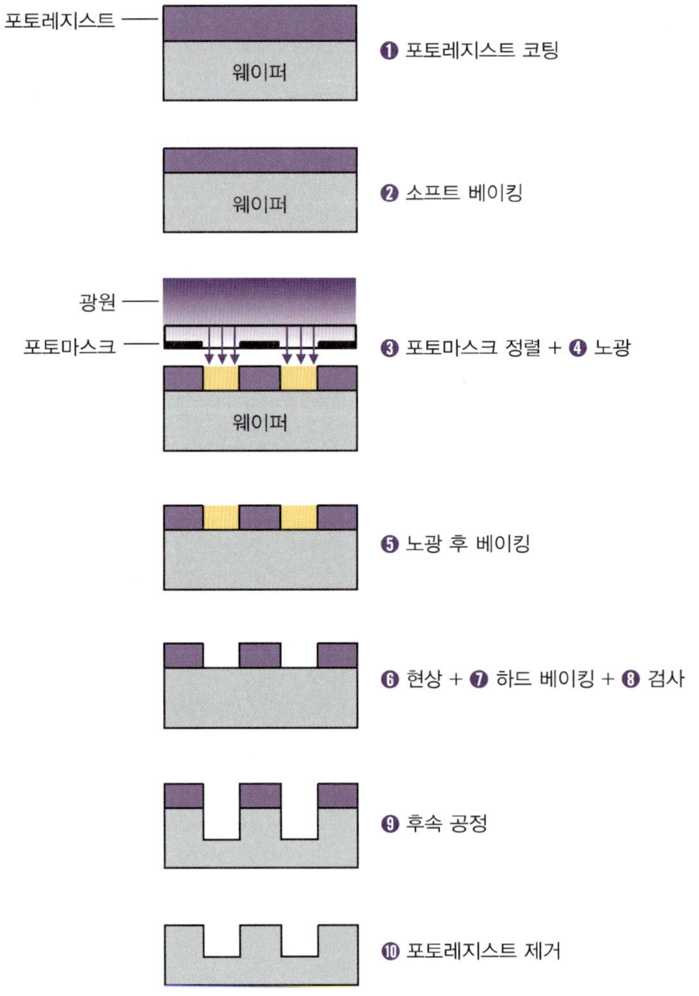

[그림 3-4] 포토리소그래피 공정의 순서도

SECTION 3.2 포토레지스트의 종류

포토레지스트는 빛을 받았을 때 화학적 구조가 변화하는 감광성 고분자 물질(수지)이다. 빛에 노출되어 노광되는 부분과 그렇지 않은 부분의 화학적 구조에 따라 현상액(developer)에 의한 용해도 차이가 발생하여 웨이퍼 상에 패턴을 형성하게 하는 물질을 일컫는다. 뒤에 얘기하게 될 노광 광원의 파장에 따라, 그 광원에 적용될 포토레지스트의 재료 및 구조는 달라진다.

일반적으로 포토레지스트는 용매(solvent), 수지(resin), 감광 성분(photoactive compound(PAC) 또는 photo acid generator(PAG))으로 구성되어 있다. 수지는 플라스틱과 같은 고체를 이루는 성분이고, 용매는 수지를 용해하여 용액 상태로 포토레지스트를 이루게 하는 물질이다. 포토레지스트의 특성을 발현하는 데 가장 중요한 PAC는 포토레지스트가 노광된 후, 현상액에 용해가 잘 되거나 용해를 억제하게 하는 성분이다. 정확한 미세 패턴의 형성을 위해서 포토레지스트는 다음의 성질을 가져야 한다.

- 기판에의 접착성
- 식각 저항성
- 적당한 점도 및 균일한 코팅
- 현상 능력
- 광의 투과성
- 제거의 용이성

포토레지스트는 크게 **포지티브**(positive) 또는 **네거티브**(negative) 포토레지스트로 구분할 수 있다. 이는 노광된 부분이 현상액에 의해 용해되는지, 또는 구조적으로 단단해져 남게 되는지에 의해 결정된다.

포지티브 포토레지스트는 주어진 광원에 노출된 국소 부분이 현상액에 용해되고 그렇지 않은 부분은 현상액에 반응하지 않고 남게 되어, 결과적으로 웨이퍼 상에 형성되는 패턴의 이미지가 포토마스크의 이미지와 동일하게 형성된다. 그러나 **네거티브 포토레지스트**는 그와 정반대로 광원에 노출된 부분이 현상액에 반응하지 않고 남게 되고, 노광되지 않은 부분이 용해되어 패턴을 형성하여 웨이퍼 상의 이미지와 포토마스크의 이미지가 서로 반전이 된다.

[그림 3-5]는 포지티브와 네거티브 포토레지스트를 이용한 포토리소그래피를 나타낸 것이다.

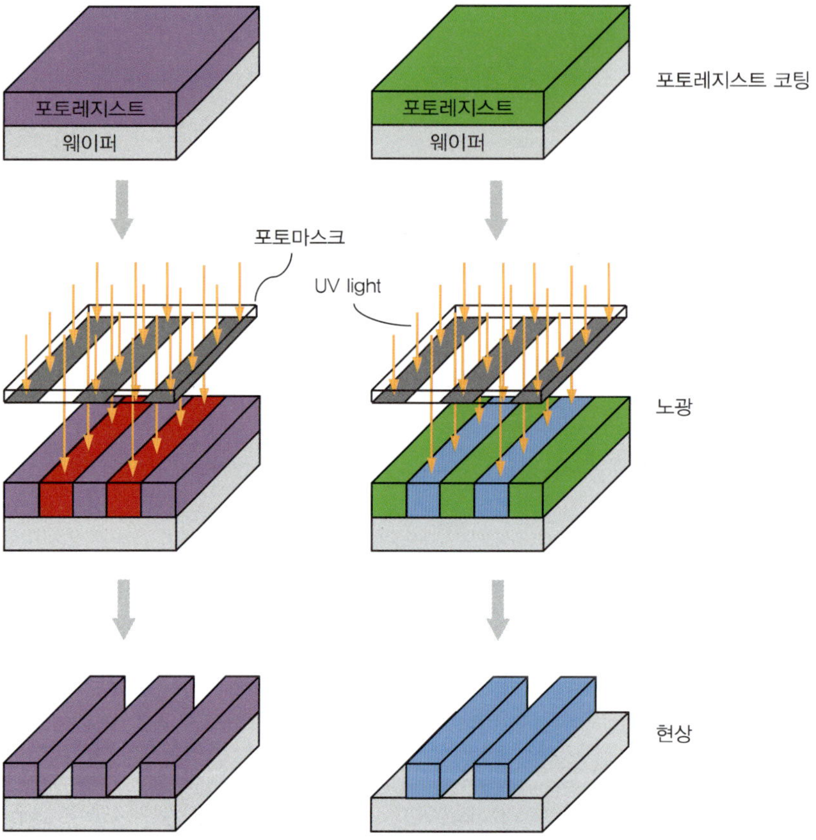

[그림 3-5] 포지티브와 네거티브 포토레지스트를 이용한 포토리소그래피

g-라인, i-라인용 포토레지스트

g-라인(436nm) 및 i-라인(365nm)은 노광에 널리 사용되어 온 포지티브 레지스트지만, 요즘 생산되는 초미세화된 소자의 패턴 형성에는 사용할 수 없다. 일반적으로 g-라인 및 i-라인 포토리소그래피에는 **디아조나프토퀴논**(diazonaphthoquinone, DNQ) 포토레지스트가 사용되어 왔으며, 이러한 DNQ계 포토레지스트는 유기용매 내에 페놀계 노볼락(novolac) 수지와 포토 활성 화합물(PAC)인 DNQ가 기본 성분으로 포함되어 있다. 노볼락 수지는 페놀포름알데히드(phenol-formaldehyde) 수지로, [그림 3-6]에 나타낸 것처럼 페놀 단위가 주로 메틸렌(CH_2) 또는 에테르기(R−O−R')에 의해 연결되어 있으며, 일반적으로 현상액에 쉽게 녹는다.

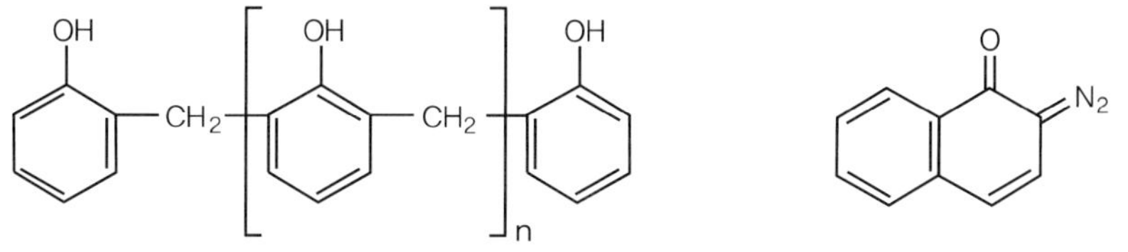

(a) 노볼락 수지 (b) DNQ

[그림 3-6] 노볼락 수지의 구조와 DNQ

포토레지스트 내의 DNQ는 빛에 노출되면 광화학 반응을 통해 N_2가 구조에서 떨어지고, 탄소 고리(carbon ring)의 한 사이트가 반응성이 큰 사이트가 되었다가 주위의 탄소(C)와 산소(O) 사이에 들어가서 탄소 고리가 육각형(hexagonal)에서 오각형(pentagonal)으로 변화하는 볼프 배열(Wolff arrangement)를 거친다([그림 3-7] 참고).

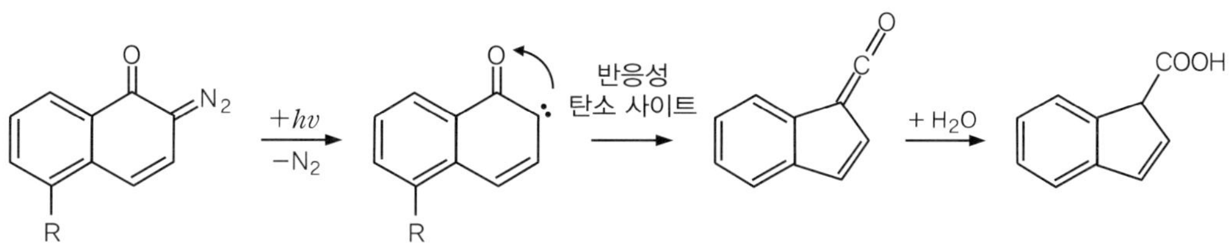

[그림 3-7] DNQ 포토레지스트의 노광에 따른 화학적 구조의 변화

이러한 과정을 통해 DNQ 구조는 =C=O 구조를 가진 케텐(ketene)이 되고 이 구조는 다시 H_2O와 반응하여 카르복실 그룹(carboxylic group, COOH)을 가지게 되며, 염기성 현상액에 용해된다. 즉 광원에 노출되기 전에는 현상액에 용해되지 않는 DNQ가, 노광된 후에 화학적 구조가 변화하여 염기성 현상액에 용해되는 과정이 포지티브 포토레지스트를 이용한 리소그래피의 원리이다.

한편 네거티브 포토레지스트는 긴 사슬을 가진 고분자 중합체로, DNQ 포지티브 레지스트보다 분자량이 약 10배 더 크다. 노광에 의해 인접한 중합체 사슬의 결합 또는 가교 결합에 의해 3차원적 분자 네트워크를 형성한다. 그리하여 네거티브 포토레지스트를 이용한 리소그래피에서 노광된 부분은 현상액에 용해되지 않으며, 오히려 빛에 노출되지 않은 포토레지스트 영역이 용해된다.

네거티브 포토레지스트의 수지로는 cyclized synthetic rubber resin이, PAC로는 bis-aryl azide가 주로 사용되며, 용매로는 벤젠, 톨루엔 및 크실렌과 같은 방향족 유기용매가 주로 사용된다. R&D용으로는 포지티브, 네거티브 포토레지스트 모두 사용되긴 하나, 최신 반도체 소자의 양산용으로는 더 이상 이러한 계의 포토레지스트가 사용되지 않는다.

KrF 포토레지스트

KrF 포토레지스트는 고집적화에 따른 248nm KrF 리소그래피에 사용되는 포토레지스트로, poly(t-butyloxycarbonylstyrene)(PBOCST) 고분자와 PAG(photoacid generator)를 기본으로 한 화학 증폭형 포토레지스트(chemically amplified photoresist)이다. [그림 3-8]에 나타낸 것처럼, PAG 역할을 하는 트리아릴슬포늄(triarylsulfonium) 염이 빛을 받으면 H^+가 생성된다. 그리고 PBOCST 내의 t-butyloxycarbonyl(t-BOC)기는 노광 후 베이킹에 의해 H^+를 확산시켜 연쇄적으로 반응을 일으킴으로써 poly(p-hydroxystyrene) PHS을 생성시킨다.

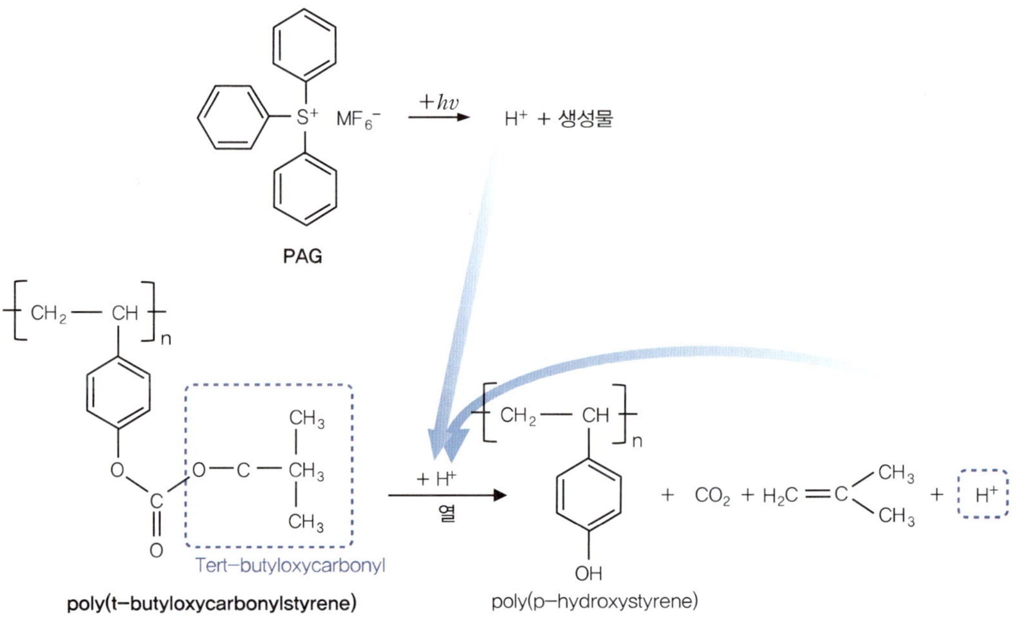

[그림 3-8] 화학 증폭 포토레지스트의 변화

이 과정에서 탄산가스와 이소부텐, 그리고 H^+가 발생하며, H^+가 촉매로 작용하여 다수의 반응을 일으키기 때문에 이를 **화학 증폭 광촉매 반응**(chemically amplified photoacid-catalyzed reaction)이라고 한다. 이러한 성질을 가진 포토레지스트를 화학 증폭형 포토레지스트(chemically amplified photoresist)라 한다. 화학 증폭의 장점은 H^+가 촉매로 작용하여 수백 번의 탈보호 반응을 일으킬 수 있다는 점이며, 이는 하나의 광자가 하나의 PAC 분자에 작용하는 DNQ/Novolac 포토레지스트 계와는 분명하게 구분된다. 따라서 이 과정에서 제일 중요한 것은 노광 후 베이킹에 의해 H^+가 촉매 반응을 하는 것이다. 노광 후 베이킹이 종료됨과 동시에 이러한 연쇄 반응도 종료된다.

즉 스핀 코팅 후 포토레지스트 형성에 있어서, 염기성 수용액에 용해되지 않는 poly(t-butyloxy-carbonylstyrene, PBOCST)와 같은 구조가 PAG로부터 H^+가 생성이 되고 노광 후 가열에 의해 H^+가 떨어져 나가면서 페놀기(−OH)가 생성된다. 이때 이 PHS 부분이 염기성 현상액에 의해 용해되며, 이것이 포토리소그래피 현상의 기본 원리이다. 여기서 H^+의 확산은 포토레지스트 감도

(sensitivity)와 더불어 양산성을 증가시키며, 노이즈를 줄여 선폭 거칠기(line edge roughness)를 제어할 수 있다. 그리고 H^+가 노광되지 않았던 영역에까지 침투하게 되어 선폭이 노광된 폭보다 작아지게 되는 효과를 본다.

ArF 포토레지스트

방향족 고리를 기초로 한 포토레지스트의 경우 $\pi-\pi$ 전이를 해 광을 흡수하게 되므로, 193nm ArF 포토리소그래피에서는 더 이상 노볼락과 poly(p-hydroxystyrene) 수지를 포토레지스트로 사용할 수 없게 된다. ArF용 포토레지스트의 경우 일반적으로 고분자의 C/H 비율이 높을수록 193nm의 광 흡수율이 낮고 플라스마 식각 저항성과 열 안정성이 우수하다고 알려져 있다. 이에 따라 다음과 같은 구조의 포토레지스트들이 사용된다.

- polymethacrylates
- polycyclic olefin
- poly(cyclicolefin-co-maleic anhydride)
- poly(vinylether-co-maleic anhydride)

한편, ArF 193nm 리소그래피에서는 선폭 거칠기, 패턴 붕괴 등의 문제가 발생할 수 있기 때문에, 포토레지스트는 다음과 같은 특성을 가져야 한다.

- 광 투과성
- 드라이 식각 저항성
- 접착성
- 현상성
- 감도(콘트라스트)

스핀 코팅

포토레지스트는 **스핀 코팅** 장치에 의해 웨이퍼 위에 도포되는데, 이때 스핀하는 웨이퍼 상의 유체의 흐름은 연속방정식과 질량보존의 법칙을 따른다. 유체의 밀도와 점도가 일정하다면, 일정 부피를 벗어난 과잉의 유체 플럭스는 유체가 얇아지는 속도와 같게 된다. 일반적으로 스핀 코팅 공정에서 유체의 두께(h)는 유체의 점도(η)에 비례하고, 스핀 속도(ω)와 스핀 시간(t)에 반비례하는 관계를 얻는다.

$$h = k\frac{\eta^a}{\omega^b t^c} \tag{3.1}$$

k는 유체의 밀도 등에 의존하는 상수이며, $a \sim c$는 유체의 증발 속도 등에 의존하는 상수이다.

식 (3.1)로부터 스핀 코팅 후의 포토레지스트의 두께는 스핀 속도에 반비례한다는 것을 알 수 있다. 이 식과 더불어 스핀 코팅의 원리를 이해하는 데 가장 좋은 방법은 실제로 스핀 코팅을 수행하여 스핀 속도에 따른 포토레지스트 및 박막 두께의 변화를 알아보는 것이다. 예를 들어, [그림 3-9]에 나타낸 그래프에 따르면 스핀 속도에 따라 포토레지스트의 두께가 감소하며, 포토레지스트 용액의 점도가 증가할수록 코팅되는 포토레지스트의 두께가 증가하는 것을 알 수 있다.

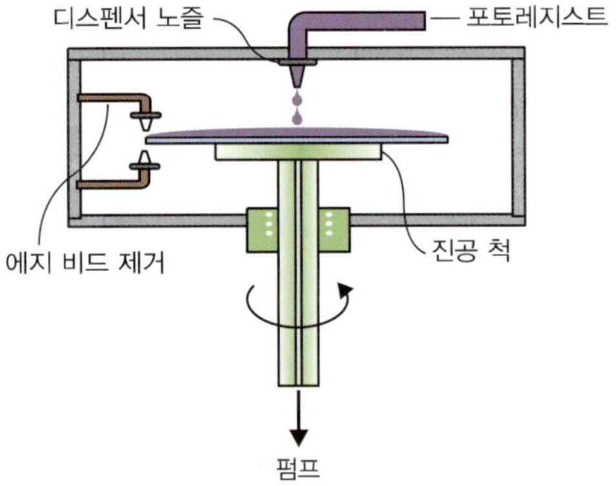

(a) 스핀 코팅 장치의 개략도

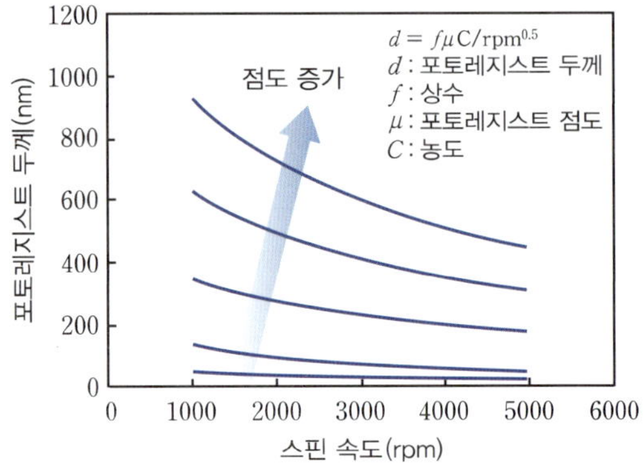

(b) 스핀 속도와 포토레지스트 두께의 관계

[그림 3-9] 포토레지스트의 스핀 코팅

SECTION 3.3 포토마스크와 노광 시스템

포토마스크

포토마스크(photomask)는 용융 유리(fused silica) 기판 표면에 248nm, 193nm 등의 노광 파장에서 불투명한 크롬 박막층의 패턴을 형성시킨 것이다. 블랭크 마스크 위에 크롬(chrome)을 증착하여 이를 감광제로 코팅한 후, 설계된 이미지를 감광제에 전사시키고 식각(etching) 및 스트립(strip)을 진행하여 포토마스크가 제작된다. 석영 유리가 포토마스크의 기판으로 사용되는 이유는 UV를 투과하고 열팽창계수가 0.48×10^{-6}/℃ 로 낮아 열적 변형에 강하며 화학적으로 안정할 뿐만 아니라, 고유 복굴절(intrinsic birefringence)이 없기 때문이다. 그러나 포토마스크의 뼈대가 되는 용융 실리카와 대기 중의 산소는 157nm 에서 흡수성을 가지므로, 파장이 193nm 에서 36nm 만큼만 감소하더라도 시스템의 대대적인 수정이 필요하게 된다. 간혹 마스크, 하드 마스크란 용어가 등장하기도 하는데, 이는 웨이퍼 상에 형성된 박막의 일종으로 포토레지스트와 유사한 역할을 하는 층을 말한다. 즉 위에서 설명한 포토마스크와는 완전히 별개의 물질이다.

노광 시스템

포토레지스트가 코팅된 웨이퍼와 별개의 물질인 포토마스크의 위치 및 거리 등에 따라 [그림 3-10]에 나타낸 것과 같은 다양한 노광 시스템이 있다. 먼저 **접촉 노광**(contact printing)은 [그림 3-10(a)]에서 보듯이 포토마스크가 웨이퍼 표면에 밀착되어 노광이 이루어진다. 이때 웨이퍼와 마스크의 손상이 유발될 수 있어 양산용으로는 적합하지 않으며 R&D 목적으로 사용될 수 있다. **근접 노광**(proximity printing) 시스템에서는 포토마스크가 웨이퍼 표면에 밀착되지 않으나, 선폭이 수 마이크로미터(μm) 수준으로 작을 경우에는 이용하기가 어렵다. 이는 광원이 있을 때 물체와 상의 거리가 멀어지면 물체와 동일한 크기의 상이 명확히 맺히기 어렵기 때문이다. 더구나, 웨이퍼의 크기가 커질수록 포토마스크의 크기도 커져야 하고, 웨이퍼의 중심부와 가장자리(에지)에서 웨이퍼와 포토마스크 사이의 거리를 완전히 동일하게 유지하기는 여간 쉬운 일이 아니다.

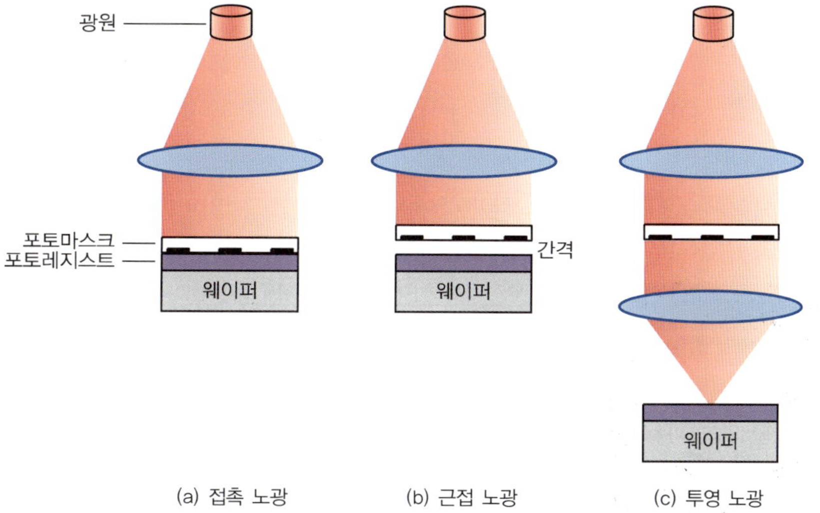

[그림 3-10] 다양한 포토리소그래피 노광 시스템

[그림 3-11(a)]에 나타낸 것과 같이, 조리개 역할을 하는 포토마스크를 통과한 빛이 회절(diffract)하여 마스크 상의 이미지보다 더 큰 상이 웨이퍼 표면에 전사되게 된다. 이를 해결하기 위해 [그림 3-11(b)]처럼 포토마스크(조리개)와 웨이퍼(상) 사이에 포커싱 렌즈를 하나 더 두어 커져버린 상의 크기를 다시 축소시킨다. 이처럼 듀얼 렌즈(dual lens)를 가지고 step and repeat 방법으로 포토리소그래피를 실현하는 것을 **투영 노광**(projection printing) 시스템이라고 한다.

한편 마스크 얼라이너(mask aligner)를 이용하여 포토마스크 전체를 웨이퍼 전체와 맞추고 한번에 노광하여 패터닝하는 경우에는, 앞서 말한 것처럼 웨이퍼 내에서의 균일도를 유지하기가 어려워진다.

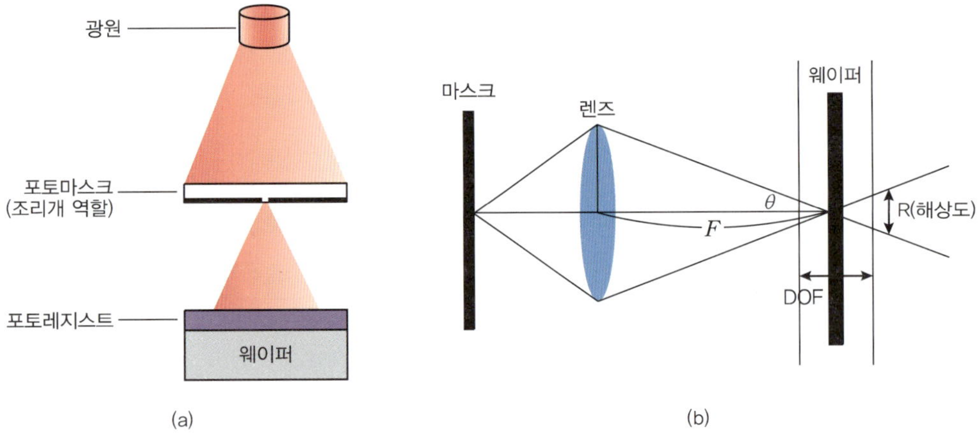

[그림 3-11] 빛의 회절에 따른 상의 크기 확대

그런데 포커싱 렌즈를 하나 더 두어 커져버린 상의 크기를 다시 축소하는 step and repeat 시스템이 도입되면서 포토마스크의 크기가 웨이퍼와 1:1일 필요가 없어졌다. 이에 따라, 다이 전체의 정보를 반복적으로 포함시킨 대형 포토마스크 대신 일부 다이에 해당하는 모양의 이미지만 직사각형 형태로 정렬된 **레티클**(reticle)을 도입하게 되었다. 레티클은 여러 번 반복적으로 위치를 옮겨가며 사용하도록 만든 포토마스크의 일종으로, [그림 3-12]는 그 예를 나타낸다.

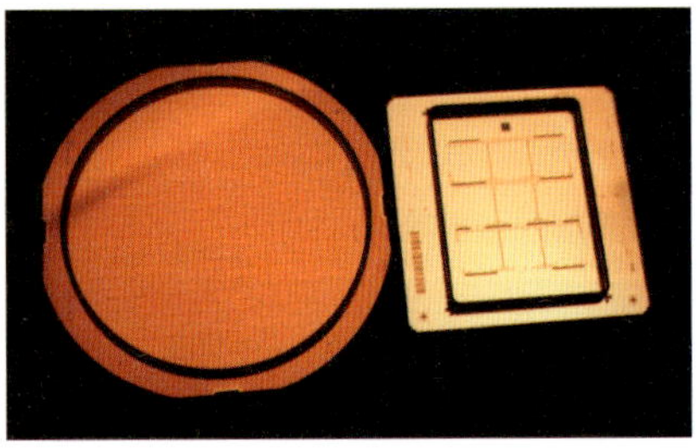

[그림 3-12] 1:1 마스크와 4:1 레티클의 예 [2]

노광 장치

스테퍼(stepper)[1]는 실리콘의 작은 칩 표면에 수백만 개의 미세 회로를 형성하는 포토리소그래피 공정의 필수적인 요소로, 레티클을 통해 빛을 통과시켜 레티클 패턴의 이미지를 형성한다. 이때 이미지는 렌즈에 의해 포커스(focus)되고 또 축소되어 포토레지스트 표면에 전사된다. 일반적으로 설계 도면의 수 배 정도 크기로 패턴이 레티클에 그려지며, 이러한 레티클을 4:1 ~ 10:1의 비율로 축소하여 웨이퍼에 전사시키게 된다. 이러한 특징으로부터 스테퍼는 더 높은 해상도를 낼 수 있다.

1 step and repeat camera의 약자이다.

스테퍼는 웨이퍼의 한 샷 위치에서 다른 샷 위치로 하나씩 이동하면서, 레티클 상의 패턴이 그리드 내의 웨이퍼 표면을 가로질러 반복적으로 노광되게 한다. 한 예로 193nm 리소그래피용 스테퍼에서 노출 시간은 1회당 약 10~20ns 로, 300mm 웨이퍼당 100여 번의 노광을 거쳐 노광 장비 시간당 100장 이상의 웨이퍼를 생산한다. 이 값은 광원의 종류에 따라 달라진다.

SECTION 3.4 광원

[그림 3-13]에는 평면형 트랜지스터의 단면과 부위별 명칭을 나타낸다. 반도체 집적도의 수준은 소자의 특정 패턴 크기(또는 선폭)로 말해져 왔는데, 후술할 새로운 형태의 트랜지스터가 나오기 전의 반도체 기술 노드는 **하프 피치**(half pitch) 등에 의해 정의되곤 했다.

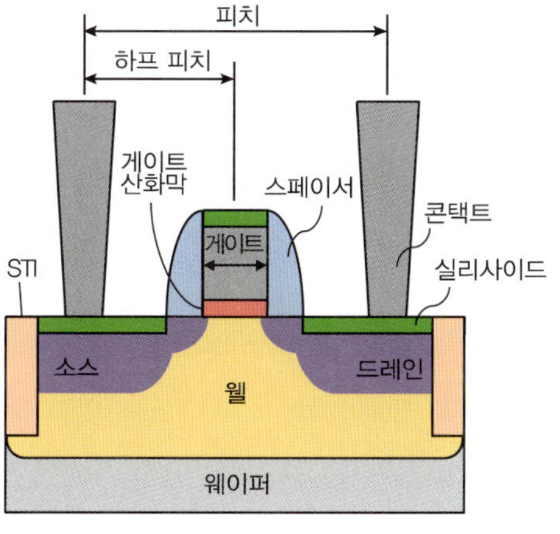

[그림 3-13] 평면형 트랜지스터의 단면

그리고 웨이퍼 상에 전사될 수 있는 가장 작은 선폭을 나타내는 최소 **피처 사이즈**(feature size)는 CD(critical dimension)라고도 불리우며, 이는 식 (3.2)로 결정된다.

$$\mathrm{CD} = \frac{k_1 \lambda}{\mathrm{NA}} \tag{3.2}$$

$$\mathrm{DOF} = \frac{k_2 \lambda}{(\mathrm{NA})^2} \tag{3.3}$$

- CD : 최소 피처 사이즈
- DOF : 심도
- k_1, k_2 : 상수
- λ : 광원의 파장
- NA : 렌즈의 조리개 ($= n\sin\theta$, n : 굴절율)

여기서 k_1은 포토레지스트의 특성 등을 고려하는 계수로, 이론상 최소값은 0.25이며 일반적으로는 0.5로 취급한다. NA는 광학 시스템이 광원에서 나오는 빛을 모으고 초점을 맞추는 능력을 측정하는 지표이며, 빛이 통과하는 매질의 굴절률(n)과 최대 굴절각의 사인 값($\sin\theta$)의 곱으로 결정된다. 쉽게 보면, NA가 렌즈의 크기를 나타낸다고 생각할 수 있으며 NA가 클수록 달성 가능한 CD는 작아지고, 공기를 매질로 사용하는 렌즈의 최대 NA는 1.0이다. 식에서 알 수 있듯이, 반도체 소자의 최소 패턴 크기를 작게 하기 위해서는 파장이 짧은 광원의 요구가 필수적이다.

한편, 식 (3.3)으로 주어지는 **초점 심도**(depth of focus, DOF)는 이미지가 초점에 맞춰 유지되는 수직 거리로서, 공정에서 허용 가능한 초점 범위로 정의되기도 한다. 포토리소그래피 공정 중 전체 레지스트 층이 현상되려면 충분히 높은 DOF가 필요하다. k_2는 k_1과 관련이 있으며 최소값은 0.5이다. DOF는 포토레지스트 전체 두께에 걸쳐 크기의 정확성과 정밀도를 보장하기에 충분해야 한다. 광원의 파장(λ)이 작거나 NA가 클수록, DOF가 작아지고 포토리소그래피 공정의 제어가 점점 제한된다. 따라서 DOF가 작을 때 웨이퍼 상의 단차를 줄여서 포토리소그래피 공정에서 선폭을 제대로 구현해 낼 수 있도록 하는 것이 매우 필요하다.

반도체 회로의 미세화 정도를 결정하는 핵심적인 부분이 바로 노광하는 광원의 종류와 그에 따른 포토레지스트이다. 즉, 리소그래피 기술 발전을 결정하고 제한하는 가장 중요한 요인은 빛의 파장으로, 1μm 이상의 선폭을 갖는 경우에는 i-라인, g-라인의 수은 램프($\lambda = 365$, 436nm)를 사용했으나, 패턴의 미세화에 따라 서브마이크로 이하의 선폭을 형성하기 위해 새로운 광원이 필요하게 되었다. 그 이후로는 KrF(Kripton Fluoride) 엑시머 레이저($\lambda = 248$nm)를 이용하여 0.13μm 공정이 가능해졌으며, ArF(Argon Fluoride) 엑시머 레이저($\lambda = 193$nm)를 이용하여 90nm 이하의 공정이 가능하게 되었다.

[표 3-1]에서 알 수 있듯이 광원의 파장과 각 공정 노드에서의 피처 사이즈가 일치한다는 사실은 물리적으로 매우 의미가 있다.

[표 3-1] 포토리소그래피에 사용되는 여러 가지 광원의 특징

광원	이름	파장(nm)	피처 사이즈(μm)
Hg 램프	g-라인	436	0.50
	i-라인	365	0.35 ~ 0.25
Excimer 레이저	KrF(DUV)	248	0.25 ~ 0.13
	ArF	193	0.13 ~ 0.07
F_2 레이저	F_2	157	< 0.10

SECTION 3.5 선폭을 축소시키는 다양한 기술

65nm 이하의 패턴 선폭을 구현하기 위해서는 리소그래피 기술에서 혁신적인 변화가 필요한데, 그 이유는 원자외선(Deep UV)을 이용하는 경우 광원의 파장이 짧지 않아, 작은 스케일의 소자 제작이 불가능하다는 한계가 있기 때문이다. 예를 들어, 폭이 1cm인 붓을 사용해서 0.5cm 굵기의 글씨를 쓰는 것은 무리인 것과 마찬가지이다. 그러므로 기존의 ArF 노광 기술에 여러 가지 변화를 가하여 패터닝 선폭을 감소시켜야 한다. 과연 어떠한 방법들이 있을지 여기서 다뤄보기로 한다.

[표 3-2]에는 선폭의 감소를 위해 ArF 포토리소그래피 공정에 더해진 기술들을 정리했다.

[표 3-2] ArF 노광 기술에 새롭게 더해져서 선폭의 감소를 실현하는 예

기술 노드	새롭게 더해지는 공정 및 기술
90nm	하드 마스크 + 하드 마스크 식각
65nm	하드 마스크 + 하드 마스크 식각 + 무기 BARC
45nm	하드 마스크 + 하드 마스크 식각 + 무기 BARC + 탑코트
32nm	하드 마스크 + 하드 마스크 식각 + 무기 BARC + 탑코트 + 더블 패터닝 + 이머전

ArF 이머전 리소그래피

[표 3-2]의 다양한 기술 중에서 특히 눈에 띄는 것은 **ArF 이머전 리소그래피**(ArF immersion lithography)의 도입이다. 이 공정은 [그림 3-14]에 나타낸 것처럼 노광 시 렌즈와 포토레지스트가 코팅된 웨이퍼의 간극을 공기가 아니라 물과 같이 굴절율이 높은 매질로 채운 상태에서 리소그래피를 수행한다. 포토리소그래피에서 형상의 분해능은 이미징 장비의 NA와 직접적인 관련이 있으며, NA는 빛이 통과하는 매질의 굴절률(n)에 최대 굴절각의 사인 값($\sin\theta$)을 곱한 값이다. 즉, 굴절률이 큰 매질을 사용하면 NA 값이 커지며, 이에 따라 해상도가 증가하게 된다. 실제로 이와 같은 기술을 이용하여 더 작은 하프 피치 패턴의 구현이 가능하게 되었다.

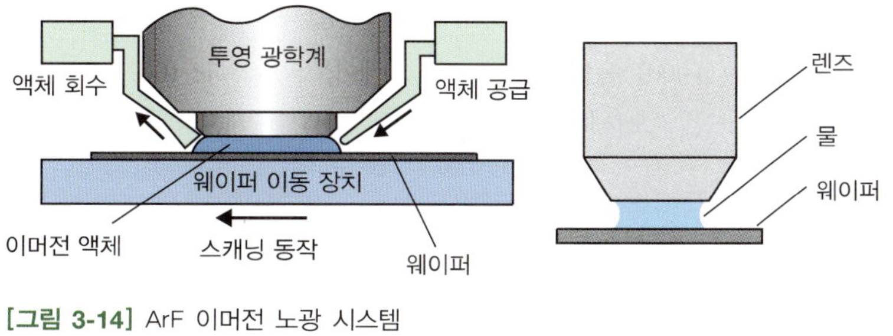

[그림 3-14] ArF 이머전 노광 시스템

예를 들어, 193nm 광에 대한 물의 굴절률이 1.44 정도이므로 193nm 광을 사용하면서 마치 134nm의 광으로 노광하고 있는 것과 같은 효과를 누릴 수 있다. 이러한 리소그래피 방법으로 고순도의 물을 사용하여 45nm 미만의 미세 구조를 구현해낼 수 있다.

반사 방지 코팅(ARC)

화학 증폭형 포토레지스트에 물이 스며들게 되면 산 촉매 반응을 통해 포토레지스트의 고분자가 탈보호기 반응을 하게 되어 비정상적인 산 확산을 초래하고 결과적으로 리소그래피 성능을 저하시킨다. 따라서 포토레지스트 위에 탑코트(topcoat) 층을 만들어 물과 포토레지스트 간의 화학적 확산을 차단하는 장벽(barrier) 역할을 할 뿐만 아니라, 워터마크(water mark)를 줄이는 데에도 기여한다. 이후에는 탑코트 층은 **반사 방지 코팅**(antireflection coating, ARC)으로 조정되었다.

빛이 매질을 지나갈 때 거리에 따라 빛의 흡수가 지수함수적으로 감소하는 현상을 **비어-람베르트 법칙**(Beer-Lambert law)이라고 한다. 포토리소그래피 과정에서도 이러한 일이 발생할 수 있으며, 그 결과 포토레지스트의 상부와 하부에 도달하는 빛의 세기가 차이날 수 있다.

또한 매우 반사율이 높은 웨이퍼 표면 위에 포토레지스트가 형성되어 있는 경우는 노광이 거리에 따라 주기적으로 더 강하거나 약하게 이루어져 결과적으로 [그림 3-15]에 나타난 것과 같이 정상파(standing wave)를 갖는 물결 모양(wavy)의 패턴이 형성될 수도 있다.

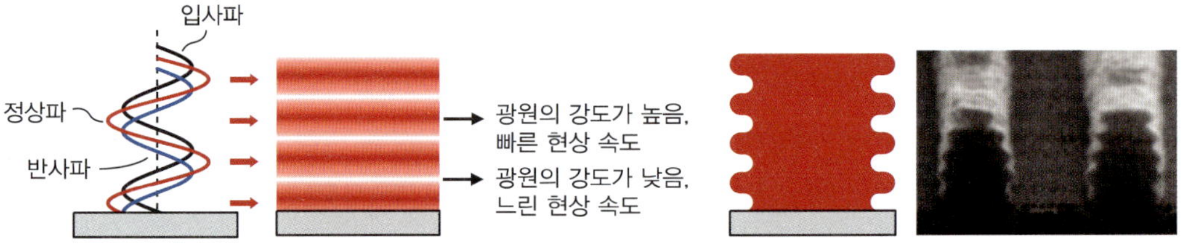

[그림 3-15] 기판의 반사에 의한 정상파의 발생 원리와 효과

따라서 반사 방지 코팅(ARC)을 함으로써 일정한 파장을 갖는 빛이 포토레지스트를 지나며 그 표면과 바닥에서의 반사에 따라 보강 간섭 현상이 일어나 물결 모양(wavy)의 패턴이 나오는 것을 방지한다. 특히 ARC는 특징에 따라 TARC(Top-ARC)와 BARC(Bottom-ARC)로 나눌 수 있다. TARC로는 유기 고분자 박막이 포토레지스트 위에 도포되어 사용되며 비교적 공정이 간단하고, 비용도 적게 든다. BARC로는 일반적으로 화학 기상 증착(CVD)에 의한 무기 박막 재료(예 SiON:H)가 사용되며, BARC의 두께를 조절해 반사광을 최소화함으로써 더 나은 반사 제어 및 공정 안정성을 갖는다. 다만 이 경우 공정 비용이 상승하고 BARC의 제거에도 시간이 소요된다는 단점이 있다.

멀티 패터닝

[그림 3-16]에 나타낸 **멀티 패터닝**(multi-patterning) 기술은 반도체 소자의 집적도를 더욱 향상시키기 위해 개발된 포토리소그래피 기술로, 추가적인 노광을 하거나 스페이서 증착/식각 등을 사용하여 여러 번 반복하여 패터닝하는 것을 의미한다. 기본적으로 여러 하드 마스크층을 제작한 후, 최소 피치의 포토레지스트 패터닝을 하고 그것을 토대로 하드 마스크를 식각한다. 그 다음, 남은 하드 마스크 패턴에 **스페이서**(spacer)를 형성한 후 스페이서의 상부와 남은 하드 마스크층을 식각한다. 그리고 다시 남은 스페이서층을 마스크층으로 사용해 하부의 하드 마스크층을 제거함으로써 선폭을 감소시킨다.

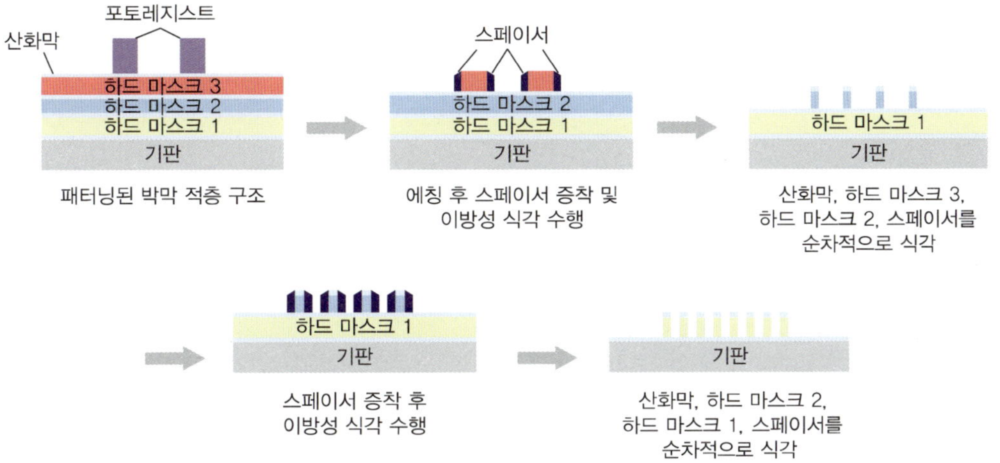

[그림 3-16] 선폭 감소를 위한 멀티 패터닝 공정의 예

이러한 공정을 한 번 더 진행하면 원래의 CD보다 수 배 축소된 이미지를 얻게 된다. 193nm 파장에서 작동하는 1.35NA 이머젼 리소그래피 장비의 분해능 한계는 36nm인데, 이 장비를 활용해 20nm 미만의 노드를 실현시키려면 멀티 패터닝 기술이 절대적으로 필요하다. 그러나 이의 적용으로 공정 수와 비용이 급격히 증가될 수밖에 없다. 더구나, 공정 수의 급격한 증가는 수율 관리에도 부정적인 영향을 줄 수밖에 없다는 단점이 있다.

[그림 3-17]은 이중 패터닝 공정의 예들을 나타낸다.

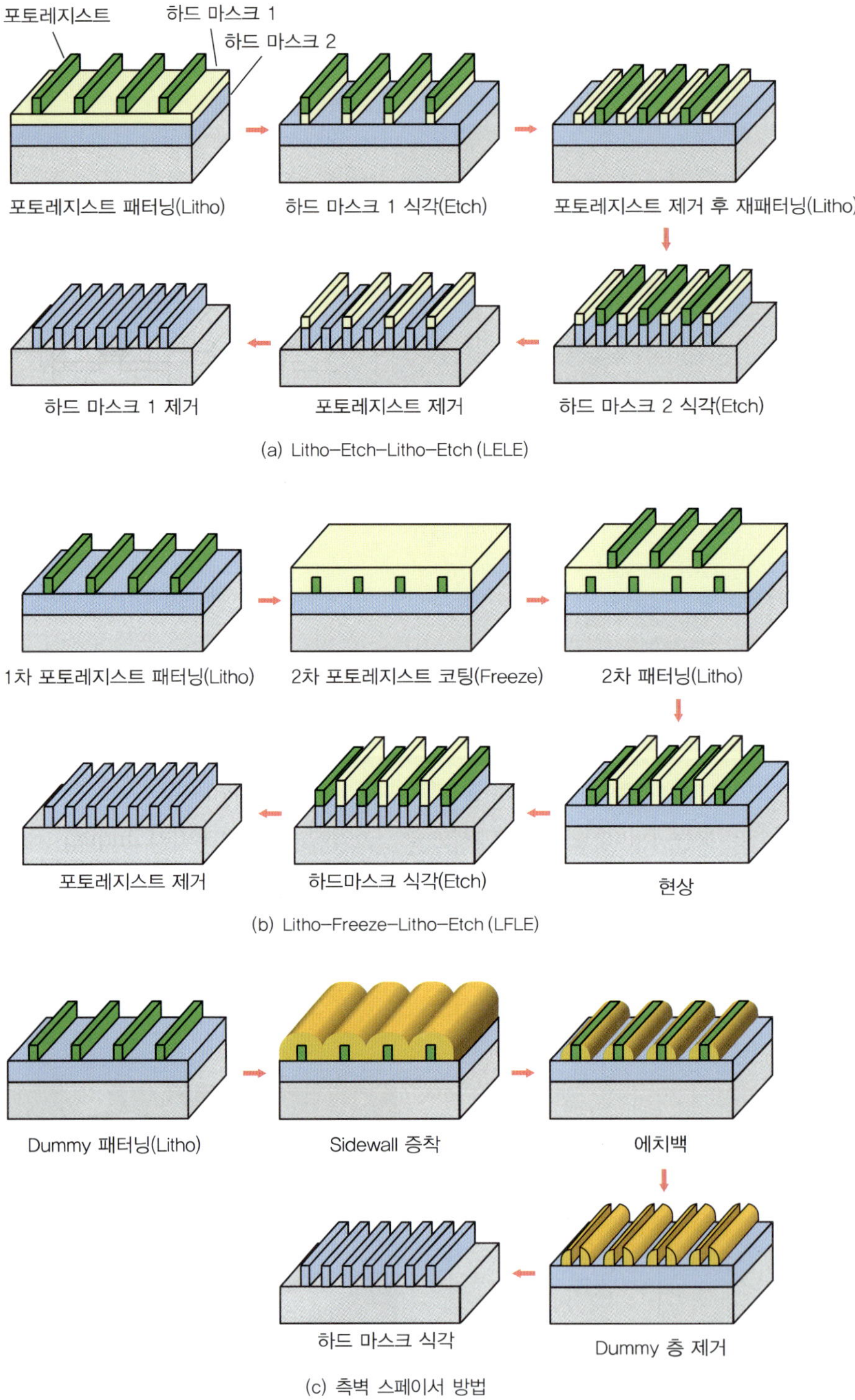

[그림 3-17] 선폭 감소를 위한 이중 패터닝 공정의 예

이러한 멀티 패터닝은 **네거티브형 현상**(negative-tone development)을 이용하면 훨씬 유리하다. [그림 3-18(a)]와 [그림 3-18(b)]로부터 알 수 있듯이, 긴 파장의 광원으로는 최소 피처 사이즈가 형성된 포토마스크의 이미지를 웨이퍼에 정확히 전사할 수 없으며, 포지티브형 현상을 이용하여 멀티 패터닝을 하더라도 같은 결과를 초래한다. 그러나 네거티브형 현상을 하면 최소 CD보다 예를 들어 3배의 스페이스가 형성된 포토마스크를 사용해도 멀티 패터닝을 이용하여 최종적으로 사이즈가 축소된 패턴을 형성할 수 있게 된다([그림 3-18(c)] 참고).

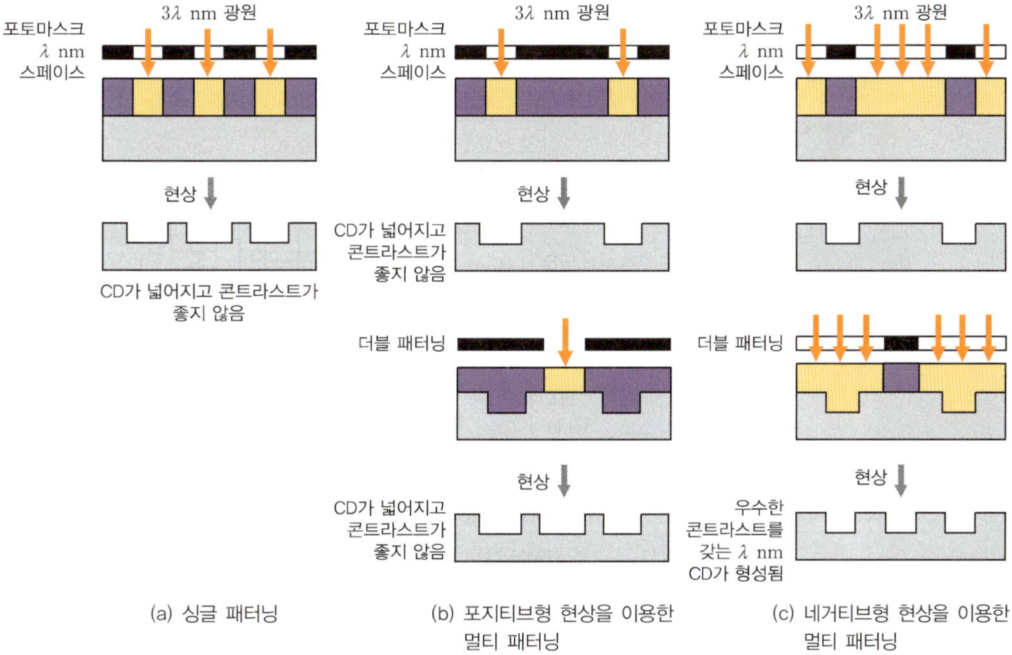

[그림 3-18] 포지티브와 네거티브 포토레지스트

멀티 패터닝에서 네거티브형 현상을 이용한 CD의 축소는 노광된 포토레지스트를 어떻게 현상하느냐에 따라 좌우된다. 예를 들어, 노광된 포토레지스트는 친수성이고 포토마스크에 가려져 노광되지 않은 부분은 소수성일 때, 현상액으로 TMAH를 사용하면 포지티브형 현상이 이루어지고, 적절한 유기용매를 사용하면 노광되지 않은 소수성 포토레지스트 층을 용해하여 네거티브형 현상이 이루어질 수 있다.

한편, 앞서 언급한 것처럼 조리개와 같은 슬릿(slit)[2]을 통과한 빛의 파장이 빛의 회절현상에 의해 서로 중첩되어 상의 콘트라스트가 저하될 수 있다. 이러한 문제를 해결하기 위한 방법은 하나의 다른 층이 포토마스크의 열린 부분에 더해져서 180°의 위상 차이를 갖게 하는 것이다([그림 3-19] 참고). 이를 **위상전위 마스크**(phase shift mask)라 하며, 이에 의해 빛의 중첩 효과가 사라지고 웨이퍼 표면에서의 상이 콘트라스트를 주며 해상도 높게 형성될 수 있다.

2 마스크의 열린 부분을 의미한다.

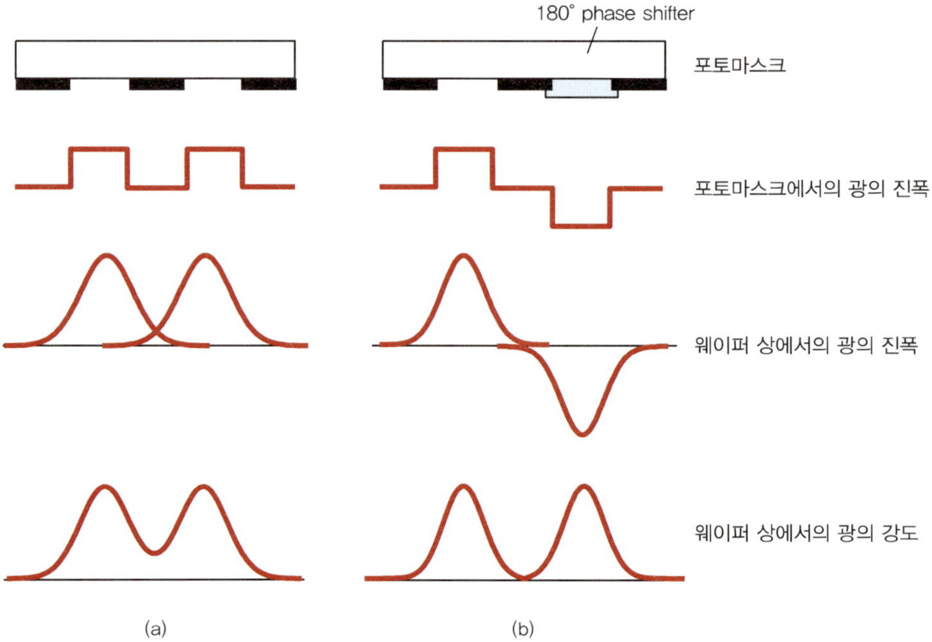

[그림 3-19] (a) 마스크의 세밀하게 열린 부분을 통과한 빛이 회절현상에 의해 서로 중첩되어 상의 콘트라스트가 저하되는 경우와 (b) 위상전위 마스크를 이용한 패턴 형성 개선의 원리

SECTION 3.6 EUV 리소그래피

앞서 언급된 바와 같이, 이머전 리소그래피(또는 멀티 패터닝) 기술의 도입은 주어진 파장의 광원을 이용하여 미세화 기술의 노드를 발전시키는 데 기여를 해왔다. 그러나 공정 수가 급격히 증가하면 공정 비용 상승뿐만 아니라 수율을 향상시키는 데 어려움을 준다. 더구나, 이러한 공정의 조합도 선폭의 감소의 한계에 도달할 것이며, 이를 해결하기 위해서는 결국 짧은 파장의 광원이 반드시 필요하다. 그리하여 개발된 것이 13.5nm 파장을 이용한 **EUV 리소그래피**(Extreme UV lithography) 기술이다. 이는 **극자외선 리소그래피**라고도 한다.

[그림 3-20]은 현재 세계 최고의 반도체 연구 단체인 imec의 트랜지스터 로드맵, 즉 차세대 주요 공정 노드와 트랜지스터 아키텍처의 타임라인을 보여준다. 이 로드맵은 TSMC, 삼성, 인텔, 엔비디아, AMD, ASML 등 업계 대표 주자들과 협력하여 제작된 것인데, 이에 따르면, FinFET 트랜지스터는 3nm까지 지속되지만 그 후 GAA(Gate-All-Around) 나노시트형 트랜지스터로 전환될 것이며, 그 후 CFET 및 원자 채널과 같은 획기적인 설계를 구현할 계획이다. 이 로드맵에 따르면 2025년 2nm 노드(N2)로부터 2037년에 2옹스트롬(Angstrom) 노드(A2)까지 발전시킬 예정이다. 참고로 1옹스트롬은 10^{-10}nm이며, 10 옹스트롬이 1nm이다.

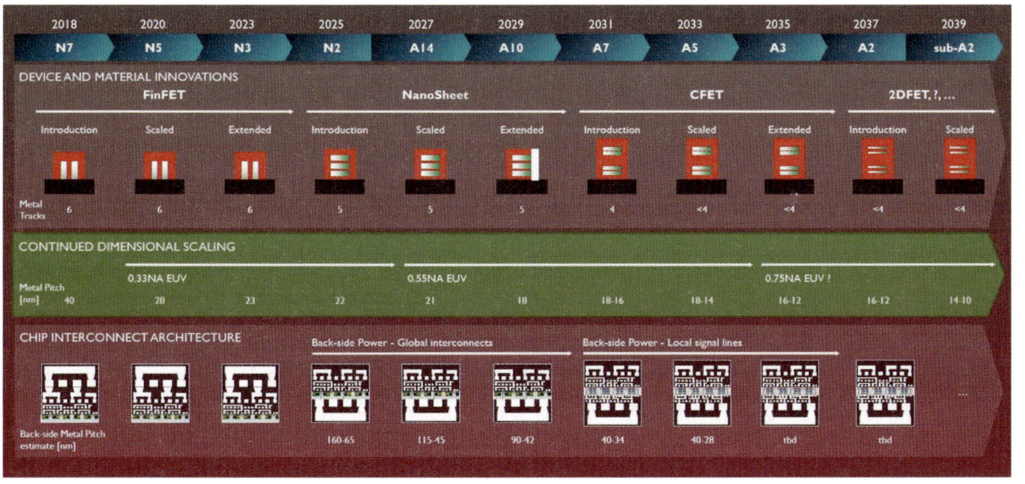

[그림 3-20] imec 로직 소자 기술 로드맵[3]

기술의 노드가 그렇다고 해서 실제로 반도체 소자의 최소 CD가 그 정도 크기로 작아진다는 뜻은 아니다. 물론 과거에는 CD 사이즈와 기술 노드가 일치하는 경우가 있었지만, 이제는 실제 소자의 물리적 크기를 기술 노드의 숫자만큼 작게 할 수는 없다. [표 3-3]에는 트랜지스터 기술 노드에 따른 메탈 피치와 최소 CD가 나타나져 있다. 표로부터 알 수 있듯이, 최소 CD는 메탈 피치의 1/2이며, 그것은 기술 노드와는 크게 다름을 알 수 있다. 즉 2nm 노드의 반도체에서 메탈 피치는 22nm이며 CD는 그 반인 11nm이다. 최소 CD는 노드 숫자만큼 작지 않지만, 예를 들어 메탈 게이트, 3D 구조 등의 도입으로 인하여 그 노드에 어울리는 트랜지스터 성능을 확보하였다고 간주하고 기술 노드를 칭한 것이다. 따라서 각 경쟁사마다 노드 정의에 있어 다소의 차이가 있을 수 있다.

[표 3-3] 기술 노드로 대변되는 향후의 로직 소자 디자인 룰과 메탈 피치, 최소 CD 사이즈의 관계

연도	디자인 룰	메탈 피치	최소 CD
2018	N7	40nm	20nm
2020	N5	28nm	14nm
2023	N3	23nm	11.5nm
2025	N2	22nm	11nm
2027	A14	21nm	10.5nm
2029	A10	18nm	9nm
2031	A7	18 ~ 16nm	9 ~ 8nm
2033	A5	18 ~ 14nm	9 ~ 7nm
2035	A3	16 ~ 12nm	8 ~ 6nm
2037	A2	16 ~ 12nm	8 ~ 6nm
2039	sub-A2	14 ~ 10nm	7 ~ 5nm

그럼에도 불구하고, 앞서 언급한 것처럼 이러한 반도체 기술의 진화에 따라 CD는 갈수록 작아지고 미세화되고 있으며, 결국 노광 기술의 개선이 매우 필요한 실정이다. 이에 따라 EUV 리소그래피의 도입은 어쩔 수 없는 선택이 되었다. 향후에도 패턴 CD의 미세화를 위해 더 큰 렌즈를 갖춘 High NA EUV 기술 및 장비가 필요하며, 마스크 제작, 레지스트 재료, 계측 장비 등의 개발이 지속적으로 요구된다.

EUV 노광 시스템

13.5nm 파장의 빛은 진공 용기 내부에서 생성되는데, 주석(tin) 방울이 CO_2 레이저에서 나오는 고강도 광 펄스의 초점을 지나가며 전자 여기 및 이온화를 거쳐 고온 플라즈마를 생성하고 13.5nm 파장의 광자(photon)를 방출한다. 이 EUV 리소그래피 기술은 매우 짧은 파장(13.5nm)의 특성 때문에 광원뿐만 아니라 기존의 포토리소그래피 기술과는 전혀 다른 개념의 광학계, 포토마스크, 포토레지스트 등이 요구된다.

예를 들어, 13.5nm 파장의 EUV는 모든 고체, 액체, 기체에 강하게 흡수되어 버리므로 [그림 3-10]에서 설명된 렌즈를 사용한 굴절 광학계를 더 이상 사용할 수가 없다. 따라서 [그림 3-21]처럼 광학계를 모두 반사경으로 구성해야 하며, 광학계는 고진공 상태에서 이루어져야 한다.

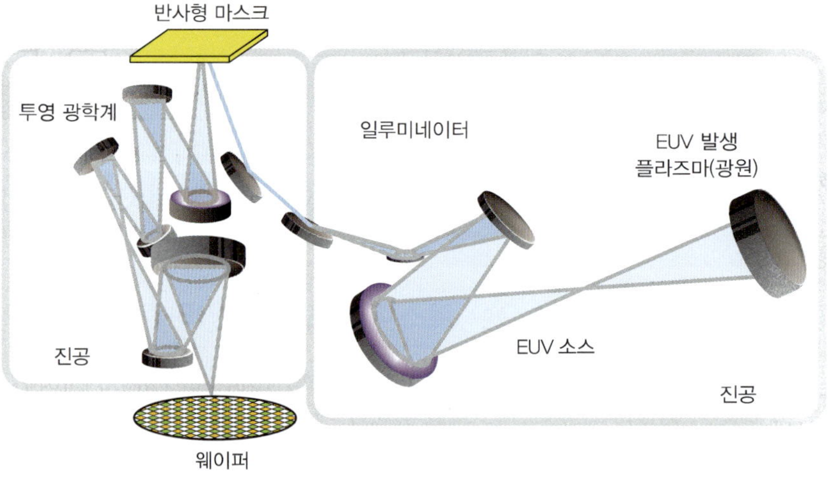

[그림 3-21] 진공에서 다중 반사경을 이용하는 EUV 노광 시스템

플라즈마에서 방출된 빛은 타원형 집광기를 통해 수집되어 광원 전면의 중간 초점으로 반사된다. 이때 반사경은 13.5nm 파장의 빛을 최대한 반사하도록 설계된 몰리브데넘(Mo)과 실리콘(Si)의 얇은 층으로 구성된 다층박막으로 제작된다.

또한 포토마스크 역시 EUV에 투과되는 광학 재료가 없으므로, 투과형이 아닌 [그림 3-21]에 나타난 것처럼 반사형의 마스크가 사용된다. 각 6.7nm 정도의 두께를 갖는 몰리브데넘 및 실리콘이 극도로 편평한 낮은 열팽창계수를 가진 재료 위에 반복적으로 40~50쌍으로 적층된 구조를 가지고 13.5nm의 파장의 광을 반사한다.

[그림 3-22]에 나타낸 것처럼, 반사층은 산화를 방지하고 흡수층의 식각 시 손상을 방지하기 위해 주로 루테늄(Ru)으로 구성된 캡핑층(capping layer)이라고 하는 박막층에 의해 보호된다. 한편, EUV 파장을 반사하지 않는 포토마스크 영역은 흡수층이 증착된다. 이 흡수층과 버퍼층을 패터닝하여 반사 마스크를 형성한다.

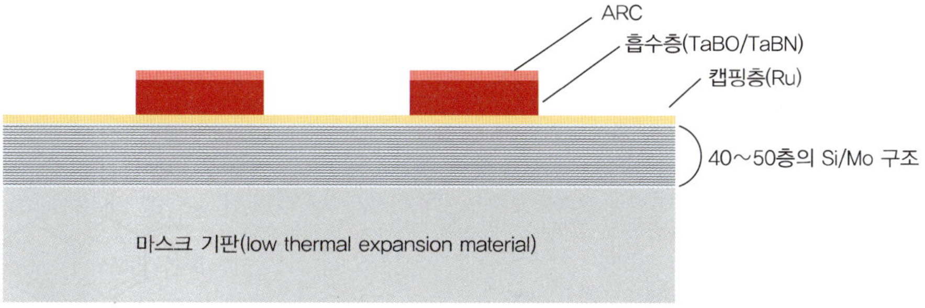

[그림 3-22] EUV 포토마스크의 개략도

펠리클

EUV 포토마스크(레티클)에는 지금껏 사용되지 않았던 특수한 물체가 도입되는데, 이를 **펠리클**(pellicle)이라고 한다. 펠리클은 EUV 레티클 위에 배치된 박막(약 50nm)으로, 포토마스크(레티클)에 오염 입자(예 파티클 등)가 붙는 것을 방지한다. EUV 스캐너가 500W 이상의 고출력으로 발전하면서 펠리클에 가해지는 열적, 기계적 응력이 크게 증가하므로, 펠리클의 재료로서 뛰어난 열적, 기계적 안정성을 갖춘 소재가 요구된다. 따라서 실리콘 기반 복합재, 그래핀, 금속 실리사이드와 같은 소재가 EUV 펠리클용으로 개발되고 있다.

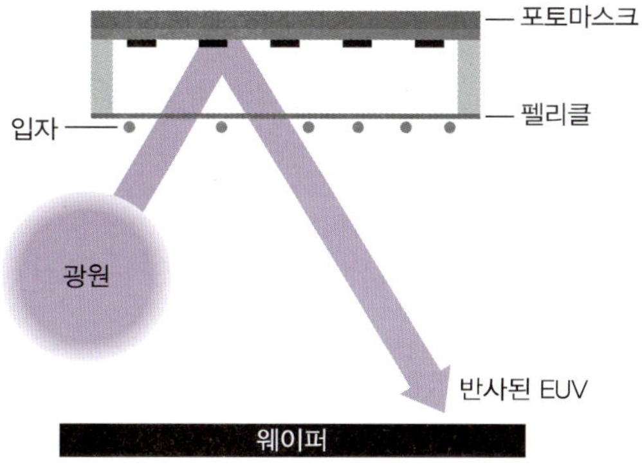

[그림 3-23] EUV용 펠리클

[표 3-4]에는 EUV 펠리클이 가져야 할 특성들을 정리했다.

[표 3-4] EUV 펠리클이 가져야 할 특성

기능	특징
광학적 성능	• 높은 EUV 투과율 • 낮은 EUV 반사율
기계적 및 열적 내구성	• 높은 EUV 에너지 밀도(5W · cm² 또는 400W 이상)에 대한 열적 안정성 • 열 방출을 용이하게 하는 냉각 효율(열 방사율) • EUV 스캐너 내부의 기계적 움직임을 견딜 수 있는 기계적 강도
재료 선택성	• 수십 nm 두께의 독립형 막으로 형성

EUV 레지스트

EUV 레지스트는 기존의 포토레지스트와는 달리 유기 폴리머 소재가 아니라 금속 산화물 레지스트 화학 물질을 사용한다. 이러한 무기(inorganic) 포토레지스트는 높은 EUV 흡수율과 후속 공정에 대한 높은 식각 저항성을 가진다. [그림 3-24]는 금속 산화물 포토레지스트 화학 물질과 유기 레지스트 화학 물질 구조를 간략하게 비교한 것이다.

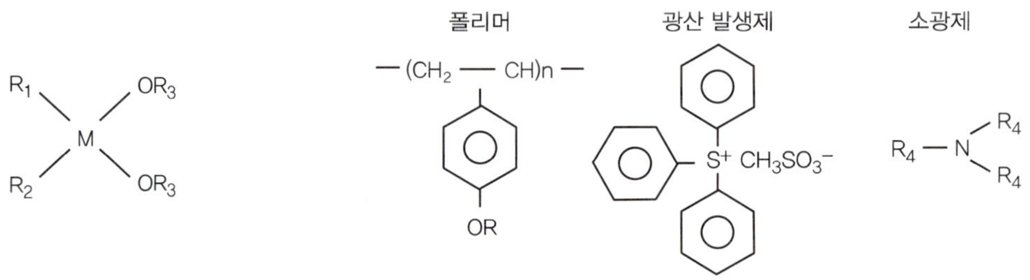

(a) 금속 산화물 레지스트 모델 (b) 유기 화학 증폭형 레지스트 모델

[그림 3-24] EUV용 레지스트 구조

현재 제일 유망한 옵션 중 하나는 Hf, Sn 또는 Zr계의 금속 산화물 레지스트이다. 한편, 유기 화학 증폭형 레지스트도 EUV 리소그래피 후보 물질이다.

EUV 리소그래피의 발전

2025년에 상용화된 ASML 사의 High NA(0.55NA) EUV 리소그래피는 기존 0.33NA 보다 1.7배 향상된 해상도를 제공함으로써, 2nm 노드 이상의 칩 제조에 필수적인 고해상도 EUV 기술의 개발을 가져왔다. 이에 따라 무어의 법칙에 따른 트랜지스터 스케일링의 한계를 더욱 늘릴 수 있게 되었다. High NA EUV에서는 빔이 레티클에 너무 가파른 각도로 입사하는 것을 방지하기 위해 보다 큰 거울을 사용한다. 그리고 식 (3.3)에 따르면 0.33NA로부터 0.55NA로 변화함에 따라 DOF가 크게 3배 정도 감소하므로 훨씬 얇은 포토레지스트와 더욱 정밀한 초점 관리가 필요해진다. 이 기술의 실현을 위해서는 ASML과 Zeiss와 같은 고가의 장비가 필요하다. 그러나 더 작은 피처 사이즈를 구현할 수 있다는 점, 그리고 기존의 다중 패턴 리소그래피 기술에 비해 공정 단계가 축소된다는 점에서 공정 단가 절감뿐만 아니라 수율 향상에도 크게 기여하여 반도체 기술의 미세화에 중요한 역할을 할 것이다.

3장 연습문제

3.1 포토리소그래피의 기본 과정을 설명하시오.

3.2 포토레지스트의 역할은 무엇인가?

3.3 소프트베이크(soft bake)와 하드베이크(hard bake)의 차이점을 설명하시오.

3.4 포지티브(positive)와 네거티브(negative) 포토레지스트의 차이점을 설명하시오.

3.5 포토레지스트의 스핀 코팅 과정의 목적은 무엇인가?

3.6 포토마스크 제작 시 크롬 박막층의 역할은 무엇인가?

3.7 포토리소그래피에서 회절(diffraction) 현상이 문제가 되는 이유는 무엇인가?

3.8 스테퍼(stepper)의 역할에 대해 설명하시오.

3.9 최소 패턴 크기를 결정하는 해상도에 영향을 주는 3가지 주요 인자를 쓰시오.

3.10 NA(Numerical Aperture)가 클수록 해상도와 초점 심도(DOF)에 어떤 영향을 주는가?

3.11 ArF 이머전($\lambda = 193\text{nm}$, $\text{NA} = 1.35$)에서 공정계수 $k_1 = 0.30$일 때 최소 CD(half pitch)와 피치(2×CD)를 구하라. 그리고 $k_2 = 0.50$일 때 DOF를 구하라.

3.12 ArF 이머전($\lambda = 193\text{nm}$, $\text{NA} = 1.35$)에서 $k_1 = 0.32$일 때 단일 노광의 CD(half pitch)와 피치(2×CD)를 구하라. 같은 공정에서 (a) LELE(double), (b) LELELE (triple) 이상적 분할로 가능한 최소 피치를 각각 구하라. (이상적이라 가정 : 각 분할로 피치가 정수배로 균등 분할)

3.13 포토리소그래피에서 사용되는 빛의 파장은 어떤 변화가 있었는가?

3.14 이머전 리소그래피의 원리를 설명하시오.

3.15 멀티 패터닝이란 무엇이며 왜 사용하는가?

3.16 EUV 리소그래피의 장점과 단점을 설명하시오.

3.17 EUV 리소그래피에서 사용되는 펠리클(pellicle)의 역할은 무엇인가?

3.18 차세대 리소그래피 기술의 특징을 간단히 설명하시오.

CHAPTER 04

습식 식각 및 세정

Wet Etching and Cleaning

3장에서 포토리소그래피는 웨이퍼에 패턴을 형성하는 공정이라고 기술한 바 있다. 포토리소그래피는 반도체의 집적도 및 기술을 나타내거나 결정하게 하는 중요한 공정임에는 틀림없으나, 그 자체로서 공정이 끝나는 것이 아니고 실제로는 후속 공정을 진행하기 위해 존재하는 공정이다. 그 후속 공정중의 하나가 **식각**(蝕刻) 공정이다. 식각 공정은 회로를 형성하기 위해 액체 또는 기체 상의 에천트(etchant)를 사용하여 기판 상의 불필요한 부분을 제거하는 공정이다. 앞서 리소그래피를 설명하며 판화를 언급했었는데, 식각은 그 중에서도 동판화 작업에 많이 쓰인 기술이라고 생각하면 이해가 쉽다. 동판화는 산의 부식작용을 이용하는 판화 방법 중 하나이다. 제작 방법을 살펴보자면, 동판에 산의 화학작용을 방지하는 막을 입힌 후 바늘로 모양을 새겨서 아래의 동판이 노출되도록 한 다음, 산으로 처리하여 노출된 동판 표면만 부식시킨다.

[그림 4-1]은 식각 방법을 사용하여 제작된 미술 작품들의 예를 나타내는데, 그 제작 과정은 마치 포토리소그래피를 하여 포토레지스트를 패턴하고 노출된 면을 식각하는 과정과 거의 흡사하다.

[그림 4-1] 식각 방법을 사용하여 제작된 미술 작품[1]

SECTION 4.1 식각 및 세정

식각의 목적은 앞서 언급한 것처럼 기판 상의 불필요한 부분을 제거하는 것이다. 따라서 일반적으로 포토레지스트로 형성된 패턴을 마스크로 하거나 또는 하드 마스크를 사용하여, Si 웨이퍼 또는 기판 위에 형성된 특정한 박막 물질의 국소적인 부분을 제거하는 것이다.

1 왼쪽 그림은 다니엘 호퍼의 〈군인과 그의 아내〉(1530)이고, 오른쪽 그림은 렘브란트의 〈병자를 고치는 그리스도〉(1645)이다.

[그림 4-2]에는 포토리소그래피 후 식각 공정에 의해 제작된 웨이퍼 표면의 단면을 나타낸다.

[그림 4-2] 식각에 의해 형성된 웨이퍼 위의 패턴 형상

일반적으로 식각은 화학적인 반응에 의해 일어나지만, 물리적인 효과가 더해지는 경우도 있다. 식각은 공정이 진행되는 환경에 따라 **습식 식각**(wet etching)과 **건식 식각**(dry etching)으로 구분된다. 이밖에 반도체 공정 중 **세정**(cleaning)이라는 또 다른 매우 중요한 공정이 있는데, 식각의 개념을 정확히 이해하려면 세정 공정과의 차이를 명확히 구분해야 한다. 세정 공정은 웨이퍼 표면에 존재하는 다양한 오염 물질, 예를 들어 반도체 수율에 결정적인 영향을 미치는 파티클, 금속이온, 유기물질, 산화막 등을 제거하는 과정을 의미한다. 포토리소그래피를 비롯하여, 후술할 박막 증착, CMP 등은 모두 상기에 언급한 오염 물질들을 유발하는 공정이다. 따라서 이러한 공정들만 존재한다면, 반도체 생산 과정에서 다양한 오염물 및 디펙트(defect)에 의해 생산 수율은 0에 가까워질 것이다.

그러므로 세정 공정은 반도체 집적화 공정에 있어 기술적으로 중요한 공정일 뿐만 아니라 실제로 수율 증대에 지대한 영향을 미친다. 예를 들어 박막 재료의 증착(deposition) 전후의 오염물 및 이물질 제거를 위한 세정, 포토레지스트 제거 후 세정이 있다. 이러한 공정들은 대부분 공정과 공정 중간에 위치하며, 때로는 후속 공정을 위한 표면 준비(surface preparation)의 개념을 갖기도 한다. 그러므로 세정은 특히 양산 단계에서 그 중요성이 커진다. 일반적으로 세정 공정은 전체 반도체 공정의 약 30~40%를 차지하는 것으로 알려져 있어 반도체 제조상 세정 공정의 의미는 매우 크다고 할 수 있다.

이러한 세정 공정은 개념적으로 식각과 상당히 유사하다. 따라서 이 장에서는 식각과 세정을 동시에 다루고자 한다. 하나 더 언급해 두고 싶은 것은, 일반적으로 산업계에서는 식각이라 하면 플라즈마에 의한 건식 식각, 세정이라 하면 습식 식각과 유사한 공정으로 받아들이는 경향이 크다는 점이다. 그러나 엄밀하게는 식각에도 습식, 건식이 있고, 세정에도 습식, 건식 방법이 있다. 그렇기 때문에 혼동을 피하고자 이 장에서는 먼저 습식 식각과 세정 공정을 다루기로 한다.

에천트

에천트는 웨이퍼 상에서 제거해야 할 층과 화학적으로 반응하여 타겟 물질을 제거하는 화합물로, 기상 또는 액상 물질이다. 반도체 소자를 구성하는 박막층은 기능적 특성에 따라 다양한 재료가 선택되며, 이들 박막을 식각할 때에도 여러 화학 물질이 사용된다. 적절한 에천트를 선택하기 위해 고려해야 할 요소는 다음과 같다.

- **식각 속도**(etch rate) : 원하는 시간 내에 식각을 완료할 수 있을 만큼 빠른 속도로 타겟 물질을 제거할 수 있어야 한다. 식각 속도가 느리면 생산성에 문제를 주므로 에천트로 채택되기 어렵다. 그렇다고 해서 식각 속도가 너무 빠르면 과도한 식각을 야기할 수 있다.
- **식각 선택비**(etch selectivity) : 식각되어 식각될 재료와 식각되면 안 되는 재료 간의 식각 속도(또는 제거량)의 비율로, 웨이퍼의 다른 재료보다 빠른 식각 속도로 특정 재료를 선택적으로 식각할 수 있는지의 능력을 나타내는 에천트의 특성이다. 식각 중 보호 마스크층을 부식시키거나 제거하지 않아야 하는 점도 이러한 식각 선택비와 관련이 깊다.
- **방향성** : 일반적으로 식각은 모든 방향(isotropic)으로 진행된다. 후술하겠지만, 집적도의 향상을 위해서는 식각 방향을 제어하는 것이 중요하다. 식각 방향성의 제어는 등방성(isotropic), 이방성(anisotropic), 또는 이 두 조합을 통하여 원하는 형상과 프로파일을 얻는 데 도움이 된다.

즉 식각 공정에서는 적절한 에천트를 선택하여 식각 속도와 선택비가 우수하며 방향성이 제어되는 식각 기술이 요구된다. 한편 반도체 소자의 구조가 입체적으로 복잡해지고 있다. 예를 들어, 트랜지스터의 경우 소자의 크기가 작아질 뿐만 아니라, 평면적인 구조의 트랜지스터 구조로부터 핀펫(FinFET), 더 나아가 게이트 올 어라운드(Gate-All-Around) 및 CFET의 모습으로 3차원화되고 있다. 또한 메모리 소자도 3D DRAM, 3D NAND와 같이 종횡비가 높은 3차원 구조로 변화하고 있다. 이와 더불어, 반도체 소자에 포함되는 원소의 종류도 점차 다양해지는 추세이다. 이러한 변화로 인해 식각 및 세정 공정의 난이도는 점차 높아진다. 넓고 편평한 마루바닥을 청소하는 것과 미세하게 조립된 시계 톱니바퀴의 미세한 부분을 깨끗하게 청소하는 것 중 어느 것이 더 쉽고 어려울지는 누구나 쉽게 짐작할 수 있을 것이다.

SECTION 4.2 습식 식각

앞선 1장에서 설명했듯이, 실리콘(Si)의 산화물인 SiO_2는 반도체 회로를 형성하는 데 있어 중요한 재료 중 하나로서, 국소적으로 또는 전체적으로 제거되는 경우가 있다. 따라서 다양한 습식 식각 공정 중에서 실리콘의 산화물인 SiO_2가 어떻게 식각되는지를 먼저 살펴보도록 한다.

SiO_2의 식각

SiO_2는 불산(HF)에 의해 쉽게 제거된다. 이는 유리가 HF에 쉽게 용해되는 것을 보면 알 수 있다. HF는 다음 식과 같이 해리가 되는데 HF_2^-가 주로 SiO_2를 식각하는 것으로 알려져 있다.

$$HF \leftrightarrow H^+ + F^- \tag{4.1}$$

$$HF + F^- \leftrightarrow HF_2^- \tag{4.2}$$

HF는 현재 반도체 제조 공정에 필수적인 화학 물질 중 하나이다. 이온화가 잘 되지 않아 약산으로 분류되긴 하지만, 인체의 피부를 뚫고 조직 속으로 쉽게 침투해 강력한 독성을 일으키고 눈에 닿으면 각막이 파괴되거나 혼탁해진다. SiO_2와의 반응성도 매우 강하기 때문에 반도체 공정에서는 주로 HF를 희석하여 사용하게 된다. 식 (4.3)은 HF에 의한 SiO_2의 식각 반응식을 나타낸다.

$$SiO_2 + 6HF \rightarrow H_2SiF_6 + 2H_2O \tag{4.3}$$

H_2O에 희석한 HF의 경우엔 dilute HF(DHF), NH_4F와 혼합한 경우엔 buffered HF(BHF)나 buffered oxide etch(BOE)라 한다. 일반적으로 40% NH_4F : 49% HF = 6:1이 되게 사용하며, 이 경우 25℃ 에서 약 120nm/min의 식각 속도를 나타낸다. 그리고 DHF와 BHF 내에서 HF의 농도가 증가할수록 SiO_2의 식각 속도도 증가한다. 한편 식각액의 온도가 증가할수록 반응성이 증가하여 마찬가지로 식각 속도가 증가한다. 일반적으로 BHF는 보다 정밀한 제어가 가능한 식각에 사용된다. NH_4F를 이용해 HF의 완충용액을 만들면 pH가 더 안정적으로 유지되며, 이로 인해 HF와 HF_2^-의 농도가 더 잘 유지되어 SiO_2의 식각 속도를 균일하게 제어할 수 있기 때문이다.

한편 HF로 SiO_2가 식각된 이후의 실리콘 표면은 수소로 종단되는데, 이는 열역학적 성질[2]을 고려했을 때 쉽게 납득되지 않을 것이다. 왜냐하면 Si–F가 더 안정해 실리콘 표면이 불소(F)로 종단될 가능성이 크기 때문이다. [그림 4-3]은 실리콘의 표면이 수소(H)로 종단되는 반응 메커니즘을 나타낸다.

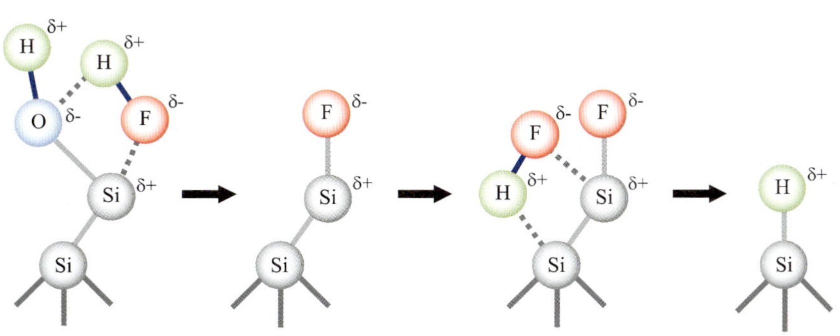

[그림 4-3] HF의 SiO_2의 식각 후 실리콘 표면의 변화

2 Si–F는 6eV, Si–H는 3.5eV 정도의 결합 에너지를 갖는다.

먼저 HF의 F가 흡착되면 그것과 붙은 Si-Si 결합이 분극되어 그 결합이 약해지므로 더 많은 화학적 공격을 받게 된다. 그리고 단일 불소로 종단된 실리콘 표면에 다른 HF 분자가 오면 유도효과(inductive effect)를 증가시키고, 결과적으로 $HSiF_3$가 최종 식각 생성물로서 실리콘 표면 상에서 떨어져 나가면서 H_2SiF_6가 되고 표면은 수소로 종단되게 된다. 이렇게 HF에 의한 실리콘 표면의 수소 종단 형성은 열역학적이 아니라 반응 속도에 의해 결정된다.

실리콘의 식각

전자(electron)나 정공(hole)의 이동을 미세하게 제어하고 이를 통해 소자의 동작을 제어하는 반도체 공정이 아니라면, 실리콘은 비교적 제거하기가 쉽다. 예를 들어 NaOH, KOH 등의 염기성 용액을 사용하면, 실리콘은 OH^-와의 강렬한 반응을 통해 식각된다. 그러나 이러한 경우 알칼리 금속이 실리콘 표면에 남을 가능성이 커서 반도체 소자의 동작을 미세하게 제어하는 영역의 제조 공정으로는 적합하지 않으며 실리콘의 결정면에 따른 이방성 식각을 야기한다. 그래서 이와는 구분되는 방법으로 식각이 진행되는데, 식 (4.4)는 실리콘이 HF, HNO_3, CH_3COOH의 혼합물(Hydrofluoric acid, Nitric acid, Acetic acid, HNA)과의 반응에 의해 식각되는 과정을 나타낸다.

$$Si + HNO_3 + 6HF \rightarrow H_2SiF_6 + HNO_2 + H_2O + H_2 \qquad (4.4)$$

이 반응식은 하나의 총괄 반응을 나타내는 것이다. 실제로는 실리콘이 직접 식각된다기 보다는 먼저 실리콘 표면이 HNO_3에 의해 산화되고 그 산화된 표면, 즉 SiO_2와 유사한 구조를 갖는 표면이 HF에 의해 제거된다는 반응 메커니즘을 나타낸다. 그러므로 이 반응식에 따르면, 실리콘을 식각하는 과정은 다음의 2가지의 연계적인 반응이 일어나며 그 두 반응의 경쟁으로 최종적인 식각 속도가 결정된다. [그림 4-4]를 통해 이 과정을 쉽게 이해할 수 있다.

$$3Si + 4HNO_3 \rightarrow 3SiO_2 + 4NO + 2H_2O \qquad (4.5)$$

$$3SiO_2 + 18HF \rightarrow 3H_2SiF_6 + 6H_2O \qquad (4.6)$$

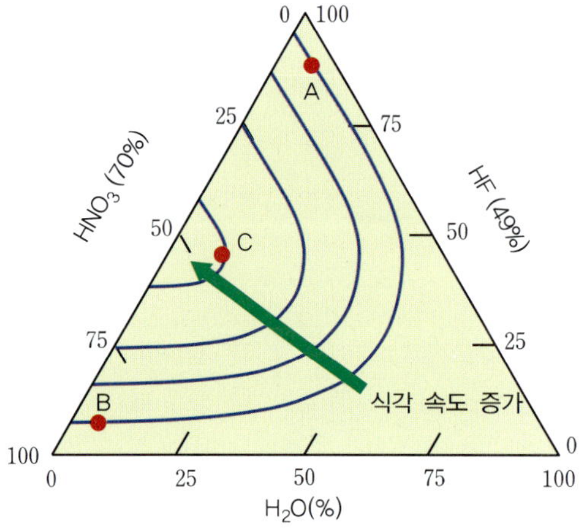

[그림 4-4] HNO_3, HF, H_2O의 조성비에 따른 실리콘의 식각 속도 결정

삼각형의 세 변은 각각 HF(49%), HNO_3(30%), H_2O(acetic acid 대체)의 농도를 나타내며, 삼각형 안의 선은 같은 식각 속도를 갖는 조건들을 나타낸 것이다.

예를 들어, 식각액의 농도 조성이 A의 위치에 있다면 식각액은 대략 HF(49%) 90%, HNO_3(70%) 5%, H_2O 5%의 조성으로 구성되어 있다고 할 수 있다. 이때 상대적인 농도로부터, 실리콘 표면을 산화시키는 HNO_3에 비해 SiO_2를 식각하는 HF가 상대적으로 과량 포함되어 있다는 것을 알 수 있다. 따라서 실리콘의 산화가 원활히 이루어지지 않는 상황에서 SiO_2의 식각이 상대적으로 활발해, 전체적으로는 실리콘의 식각이 활발하게 일어나기 어렵다는 것을 짐작할 수 있다. 이러한 경우에는 실리콘의 식각 속도가 HNO_3의 농도에 의해 크게 영향을 받을 것이고, HNO_3에 의한 실리콘의 산화 과정이 전체 실리콘 식각 반응의 속도 결정 단계가 된다. 또한 상대적으로 산화막의 식각이 활발하므로 실리콘 표면에 남아 있는 SiO_2의 두께는 그다지 두껍지 않을 것이다.

한편 제조한 식각액의 농도 조성이 B의 위치에 있다고 가정해보자. 식각액이 HF(49%) 5%, HNO_3(70%) 90%, H_2O 5%의 조성으로 구성되어 있을 때, 실리콘 표면을 산화시키는 HNO_3가 SiO_2를 식각하는 HF에 비해 과량 포함되어 있다는 것을 알 수 있다. 따라서 SiO_2의 식각보다는 실리콘 표면의 산화[3]가 상대적으로 활발할 것이라고 예상할 수 있다. 그러나 HF 농도가 상대적으로 부족하여, SiO_2의 식각이 원활하지 않으므로 전체적으로 봤을 때 실리콘의 식각이 활발하게 일어난다고 보기는 어렵다. 이러한 조건에서는 HF의 농도에 의해 실리콘의 식각 속도가 크게 영향을 받을 것이고, SiO_2의 식각 과정이 전체 실리콘 식각 반응의 속도 결정 단계가 된다. 또한 상대적으로 활발한 실리콘 표면의 산화 과정에 기인하여 Si 표면에 남아 있는 SiO_2의 두께는 A의 조건에서보다는 두꺼울 것이다.

식각액의 조성비가 C의 위치에 있다면 어떨까. 만약 식각액이 HF(49%) 45%, HNO_3(70%) 45%, H_2O 10%의 조성으로 구성되어 있다고 하면, 이 경우에는 실리콘 표면의 산화층 형성과 산화된 SiO_2의 식각이 균형 있게, 활발하게 일어날 것이라고 쉽게 예상된다. 따라서 이 경우에는 실리콘의 식각 속도가 A나 B에 비해 증가하게 될 것이다.

[표 4-1] HNO_3, HF, H_2O의 조성비에 따른 실리콘의 식각 속도 결정

구분	HF	HNO_3	H_2O	비중	속도 결정 단계	SiO_2의 두께
A	90%	5%	5%	$HNO_3 \ll HF$	HNO_3에 의한 실리콘의 산화 과정	두껍지 않다.
B	5%	90%	5%	$HNO_3 \gg HF$	SiO_2의 식각 과정	두껍다.
C	45%	45%	10%	$HNO_3 \approx HF$	–	–

3 SiO_2가 형성되는 과정을 말한다.

Si_3N_4의 식각

실리콘 질화막(Si_3N_4)도 실리콘이나 SiO_2의 표면보호를 위해 자주 사용되는 절연체 물질인데, 식각을 하기 위해서는 인산(phosphoric acid, H_3PO_4)이 주로 사용된다. Si_3N_4의 식각 속도는 온도와 농도에 따라 변화하는데, [그림 4-5(a)]로부터 알 수 있듯이 H_3PO_4는 농도에 따라 끓는점이 달라지기 때문에 공정을 제어하기가 더 어렵다. 특히 Si_3N_4 박막을 식각하면서 SiO_2 박막은 식각 반응이 일어나지 않도록 식각 선택비를 확보해야 하는 경우가 많은데 이를 제어하기가 쉽지 않다. [그림 4-5(b)]에서 보듯이 H_3PO_4 내에서 SiO_2 식각의 활성화 에너지가 Si_3N_4보다 더 크다. 따라서 Si_3N_4의 식각 속도를 증가시키기 위해 온도를 높이면 일반적으로 SiO_2의 식각 속도가 증가하여 Si_3N_4/SiO_2 식각 선택비는 저하된다.

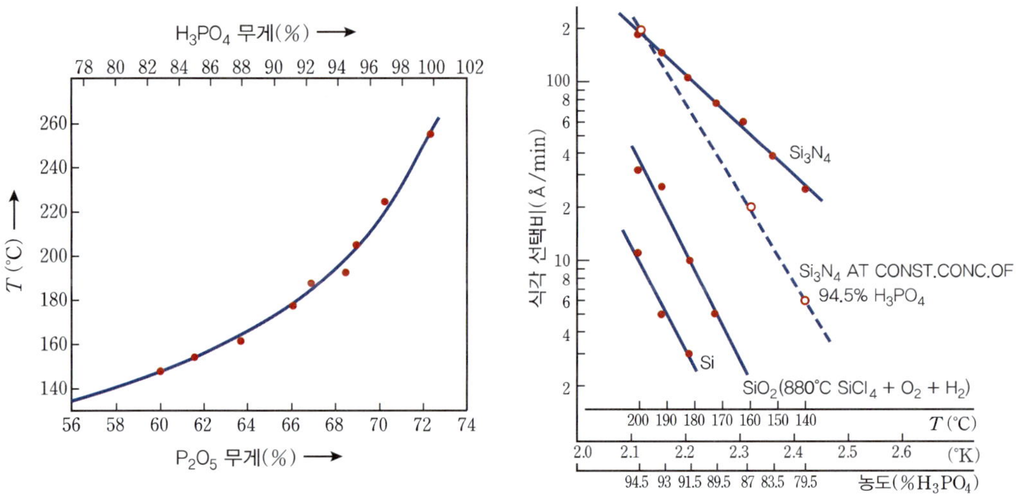

(a) H_3PO_4의 농도에 따른 끓는점 변화

(b) 온도에 따른 Si_3N_4와 SiO_2의 식각 속도

[그림 4-5] Si_3N_4의 식각 [1]

또한 고농도의 H_3PO_4에서 반드시 높은 식각 속도가 나타나는 것도 아니다. 식각 반응에는 H_2O가 필요하며, H_2O의 농도가 부족하면 오히려 반응이 느려질 수 있다. 일반적으로 85%의 H_3PO_4가 인산이 Si_3N_4의 식각을 위해 사용되며 이 농도의 인산의 끓는점인 153℃ 이상에서 공정이 이루어진다. 그런데 끓는 과정에서 H_3PO_4 식각액 내의 H_2O가 지속적으로 기화되기 때문에 H_3PO_4의 농도가 증가하게 되는데, H_3PO_4의 농도가 지속적으로 증가한다면 남아 있는 인산의 농도가 증가하게 된다. 그러나 설정된 온도는 농도가 증가해버린 인산이 끓기에는 아직 낮은 온도이므로 인산이 끓는점에 도달하지 못해 오히려 식각 속도가 오히려 감소하는 결과가 나타나기도 한다.

그러므로 특정 공정 조건에서 일정한 식각 속도(및 선택비)를 갖기 위해서는 지속적으로 H_2O를 보충해서 공정의 온도와 농도 조건을 통제하고 최적화해야 한다. 따라서 전반적인 Si_3N_4/SiO_2 간의 식각 선택비는 배쓰(bath)와 약액의 운용 방식에 따라 크게 달라진다. H_3PO_4를 이용한 Si_3N_4의 식각 공정은 로딩 효과(loading effect)가 존재하는데, 이는 공정 횟수에 따른 웨이퍼의 처리량의 증가에 따라 Si_3N_4의 식각 속도가 감소하는 것을 말한다. 이러한 현상은 계의 평형을 유지하기 위한 르 샤틀리에의 원리로 설명이 가능하다.

$$3Si_3N_4 + 27H_2O + 4H_3PO_4 \rightarrow 4(NH_4)_3PO_4 + 9H_2OSiO_2 \tag{4.7}$$

위 반응식은 H_3PO_4를 이용한 Si_3N_4의 식각 반응식을 나타내는데, 이때 식각 반응의 생성물로 나오는 SiO_2의 수화물 형태인 H_2OSiO_2의 농도 증가는 Si_3N_4의 식각 속도를 감소시킨다.

결과적으로, Si_3N_4와 SiO_2의 식각 속도는 배쓰 내 H_2OSiO_2의 양에 의해 크게 영향을 받는다고 할 수 있다. 또한 H_2OSiO_2의 생성은 Si_3N_4와 SiO_2의 식각 속도에 다른 정도로 영향을 미치므로 Si_3N_4/SiO_2 간의 식각 선택비에도 영향을 주는데, 특히 SiO_2의 식각을 직접적으로 억제하여 여러 배쓰 공정이 끝난 후에는 식각 선택비가 증가하게 된다. 이는 H_2O의 보충에 의해 부분적으로 상쇄 가능하지만, 최종적으로는 새로운 약액으로 교체해야 하며, 그 교체 시기에 따라 약액의 수명이 정해진다.

금속 식각

실리콘 또는 SiO_2 위에 형성된 알루미늄(Al) 층을 선택적으로 식각하기 위해서는 PAN(Phosphoric acid, H_3PO_4–Acetic acid, CH_3COOH–Nitric acid, HNO_3) 혼합물이 일반적으로 30℃ 정도에서 사용된다. 이 혼합물 에천트는 3D NAND 공정에서 중 텅스텐 층의 에치 백에도 사용될 수 있다. 텅스텐은 HNO_3에 의해 산화되어 $W(NO_3)_x$를 형성하고, 이 산화물 층은 H_3PO_4에 용해된다. 이러한 방식은 실리콘이 HNO_3에 의해 산화되고, 그 산화된 층이 HF에 의해 제거되는 HNA에서의 실리콘 식각 메커니즘과 유사하다. 대개의 금속 물질에 대한 습식 식각은 이와 유사한 메커니즘을 따른다. 따라서 산화층을 만들기 위한 산화제와 그 산화층을 제거할 환경을 제공하는 화학종이 필요하다. PAN 혼합물에서 아세트산(CH_3COOH)은 습윤제로 작용하여 H_2 부산물을 제거함으로써 식각 공정을 용이하게 한다.

식각 발생의 예측 및 해석

어떠한 단일 성분의 재료가 용액 내의 주어진 조건에서 식각이 될 것인지를 판단하는 용이한 기준이 있다. 이는 습식 식각, 세정뿐만 아니라 CMP 공정 설계 및 해석 등에 매우 요긴하게 사용된다. 벨기에의 화학자인 마르셀 포베이(Marcel Pourbaix)가 발표한 **포베이 다이어그램**(Pourbaix Diagram)[4]을 사용하면 되는데, 이 다이어그램은 수용액 전기화학 시스템에서 열역학적으로 안정한 상(즉, 화학 평형 상태)을 나타낸 것으로, 용액 속에 존재하는 이온 또는 고체상의 경계가 선으로 표시된다.

---

4 1930년대 말부터 고안하여 1960년대 초에 발표한 것으로, potential-pH(또는 E-pH) 다이어그램으로도 불린다.

다이어그램의 가로축은 수소이온 농도를 의미하는 pH로, 세로축은 네른스트 식(Nernst equation)으로 계산된 표준 수소 전극(SHE)에 대한 전압 전위를 나타낸다. 네른스트 식을 이용하여 수용액 상에서 금속 원소의 열역학적으로 안정한 상태를 제시해주는데, 이는 열역학과 전기화학에 기초하여 수용액의 pH와 전위의 각각의 영역에서 열역학적으로 안정하여 존재할 확률이 높은 이온들의 경계를 나타낸다. 또한 세로로 그어진 줄은 산화 또는 환원 종들 간의 $\Delta G° = -RT \ln K$ 관계로부터 경계면을 알아내서 그려진다. 즉, 열역학적 데이터를 많이 보유할수록 더 정확한 다이어그램을 그릴 수 있게 된다.

특히 식 (4.8)과 식 (4.9)로부터 수용액이 존재하는 구간 내에서의 포베이 다이어그램을 해석함으로써 습식 공정 내의 반응의 방향, 생성물의 조성, 식각(부식)을 제어할 수 있는 변화 등을 예측하고 이해할 수 있다.

$$O_2 + 4H^+ + 4e^- \leftrightarrow 2H_2O \tag{4.8}$$

$$2H^+ + 2e^- \leftrightarrow H_2 \tag{4.9}$$

예를 들어 [그림 4-6]은 Si-H_2O 계의 포베이 다이어그램을 나타내며, 실리콘은 pH 9 이하의 수용액에서 SiO_2로 표면이 산화되어 안정해지는 것을 알 수 있다. 그리고 그 이상의 pH에서는 pH에 따라 다양한 이온으로 존재하는데, 이는 실리콘의 표면이 식각되어 이온으로 존재할 가능성이 큼을 의미한다. 여기서 주의할 것은 식각(부식)되어 이온 형태로 존재한다고 해도 그 과정 역시 전자를 잃는 '산화'라는 점이다. 그래서 표면이 산화된다는 것, 즉 SiO_2가 된다는 것과는 혼동하지 않아야 한다. 여기서 pH 9 이상인 실리콘이 식각되어 이온으로 존재할 것이라는 것은 앞서 언급한 실리콘이 염기성에서 쉽게 식각된다는 사실과 일맥상통한다.

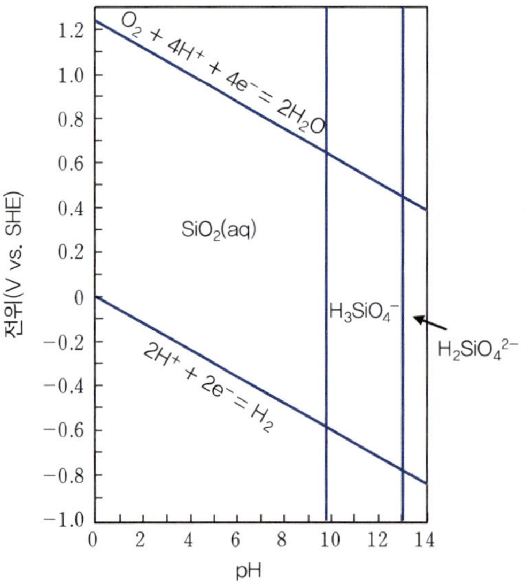

(a) Si-H_2O계

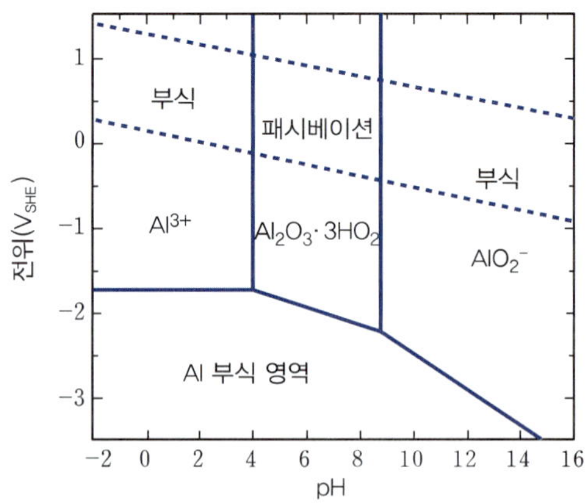

(b) Al-H_2O계

[그림 4-6] 포베이 다이어그램

한편 알루미늄은 pH 4 이하에서는 Al^{3+}로, pH 10 이상에서는 AlO_2^- 형태로 안정적이다([그림 4-6(b)] 참고). 따라서 알루미늄은 pH 4 이하와 pH 10 이상의 수용액에서는 이온 상태, 즉 식각된 상태로 존재하고자 한다는 사실을 알 수 있다. 반면에 pH 4~10의 수용액 내에서는 알루미늄 표면에 산화물이 만들어지는 것이 열역학적으로 안정적일 것이라 예상된다. 결국, pH 4~10의 에천트가 만들어져도 그 에천트는 효과적으로 알루미늄을 식각하지 못할 것이다.

이러한 포베이 다이어그램을 가지고 계를 해석하는 데에는 몇 가지 주의할 점이 있다. 먼저 포베이 다이어그램은 반응 속도에 관해서는 어떠한 정보도 주지 않는다. 이는 열역학적 해석이 갖는 한계에서 비롯한다. 그리고 보통은 한 종류의 금속과 물에서의 안정성을 나타내게 되어, 2개 이상의 물질이 혼합된 재료를 해석하는 데에는 한계가 있다. 또한 열역학 데이터가 주로 표준 상태에서 얻어진 것이므로, 온도와 압력이 변할 때에는 다이어그램도 새로운 모습으로 나타날 것이다. 그럼에도 불구하고, 이 포베이 다이어그램은 반도체 공정 중 습식 식각, 습식 세정, CMP의 설계 및 해석에 있어 매우 중요하게 사용된다.

SECTION 4.3 습식 세정

[표 4-2]는 반도체 웨이퍼 상에 존재할 수 있는 오염 물질의 종류와 그 오염 물질들이 반도체 소자에 미칠 수 있는 영향을 정리한 것이다.

[표 4-2] 반도체 소자에 영향을 주는 오염 물질의 종류와 그 영향 [2]

오염의 종류			소자에의 영향
파티클 오염			• 패턴 결함 • 이온주입 불량 • 절연막 파괴전압 저하
금속 오염	알칼리 금속		• MOS 트랜지스터 불안전성 • 게이트 절연막 파괴전압 이상
	전이 금속		• pn 접합 누설전류 증가 • 소수 캐리어 수명 감소
화학 오염	유기 오염		• 게이트 절연막 파괴전압 저하 • CVD 박막 두께 제어 불량 • 열산화 속도 증가 • Si 웨이퍼 및 렌즈 표면에 헤이즈 발생
	무기 오염	도펀트	• MOS 트랜지스터 Vth shift • 실리콘, 폴리실리콘의 면저항 변화
		염기	• 화학 증폭형 포토레지스트(CAR) 해상도 저하 • 파티클, 헤이즈(haze) 발생 • 금속 배선 부식
		산	
	자연/화학 산화막		• 콘택 저항 증가 • 게이트 절연막 파괴전압 저하

파티클 부착 및 기타 오염 발생

이 절에서는 파티클의 부착에 대해 소개해보기로 한다. **DLVO의 이론**은 1941년에 보리스데랴긴(Derjaguin)과 레프 란다우(Landau), 1948년에 에버트 베르베이(Verwey)와 테오도어 오버비크(Overbeek) 등이 각각 독립적으로 2개의 계면이 접근할 때 콜로이드의 안정도에 관해 제출한 이론이다.[3]~[4] 이는 입자 사이에 작용하는 힘이 입자 사이의 반데르발스(Van der Waals) 힘과 정전기적 반발력의 합에 기초해 결정된다는 것이며, 이러한 개념은 파티클이 반도체 고체 표면에 부착되는 현상을 이해하는 데 응용할 수 있다.

파티클은 웨이퍼로부터 비교적 먼 거리에 있을 때 반발적인 정전기적 상호작용이 우세하다. 그러나, 파티클이 웨이퍼 표면에 수 나노미터(nm) 이내로 접근하면 반데르발스 힘이 우세하여 일정 거리 안에서는 파티클이 웨이퍼 표면에 부착하게 될 것이다([그림 4-7] 참고). 이러한 파티클의 웨이퍼 상의 부착 정도는 웨이퍼-파티클 간 거리, 파티클 크기, 웨이퍼와 파티클의 표면 전위, 용액의 농도, 용액의 유전율, 온도 등에 의해 결정될 것이다. 특히 반데르발스 힘은, 두 물질 간의 **하마커 상수**(Hamaker constant)에 크게 영향을 받는 것으로 알려져 있다.

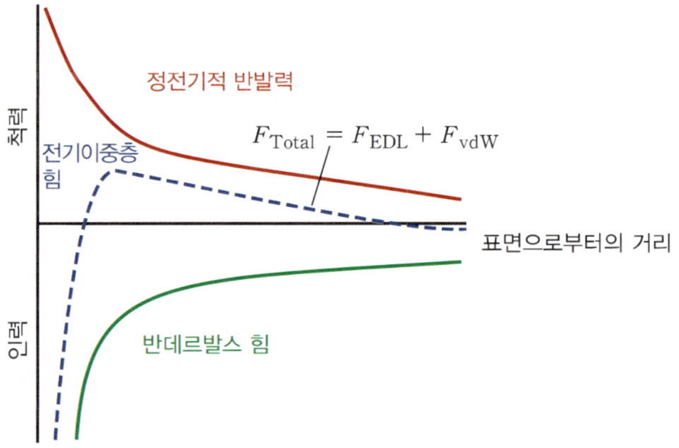

[그림 4-7] 고체 표면으로부터의 거리에 따른 반데르발스 힘과 정전기적 반발력의 변화

[표 4-3]은 각기 상이한 물질들의 물과 공기 중에서의 하마커 상수를 나타낸다.

[표 4-3] 두 물질 간 하마커 상수의 예

상호작용하는 매질	물에서의 하마커 상수(10^{-20}J)	공기 중에서의 하마커 상수(10^{-20}J)
SiO_2 – SiO_2	0.1 ~ 1.0	6.5
SiO_2 – Si_3N_4	2.1	12.1
SiO_2 – PVA	0.4	7.6

예를 들어 SiO_2 파티클이 Si_3N_4 표면에 붙는다고 했을 때, 물에서보다 공기 중에서 하마커 상수가 크므로 반데르발스 힘이 커져서 파티클의 부착이 공기 중에서 더 일어나기 쉽다. 그리고 세정을 한다면 액상에서 습식 방법으로 하는 것이 용이할 것이라는 것을 알 수 있다. 또한 SiO_2 파티클이 각기 SiO_2 표면과 Si_3N_4 표면에 부착되었다고 할 때, Si_3N_4 표면에서의 세정이 더 어려울 것이라는 것도 예상할 수 있다.

한편 공기 중에 수분이 존재하면 파티클과 웨이퍼 사이에 응축이 일어나고, 이때 발생하는 모세관 힘(capillary force)은 액체의 표면 장력에 의해 결정된다([그림 4-8] 참고). 이러한 모세관 힘은 위에서 언급한 반데르발스 힘과 정전기적 반발력에 더하여 웨이퍼 상에 파티클의 부착 정도에 큰 영향을 미친다. 따라서 일반적으로 주위의 습도가 높을수록, 또 시간이 경과할수록 파티클이 웨이퍼에 접촉하고 있는 면적이 커져 파티클을 제거하기가 어려워진다.

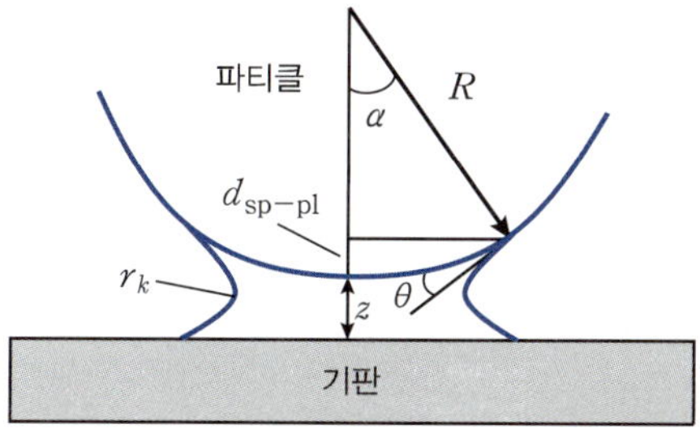

[그림 4-8] 파티클과 웨이퍼 사이에 존재하는 액체의 모세관 힘에 의해 발생하는 응축과 그에 따른 파티클 부착

습도가 높은 여름에 먼지가 붙은 마룻바닥을 청소하는 것과 건조한 겨울철에 마룻바닥의 먼지를 닦아내는 것 중 어느 것이 더 수월할지는 쉽게 짐작할 수 있을 것이다. 즉, 파티클은 부착하자마자 제거하는 것이 오랜 시간 방치해 두었다가 제거하는 것보다는 훨씬 용이하다는 것을 알 수 있다.

한편, 금속 오염은 배관으로부터 또는 여러 가지 케미컬로부터 유발될 수 있는데, 특히 알칼리 금속은 게이트 절연막의 특성을 열화시키고, 전이 금속은 다양한 소자 특성 저하의 원인이 된다. 또한 대기 중으로부터 유래하는 유기 오염 물질과 베어(bare)의 실리콘 표면에 형성되는 산화막도 오염 물질로서 작용할 수 있어, 이를 제거하는 세정 공정이 필요하다.

습식 세정 방법

RCA 세정

앞서 언급한 오염물들의 제거를 위해 몇 가지 매우 유용한 세정액이 사용된다. 먼저, 1970년에 커른(Kern) 등에 의해 보고되어 사용되어 온 RCA 세정은 아직 반도체 제작에 널리 사용되고 있는 매우 중요한 공정이다.[5]

RCA 세정은 SC(Standard Cleaning) 1, 2의 투스텝 공정인데, SC1은 1:1:5 비율의 $NH_4OH/H_2O_2/H_2O$로, SC2는 유사한 비율의 $HCl/H_2O_2/H_2O$의 혼합 용액으로 이루어져 대개 50~70℃에서 공정이 이루어졌다. 그리고 SC1은 APM(Ammonium hydroxide-Peroxide Mixture)으로, SC2는 HPM(Hydrochloric acid-Peroxide Mixture)으로도 불리운다.

앞에서도 언급된 바와 같이, 염기성에서는 OH^-에 의해 실리콘이 식각되기 쉽다. SC1 세정의 주목적은 실리콘 표면의 식각을 통해 그 위에 부착한 파티클을 제거하는 것이다. 이 과정에서 OH^-에 따른 표면 식각과 H_2O_2에 의한 산화층 형성이 반복되며, 그 결과 실리콘 표면의 거칠기가 변화한다. 소자의 미세화가 진행될수록 이러한 표면 거칠기 변화가 소자 성능에 미치는 영향이 커지므로, 최근에는 SC1 용액의 조성비가 조정되고 희석도가 증가하며, 저온에서 공정이 진행되고 있다. 또한 SC1 세정에서 철(Fe) 등의 일부 금속 물질은 수산화물 형태로 웨이퍼 상에 존재하는 경향이 있어 이에 대한 대처가 필요하다.

한편, SC2 세정의 주목적은 웨이퍼로부터 알칼리 금속 및 Fe 등의 전이금속을 제거하는 것이다. SC1이 염기성이라면 SC2 세정액은 산성을 띤다. 앞서 나타낸 [그림 4-6]을 보면, 알루미늄과 같은 금속은 산성 영역에서 M^{z+} 형태의 이온으로 존재하기 쉽고, 그것은 웨이퍼 상의 금속 오염물이 녹아서 세정액 내에서 이온 형태로 존재하도록 제거되기 쉽다는 것을 의미한다. 특히 H_2O_2가 세정액 내에 존재하므로, 이의 산화력에 기인하여 실리콘 표면에 산화층이 형성되는데, 산성에서는 이러한 산화층의 포텐셜이 (+)전위를 띄게 된다. 그러므로 용해된 금속이온, M^{z+}는 (+)전위를 띄는 산화된 실리콘 표면과 반발력이 작용하여 웨이퍼 상에 흡착하기가 더 어려워져 세정 효과가 증대된다.

SPM 세정

그 외에 유기 오염 물질 및 포토레지스트 잔류물을 제거하기 위해 98%의 H_2SO_4와 30%의 H_2O_2를 3:1로 혼합한 SPM(hydroSulfuric acid, hydrogen Peroxide Mixture) 용액이 사용된다. 이 혼합물의 반응으로부터 H_2SO_5와 OH 라디칼 등의 산화력이 매우 높은 물질이 만들어지는데, 이는 유기물과 강렬히 반응하여 유기물을 모두 제거하므로, 공격성이 있는 열대어에 빗대어 피라나(piranha)라고도 불린다. 그러나 환경 보호적인 측면에서 H_2SO_4와 H_2O_2의 사용을 줄이고자 오존수(DIO_3) 또는 SOM(Sulfuric acid-Ozone-Mixture) 등을 대체해서 사용하기도 한다. 특히 DSP(Dilute Sulfuric Peroxide)는 콘택 홀(contact hole) 식각 후 금속과 절연체 등을 보호하고 포토레지스트 잔여물을 세정하며, HF가 ppm 수준으로 첨가된 DSP+(diluted sulfuric-peroxide) 역시 콘택 홀 식각 후 세정, 잔류물 제거, 금속 게이트 세정 등에 사용되기도 한다.

[표 4-4]는 반도체 공정에 있어 대표적인 세정액의 구성 및 목적을 나타내며, 각각의 케미컬의 농도, 공정 온도 및 시간 등을 조절해서 사용된다.

[표 4-4] 반도체 공정에서 사용되는 대표적인 세정액의 구성 및 목적

이름	케미컬 구성	목적
SC1(APM)	NH_4OH / H_2O_2 / H_2O	파티클 제거, 유기물 제거
SC2(HPM)	HCl / H_2O_2 / H_2O	금속 오염 제거
SPM	H_2SO_4 / H_2O_2	유기물 제거, 포토레지스트 제거
DHF	HF / H_2O	산화막 제거
BHF	HF / NH_4F	산화막 제거
DSP	H_2SO_4 / H_2O_2 / H_2O	포토레지스트 잔류물의 제거
DSP+	H_2SO_4 / H_2O_2 / HF / H_2O	유기물 제거, 파티클 제거

파티클 제거의 원리 및 방법

[그림 4-9]에서 보듯이, 수용액에 존재하고 있는 입자는 전기적으로 양(+) 또는 음(-)으로 대전하고 있고, 입자 주위에는 계면전하를 중화하기 위해 다량의 반대 전하 이온과 소량의 동일한 전하 이온이 확산되어 분포한다. 이러한 구조를 **전기이중층**(electric double layer)이라고 한다.

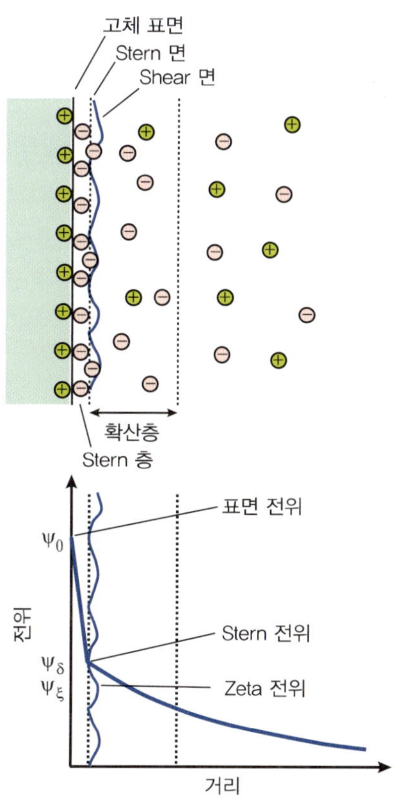

[그림 4-9] 고체(파티클) 표면 위의 전기이중층 및 제타 전위의 형성

이때 표면 전위의 크기는 표면 전하와 이중층의 두께(거리)에 따라 결정되는데, 표면으로부터 선형적으로 감소하다가 확산층을 통과하면서 지수함수적으로 감소한다. 전기이중층의 두께는 다음과 같이 구해진다.

$$\kappa^{-1} = \sqrt{\frac{\varepsilon_r \varepsilon_0 k_B T}{2 \times 10^3 N_A e^2 I}} \tag{4.10}$$

- I : 전해질의 이온 세기(M)
- ε_0 : 자유공간의 유전율
- ε_r : 유전상수
- k_B : 볼츠만 상수
- T : 절대온도
- N_A : 아보가드로 수
- e : 기본 전하

그러나 콜로이드 입자의 표면 전위를 직접적으로 측정한다는 것은 용이하지 않아, 주로 전기영동 실험으로부터 얻어진 **제타 전위**(Zeta potential) 값으로 표면 전위에 관해 논의하는 것이 일반적이다. 제타 전위는 고정층과 확산층의 경계면에 가까운 슬립 면(slip plane)에서의 전위를 나타낸다. 이는 전기이중층의 특성을 나타내며, 전하의 크기를 정량화하는 데 자주 사용된다. 그러므로 물질의 제타 전위를 파악하면, 수용액 내에서의 물질 상호 간에 부착이 일어날지의 여부를 파악할 수 있다.

[그림 4-10]에는 pH에 따른 실리콘계 물질의 제타 전위를 나타냈다. 실리콘은 pH 3에서 11에 이르기까지 음(−)의 제타 전위를 가진다. 그러나 SiO_2는 pH 4 이하에서는 (+)의 제타 전위를 나타내고, pH가 증가할수록 (−)의 제타 전위를 가짐을 알 수 있다. 이로부터 SiO_2 파티클이 산성 수용액 내에 존재한다면 정전기적 힘에 의해 (+)의 전위를 갖는 SiO_2 파티클이 (−) 전위를 띄는 실리콘 표면에 부착할 가능성이 크다는 것을 예상할 수 있다. 특히 PSL(폴리스티렌) 파티클의 경우 전하의 종류가 달라 실리콘과 부착할 가능성이 큰 영역이 더 늘어난다.

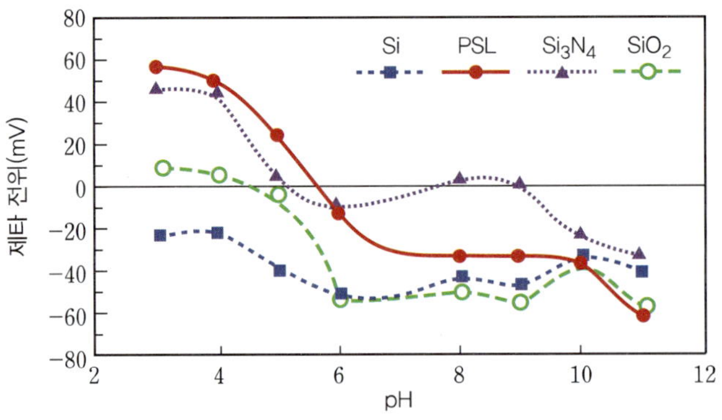

[그림 4-10] pH에 따른 Si, SiO_2, Si_3N_4, PSL 입자의 제타 전위[2]

일반적으로 pH가 증가함에 따라 입자표면의 제타 전위가 양에서 음으로 변화하여 상대적으로 염기성 수용액에서는 파티클 부착의 정도가 낮을 것이라 판단된다. 이는 앞서 언급한 SC1 세정과 매우 밀접한 관련성을 갖는다. 그림으로부터 알 수 있듯이, 염기성 영역에서는 거의 모든 물질의 제타 전위는 (−)이다. 따라서 이러한 조건에서는 물질 간(파티클−웨이퍼 간)에 정전기적 반발력이 작용하여 실리콘 표면에 파티클이 부착하기 어려울 것이라고 예상된다. 이는 염기성에서 OH^-에 의한 실리콘 식각으로 인한 파티클 탈착과 더불어 SC1에서 파티클이 제거되는 매우 중요한 원리이다. 한편 산성 영역에서는 실리콘이 (−)의 제타 전위를 갖는 반면, 다른 물질들은 (+)의 제타 전위를 갖는다. 이러한 사실로부터 산성 영역, 더 나아가 중성 영역에서는 파티클의 부착이 상대적으로 용이할 것이라는 것도 짐작할 수 있다.

반도체 제조 수율을 향상시키기 위해서는 웨이퍼 표면에 부착한 파티클을 반드시 제거해야 하며, 이를 위해 여러 가지 방법이 고안되고 실현되고 있다. 예를 들면 SC1 세정으로 표면을 마일드하게 식각하고 정전기적 반발력을 이용하여 파티클을 웨이퍼 표면으로부터 제거하는 방법, 초음파 또는 메가소닉에 의한 물리적 제거 방법, 계면활성제를 첨가하여 표면 전위를 제어하는 방법, 브러쉬(brush)를 이용한 세정 등이 있다.

초음파의 경우 20~50kHz의 파를 이용하여 마이크로 기포(cavitation)를 만들어 웨이퍼 표면 상에 부착한 파티클들을 제거한다. 메가소닉의 경우 그보다 높은 850kHz~1MHz 정도를 인가하여 파티클들을 웨이퍼 표면으로부터 탈리시킨다. 이러한 메가소닉 장치를 배쓰 탱크의 하부에 부착하거나, 매엽식 장치의 웨이퍼 표면 위에 바(bar) 또는 메그파이(MegPie) 형태로 설치할 수 있다. 그러나 메가소닉에 의해 생성된 마이크로 기포에 의해 미세 패턴이 손상될 수 있어 주의해야 한다.

이밖에 롤러(roller) 또는 펜슬 타입의 브러쉬를 이용하여 파티클을 제거하기도 하며 이는 CMP 후 클리닝 또는 웨이퍼 후면(backside) 세정에 널리 사용된다. 또한 액체와 기체를 혼합하여 노즐에서 분사하여 파티클을 제거하는 2유체 스프레이 세정(dual fluid spray cleaning) 기술이 매엽식(single wafer tool) 장비에 사용되기도 한다. 이때 액적의 크기와 노즐의 분사 속도에 의해 파티클 제거 효율이 변화한다. 일반적으로 파티클 제거 효율(particle removal efficiency, PRE)과 패턴 손상은 트레이드오프(trade−off)[5]의 관계에 있으므로, 이 경우도 패턴에 손상이 가지 않도록 주의해야 한다.

5 하나의 이점을 얻기 위해 다른 이점을 포기하는 상황을 의미한다.

린스

습식 식각 공정이 끝난 다음에는 웨이퍼는 탈이온 수(deionized water, DIW)에 의해 **린스**(rinse) 과정을 거친다. 이를 통해 웨이퍼 표면으로부터 식각액을 제거하여 식각 반응을 끝낼 수 있고, 오염 및 파티클, 잔류물들을 제거할 수 있다. 탈이온 수는 미네랄 이온들이 제거된 상태인 매우 순순한 물을 말한다. 그러나 탈이온 수는 바이러스나 박테리아 등을 포함할 가능성이 있어 반도체 제조 라인에 반입되는 탈이온 수 내에는 소량의 오존이 포함되는 경우도 있다.

[그림 4-11]에는 배치 공정에서 사용되는 대표적인 린스 시스템을 보여준다. 먼저 오버플로우(overflow) 린스 시스템은 웨이퍼가 린스 탱크로 들어가고 물이 계속해서 탱크의 아래로부터 위로 흘러넘치도록 도입되는 시스템이다. 탱크의 설계에 따라 사용되는 물의 소비량을 줄일 수 있다. 퀵덤프(quick dump) 린스 시스템은 탱크에 물을 채운 후 매우 빠른 속도로 물을 탱크 아래로 버리는 것으로, 다시 물을 채우고 버리는 과정을 수차례 반복한다. 퀵덤프 린스 방법을 사용하고 스프레이로 물을 분사함으로써 공정시간과 물의 소비량을 줄일 수 있다. 오버플로우 린스와 퀵덤프 린스를 결합한 오버플로우 덤프 린스 방법도 있다.

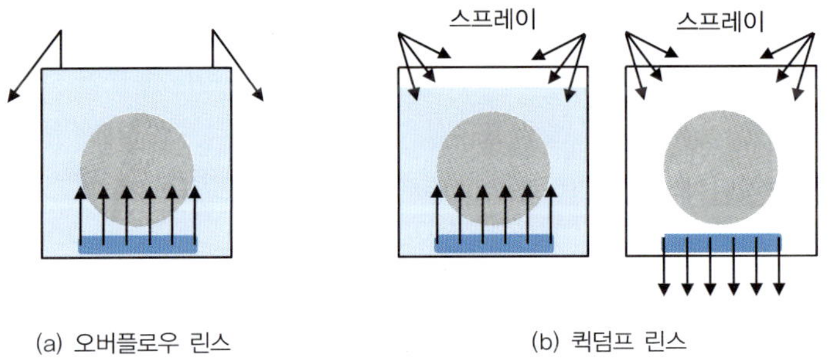

[그림 4-11] 배치 세정 공정에서의 대표적인 린스 방법

습식 세정 장비는 다른 장비들과 마찬가지로 배치(batch)식에서 점차 매엽식, 즉 싱글 웨이퍼 장비로 바뀌었으며, [그림 4-12]에 그 장치의 모식도를 나타냈다.

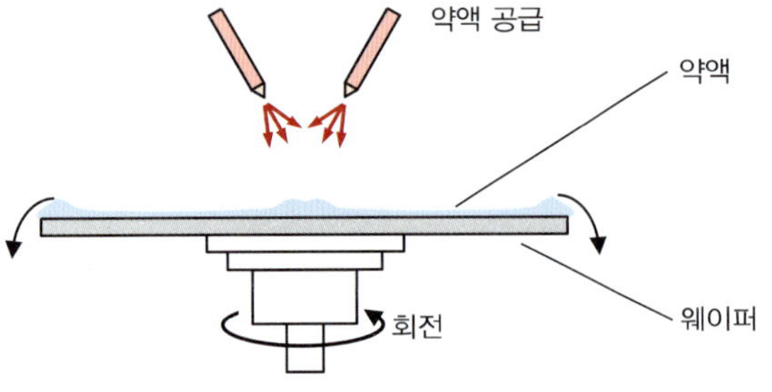

[그림 4-12] 매엽식 세정 장비의 공정 모식도

매엽식 장비에서는 공정의 균일성과 반복성을 더욱 정밀하게 제어할 수 있으며, 장비 1개당 24개 정도까지의 체임버를 둠으로써 시간당 1,000장 이상의 웨이퍼를 처리할 수 있다. 매엽식 장비에서도 앞서 [표 4-4]에 정리된 다양한 세정이 이루어진다. 다만, 고온에서 장시간 진행되는 H_3PO_4를 이용한 Si_3N_4 식각 공정은 여전히 매엽식보다는 배치식으로 진행된다. 싱글 웨이퍼 장치에서는 주로 스프레이 린스가 사용되는데, 노즐에서부터 물이 스프레이로 뿌려지며 웨이퍼 표면을 린스하는 것이다. 일반적으로 이 방법은 공정시간을 단축시키고 물의 소비량을 줄이는 장점이 있다. 그러나 공기 중의 CO_2가 스프레이에 의해 잡혀서 전하 입자를 형성할 가능성도 있다. 매엽식 장비에서의 세정은 DHF, DIO_3 및 위에서 다룬 세정액을 교체하며 투입하여 입자, 금속 오염물 및 유기 오염물을 제거하고, 이러한 세정 사이에 린스 공정이 진행된다.

SECTION 4.4 웨이퍼 건조

습식 식각 후 린스 공정이 끝난 후에 웨이퍼의 표면은 완전히 건조되어야 한다. 건조 방법도 여러 가지가 있는데 그 중에서도 대표적인 방법을 소개하면 다음과 같다.

스핀 건조

[그림 4-13]과 같이 더 이상 양산 단계에서는 사용되지 않는 **스핀 건조**(spin dry) 방법이 있다. 이는 마치 가정에서 세탁기가 세탁 후 세탁물을 헹구고 고속으로 회전하여 탈수를 하는 방법과 같은 원리를 이용한다.

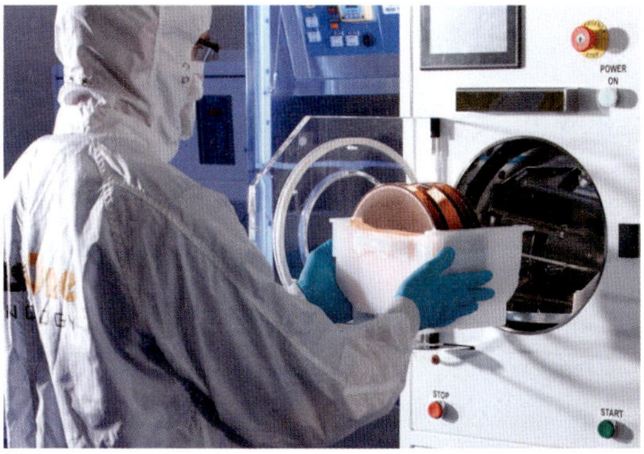

[그림 4-13] 스핀 건조의 예 [6]

그러나 고속 회전에 의해 웨이퍼가 파손되거나, 린스 후 표면에 있던 물이 튕겨져 나와 다시 부착하고 워터마크(water mark)가 생길 수 있다. 우리가 물을 엎질렀다가 물이 증발해서 마르더라도 물 자국이 나는 경우가 있듯이, 실리콘 표면에 물방울이 존재하는 경우, 대기 중의 산소가 물방울 내에 확산을 해서 실리콘 표면에 일종의 얇은 산화막이 생긴다. 이를 워터마크라 하는데, 워터마크는 특히 웨이퍼의 회전에 의해 웨이퍼 상에 방사형으로 존재하는 경우가 일반적이다. 그런데 이렇게 건조 후에 웨이퍼 위에 남는 워터마크는 것들이 반도체 소자 입장에서는 디펙트(defect)로 작용하여 생산 수율을 감소시킨다. 또한 3장에서 언급되었던 이멀젼 리소그래피의 경우, NA를 증가시켜 작은 패턴사이즈를 만들기 위해 렌즈와 웨이퍼(화학 증폭 포토레지스트) 사이에 물이 존재하게 되므로 패턴 형성에 불량을 주는 경우가 생기기도 한다. 이를 방지하기 위해 TARC(top anti-reflection coating)이 도입된다.

마랑고니 건조

[그림 4-14]에 나타냈듯이, 표면장력이 큰 액체가 주위의 표면장력이 낮은 액체에 비해 끌어당겨 입자가 커지는 현상을 마랑고니(Marangoni) 효과라고 한다. 이 원리를 이용하여 웨이퍼 표면을 건조하는 방식을 **마랑고니 건조**(Marangoni dry)라고 한다. 물방울이 동글동글 맺히고, 물을 컵에 가득히 따라도 넘치지 않고 컵 위에 쌓이듯이 넘칠 듯 말 듯한 형태를 보이는 현상들은 물의 표면장력이 크기 때문에 발생하는 것이다.

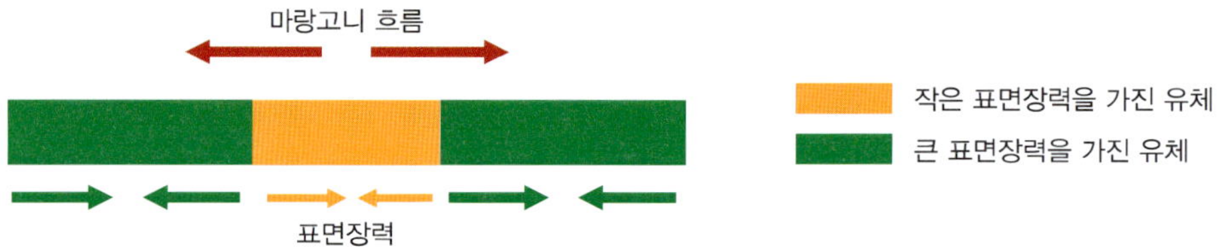

[그림 4-14] 마랑고니 효과

마랑고니 효과를 실생활에서 쉽게 볼 수 있는 예로, 와인 잔 내에서 생기는 와인의 눈물(tears of wine) 현상이 있다. 와인의 표면이 와인 잔과 만나는 곳에서 모세관 작용이 일어나면서 와인이 와인 잔의 측면을 기어오르게 된다. 그러면 와인 잔을 타고 기어오른 소량의 와인 안에 포함된 알코올은 증기압이 더 높기 때문에 물보다 더 빨리 증발하게 된다. 그 결과, 알코올의 농도가 감소하게 되고 물의 조성이 커져서 액체의 표면 장력이 증가한다. 이로 인해 알코올 함량이 높아 표면장력이 낮은 와인 전체로부터 더 많은 와인을 끌어 올리게 된다. 그리하여 와인은 유리의 측면을 따라 더 올라가고 방울이 맺힐 정도로 질량이 어느 정도 증가하면 중력에 의해 다시 와인 전체로 떨어지게 되고 이러한 과정을 계속 반복하게 된다.

이러한 마랑고니 효과를 웨이퍼 건조에 이용한 예로, [그림 4-15]에 나타난 것과 같이 물에 잠겨있던 웨이퍼가 이소프로필알코올(isopropyl alcohol, IPA) 증기로 찬 부분으로 끌려나오게 된다. 이때 배수되는 물은 표면 장력이 크기 때문에 웨이퍼 위에 있던 물 입자들끼리 뭉쳐서 웨이퍼가 끌려나오는 반대 방향인 아래쪽으로 물이 떨어져서 건조된다. 이 방법에 의해서는 웨이퍼 표면에 워터마크가 발생하지 않으며 뛰어난 건조 성능을 나타내고, 웨이퍼가 움직이지 않으며 어떠한 응력도 받지 않아 손상될 염려가 작아진다. 건조 과정 중 웨이퍼 표면의 워터마크의 발생을 방지하기 위해 알코올이나 다른 유기물을 가스, 증기, 에어로졸 형태로 노즐을 통해 린스 액으로 젖은 웨이퍼 표면에 분사한다. 이 물질들은 린스액으로 젖은 웨이퍼 표면에 도달하여 표면장력 차이를 유도하고, 그 결과 유체가 중력에 의해 린스액을 잡아 웨이퍼 표면에서 제거함으로써 건조가 이루어진다.

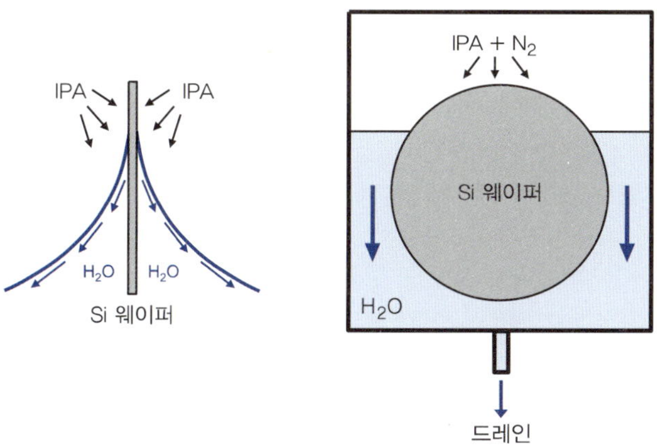

[그림 4-15] IPA 증기를 이용한 마랑고니 건조의 원리와 장치의 개략도

초임계 유체를 이용한 건조

반도체 소자가 미세화되고 집적화될수록, 미세한 구조의 끝부분이 달라붙는 패턴 붕괴(pattern collapse)가 발생한다. [그림 4-16]은 패턴 붕괴의 예를 나타내는데, 이는 습식 식각 또는 세정 공정도, 그렇다고 린스 과정도 아닌, 건조 단계에서 발생한다.

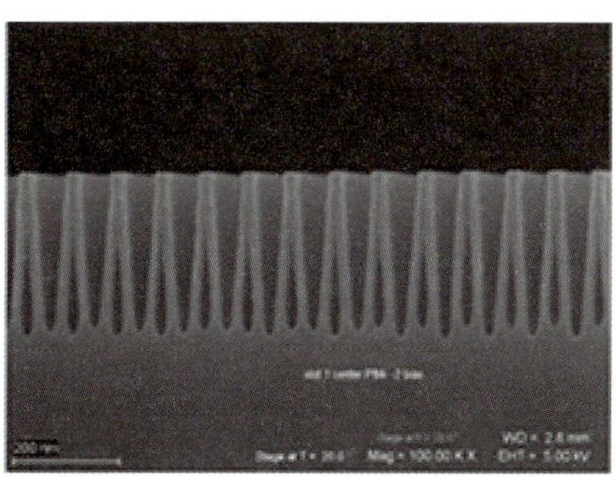

[그림 4-16] 패턴 붕괴의 예

이러한 패턴 붕괴는 린스 후 미세 구조 사이에 남아 있는 물이 표면장력을 가지고 구조에 반달형(meniscus) 모양의 접촉면을 가지며 종횡비가 높은 구조에 응력을 가하여 발생한다. 식 (4.11)에 따르면, 패턴 구조에 인가되는 힘은 구조 간 간격(D), 구조의 종횡비(H/W), 린스액의 접촉각(θ), 표면장력(γ)에 의해 결정된다. 즉 구조 간의 간격이 좁을수록, 구조의 종횡비가 커질수록, 액체의 표면장력이 클수록 패턴 붕괴 현상이 증가함을 알 수 있다.

$$\sigma_{\max} = \frac{6\gamma\cos\theta}{D}\left(\frac{H}{W}\right)^2 \tag{4.11}$$

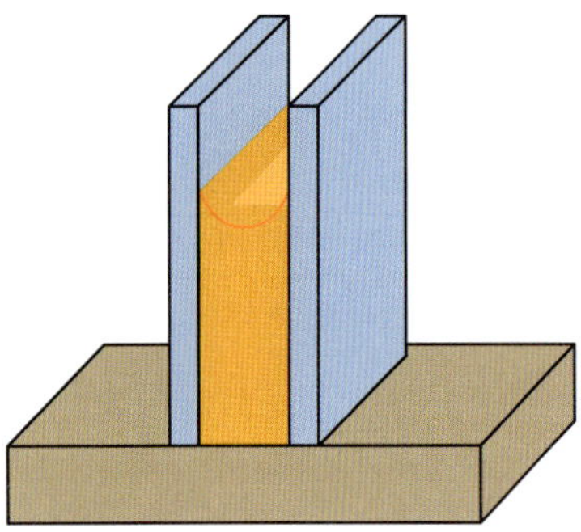

- $\sigma_{\max}$: 구조에 작용하는 최대 인장 능력
- γ : 표면장력
- H/W : 구조의 종횡비
- D : 구조 간 간격
- θ : 접촉각

[그림 4-17] 유체가 담긴 패턴에 미치는 힘

따라서 패턴 붕괴를 억제하려면, 구조 간 간격(D)을 늘리거나, **종횡비**(H/W)를 줄여야 하는데, 이는 반도체 소자의 미세화에 역행하는 일이다. 따라서 결국은 패턴 붕괴를 방지하기 위해서는 표면장력이 작아, 벽 구조와의 접촉각(θ)을 90°로 만들어줄 유체를 사용하는 것이 효과적이다.

이로부터, 세정 및 건조 방법의 진화를 위해 **초임계 유체**를 사용하게 되었다. 임계점(critical point) 이상의 온도와 압력이 가해지면 물질은 초임계 유체가 되는데, 이 유체는 기체처럼 빠르게 퍼지고 점도가 낮으며, 액체처럼 물질을 용해하는 능력을 가진다. 게다가 초임계 유체는 표면 장력이 0이기 때문에 패턴 붕괴를 방지할 수 있다. 그런데 H_2O는 374℃ 와 220bar 의 높은 임계점을 가지므로 생성되기가 어렵다. 그러나 CO_2의 경우, 온도가 31℃ , 압력이 73bar 이상으로만 증가하면 초임계 유체가 되어 비교적 생성이 쉽다. 따라서 초임계 CO_2 유체를 이용하여 건조하는 방법이 실제로 양산에 사용되고 있다. 특히 패턴 붕괴가 염려되는 경우에도 적용할 수 있다.

SECTION 4.5 습식 식각의 방향성

앞서 언급된 바와 같이, 습식 식각은 방향성 없이 등방적으로 진행된다. 그러나 실리콘과 같은 결정질 재료의 경우, 원자 밀도가 높은 표면에서 원자 밀도가 낮은 표면보다 식각 속도가 더 낮게 된다. 앞서 1장에서 설명한 것과 같이, Si (100)면은 $6.78 \times 10^{14} at/cm^2$, (111)면은 $7.83 \times 10^{14} at/cm^2$의 면밀도를 가지므로 (100)면의 단위 면적당 원자 수가 적은 것을 알 수 있다. 일반적으로 면밀도가 작은 경우는 결합의 포화 정도가 작아 결합을 하지 않은 결합의 수가 많아 표면 에너지도 커지게 된다. 그래서 (100)면이 (111)면보다 표면 원자 밀도가 낮고, 표면 에너지가 높기 때문에 염기성에서 식각되는 경우 (100)면의 식각 속도가 훨씬 커진다.

그 결과, 반응의 활발함도 상대적으로 작기 때문에 (111)면은 비등방성 식각에서 에치 스톱(etch stop)면으로서 작용하게 된다. 결국 한 원자층을 제거하는 데 걸리는 시간이 (111)면 보다 (100)면에서 더 빨라질 것이고, 단위 시간당 식각된 두께로 정의되는 식각 속도는 (100)면이 훨씬 빨라진다. 최종적으로는 [그림 4-18]에 나타낸 것과 같이 V자 모양의 식각 단면을 보이고, 전체적으로 보면 피라미드 형태의 식각 프로파일이 만들어진다.

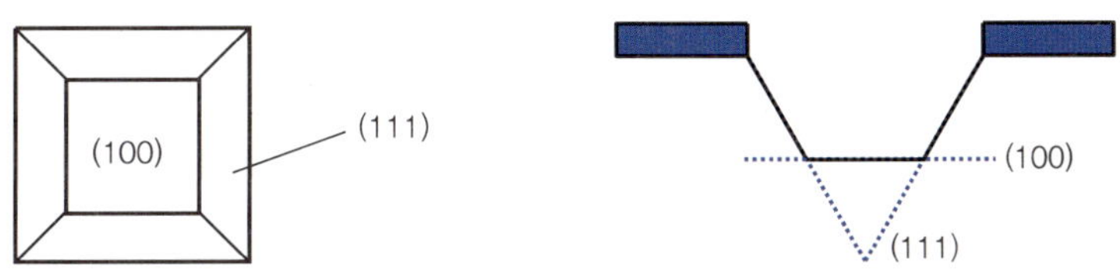

(a) 웨이퍼의 표면 위에서 본 모식도 (b) 단면 모식도

[그림 4-18] 식각이 일어난 후의 Si (100) 웨이퍼의 표면 모양

이러한 현상은 소자의 소스/드레인 영역에 형성된 embedded SiGe의 이방성 식각에 활용된다. 예를 들어 TMAH나 KOH 등에 의해 (111) 평면은 (100) 평면과 54.75°를 이루며 [그림 4-19]와 같이 시그마 모양을 만든다.

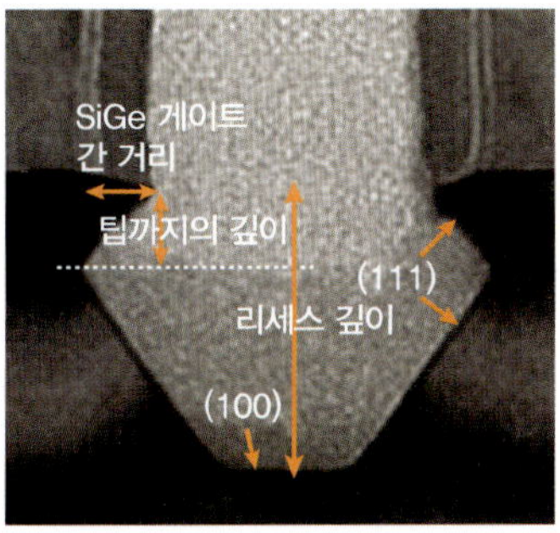

[그림 4-19] (100)와 (111)면의 식각 속도의 차이를 이용한 SiGe의 이방성 식각의 예 [7]

4장 연습문제

4.1 반도체 공정에서 습식 세정 공정을 수행하는 주된 목적을 3가지 쓰시오.

4.2 RCA 세정 공정의 대표적인 주요 기능을 쓰시오.

4.3 HF를 이용한 세정 공정의 주요 기능을 쓰시오.

4.4 습식 세정 공정에서 탈이온 수(deionized water)가 사용되어야 하는 이유 2가지를 쓰시오.

4.5 SC1 세정에서 파티클을 제거하는 원리를 설명하시오.

4.6 SC2 세정에서 금속 오염을 제거하는 화학적 원리를 설명하시오.

4.7 피라나(Piranha) 세정 용액의 주성분과 주 용도를 쓰시오.

4.8 건조 과정에서 패턴 붕괴를 방지할 방법에 대해 논하시오.

4.9 초임계 유체를 세정 및 건조에 사용하는 이유에 대해 설명하시오.

4.10 오존수(DIO_3) 세정의 장점을 설명하시오.

4.11 실리콘의 염기성에서 식각 시 V자로 모양이 생기는 이유에 대해 설명하시오.

4.12 HNA 세정에서 HF와 HNO_3의 양이 상대적으로 많을 때 생기는 현상에 대해 설명하시오.

CHAPTER 05

건식 식각

Dry Etching

4장에서 설명된 것처럼, 식각 공정은 액상 또는 기상의 에천트(etchant)를 사용하여 기판 상에 국소적인 부분을 제거함으로써 패턴을 만드는 공정이다. 그리고 공정이 어떠한 환경에서 진행되는지에 따라 습식 식각과 건식 식각으로 구분된다. 이 장에서는 건식 식각 공정에 대해 다룬다.

SECTION 5.1 건식 식각

습식 식각의 중요한 특징 중 하나는 반응의 방향성이 등방적(isotropic)이라는 점이다. 물질의 표면이 식각액에 접촉하면 반응이 시작되는데, [그림 5-1]에 나타낸 것처럼 그 반응이 기판의 아래쪽 방향으로만 향하여 마스크(포토레지스트)의 열린 폭만큼 식각되는 것이 아니라 방향성 없이 등방적으로 진행된다. 이러한 습식 식각의 특징은 반도체 소자의 집적도가 높아질수록 그 구조의 종횡비가 커져야 한다는 것을 고려하면 매우 치명적이다. 물론 습식 식각은 장치에 대한 비용이 상대적으로 크지 않고, 물질 간의 식각 선택비를 잘 조절할 수 있다는 장점이 있긴 하지만, 미세화에 따른 상기의 문제점에 대처하는데 있어 한계가 있을 수밖에 없다. 따라서 [그림 5-2]와 같은 미세 회로를 형성하는 데 있어서는 **방향성을 가진**(directional 또는 anisotropic) 식각이 필요하며, 이러한 식각을 건식 식각이라고 한다.

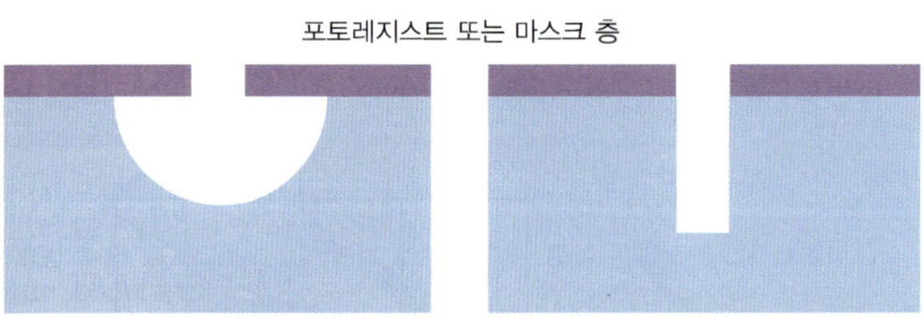

(a) 언더컷이 일어난 경우 (b) 이상적인 식각이 일어난 경우

[그림 5-1] 등방성 식각에 의해 언더컷이 일어난 모양과 미세 패턴에서의 이상적인 식각이 일어난 경우의 웨이퍼 단면도

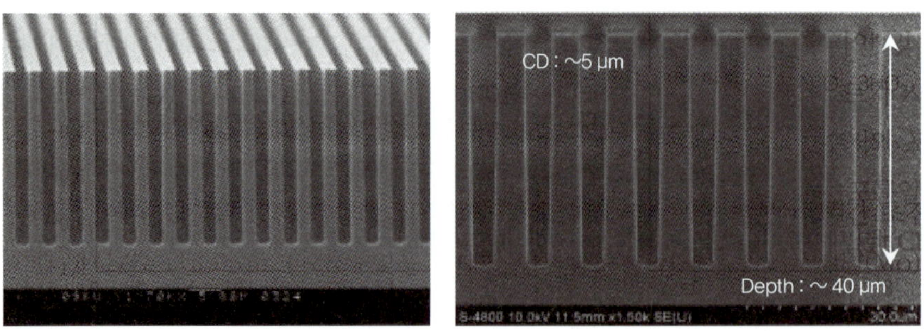

[그림 5-2] 드라이 식각에 의해 형성된 미세 패턴의 예 [1]

SECTION 5.2 플라즈마

건식 식각은 일반적으로 **플라즈마**(plasma) 상에서 이루어지는데, 플라즈마는 진공 상태의 반응기 안에 반응성 기체가 주입되는 상태에서 웨이퍼가 위치한 쪽과 그 위쪽의 전극에 해당하는 부분에 고전압을 인가하는 경우 발생한다. 플라즈마는 기체의 중성 원자, 이온, 전자 등이 고밀도로 존재하는 열역학적으로 비평형인 상태를 말한다. 플라즈마 내에서는 전자와 이온의 수가 대략 비슷하므로 플라즈마는 전기적으로는 중성이라고 볼 수 있다. 다만, 전자는 이온에 비해 이동도가 훨씬 높아 반응기 벽에 부딪혀 소멸하는 경우가 많으므로, 실제 반응기 전체 기준으로 보면 이온 농도가 다소 높게 나타날 수 있다. 그러나 플라즈마 자체는 중성이라고 봐야 한다.

그리고 플라즈마 내에서의 전자, 이온, 가스의 온도는 서로 같지 않으며, 특히 저압일수록 고에너지 전자가 존재하여 전자의 온도가 이온의 온도보다 높게 된다. 또한 플라즈마 자체의 전위는 반응기의 전위보다 높고, 물질(웨이퍼 또는 전극)과 접하는 부분에서 쉬스(sheath)라 불리는 영역이 형성된다. 이 영역에서는 전자의 소멸에 따라 양이온과 중성자가 주로 존재한다.

건식 식각에서는 전압이 인가되면 상대적으로 가벼운 전자가 빠르게 이동하여 기체 분자와 충돌하게 된다. 이때 이온과 반응성이 큰 라디칼 등을 만들어내고, 이러한 물질들이 웨이퍼 상에 포토레지스트나 마스크에 가려지지 않은 부분과 반응하여 식각 작용을 한다. [그림 5-3]에서 보듯이, 플라즈마 상에서 전자에 의해 기체 분자가 이온화(ionization), 여기(excitation), 해리(dissociation) 또는 재결합(recombination)된다. 이때 반응성이 큰 중성 라디칼과 이온이 플라즈마 상에서 중요한 식각 종으로 식각 공정을 주도할 수 있다.

이온화 $A + e \rightarrow A^{+} + 2e$

여기 $A + e \rightarrow A\cdot + e$
$A\cdot \rightarrow A + hv$(빛)

해리 $AB + e \rightarrow A + B + e$

재결합 $A + B \rightarrow AB$
$A\cdot + B + e \rightarrow AB$

[그림 5-3] 플라즈마 상에서 이루어지는 기체 분자의 변화

SECTION 5.3 건식 식각의 장비

플라즈마의 여기 방법은 크게 **DC 플라즈마**(직류 플라즈마)와 **RF 플라즈마**로 나뉜다. DC 플라즈마의 경우, 전도성 전극 간에 직류 전압이 인가되며 글로우 방전(glow discharge)[1]을 유지한다. RF 플라즈마의 경우 전극 간에 13.56MHz의 주파수를 갖는 교류 전압이 인가되어, 절연체(유전체)가 전극에 형성되어도 이온의 흡착과 탈리가 계속 이루어지기 때문에 높은 플라즈마 효율을 나타낸다. RF 플라즈마에는 용량 결합형 플라즈마(Capacitively Coupled Plasma, CCP)와 유도 결합형 플라즈마(Inductively Coupled Plasma, ICP) 방식이 있다. CCP 방식에서는 플라즈마 밀도가 높지 않아 기체 분자를 완전히 분해하기 어려워 절연체(유전체) 식각에 주로 사용한다. ICP 방식에서는 유도 코일(inductive coil)을 반응기에 부착하여 자기장을 형성하므로 전리도가 높다. 이로 인해 플라즈마 밀도가 높고 기체 분자가 잘 분해되어 일반적으로 금속 식각에 널리 사용된다.

이러한 건식 플라즈마 식각 시스템에서 [그림 5-4]와 같은 장비를 통해 반응성 화학 성분이나 이온 성분이 식각을 일으키도록 유도한다.

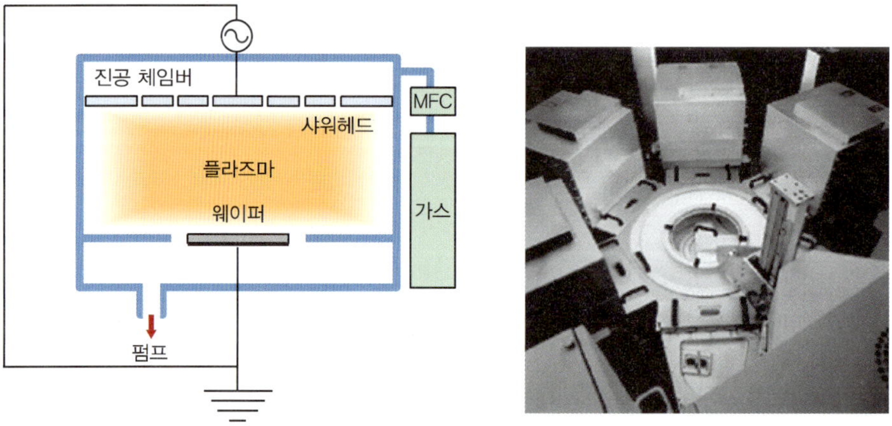

(a) 진공 플라즈마 체임버　　(b) 멀티 체임버

[그림 5-4] 진공 플라즈마 체임버와 멀티 체임버(Lam Research 2300® Series)

1 저압 가스에 전류가 흐를 때 형성되는 플라즈마를 말한다.

한편 정전척(electrostatic chuck) 위에 놓인 웨이퍼와 가스가 유입되는 샤워헤드(showerhead) 사이에 플라즈마가 생성된다([그림 5-5] 참고). 건식 식각 과정에서는 이 플라즈마로부터 발생하는 열이 웨이퍼에 전달되어 온도가 상승하고, 이에 따라 식각 특성도 변화하게 된다. 따라서 식각 특성의 유지를 위해서는 웨이퍼의 온도를 일정하게 유지해야 하며, 이를 위해 정전척의 아래쪽에 일정한 온도의 냉매를 순환시켜 정전척의 온도를 일정하게 제어한다. 이때 냉매로는 3M 사의 플루오리너트(Fluorinert), 노벡(Novec) 등이 사용되어 왔으나 per- and polyfluoroalkyl substances (PFAS)이 생산 중단되면서 새로운 냉매가 개발되고 있다. 또한 정전척과 웨이퍼 사이에 식각 가스보다 가벼운 헬륨(He) 가스를 흘려보내 열전도 효율을 높이기도 한다.

(a) 정전척

(b) 샤워헤드 히터

[그림 5-5] 정전척과 샤워헤드 히터

SECTION 5.4 건식 식각 메커니즘

앞서 언급된 바와 같이, 건식 식각에는 식각 종에 따라 2가지 메커니즘이 있을 수 있다. 반응성이 큰 라디칼과 같은 중성 원자에 의한 화학적인 작용이 전체적인 식각을 주도할 수도 있고, 이온들에 의한 물리적 작용이 그 역할을 수행할 수도 있다. 물론 후술하겠지만 이러한 2가지 작용이 혼재될 수도 있다.

먼저, 화학적인 반응에 의한 식각의 예는 다음과 같다. 전자의 충돌에 의해 CF_4 기체로부터 F 라디칼이 생기고 이러한 반응성이 큰 라디칼이 웨이퍼 표면과 접촉 및 반응하여 식각 작용을 수행한다.

$$CF_4 + e^- \rightarrow CF_3 + F + e^- \quad (5.1)$$

$$Si + 4F \rightarrow SiF_4 \quad (5.2)$$

이에 반해 물리적인 식각은 Ar^+, Cl^+, CF_3^+ 등의 이온 종들이 주로 식각에 참여하게 된다. 전기장이 플라즈마 상으로부터 웨이퍼 표면으로 방향성을 가지게 되면, 이러한 이온 종들에 의한 식각은 중성 라디칼보다 훨씬 더 방향성을 가진 상태에서 이루어진다. 그 결과, 이온 종에 의한 식각 과정은 상이한 물질들에 대해 덜 선택적인 식각을 일으킬 수밖에 없다([그림 5-6] 참고). 그리고 라디칼 등에 의한 화학적 식각은 상대적으로 높은 압력에서, 이온에 의한 물리적 식각은 낮은 압력에서 이루어진다.

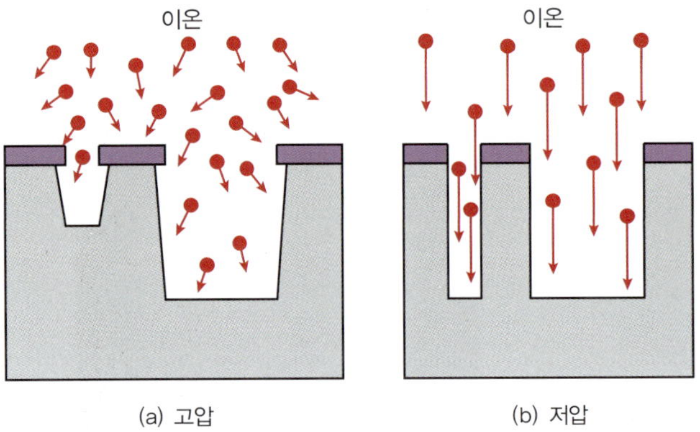

[그림 5-6] 저압에서 이온의 방향성을 갖는 식각

반응성 이온 식각(reactive ion etching, RIE)은 상기의 화학적·물리적 작용을 결합시킨 식각 과정이다. [표 5-1]은 이러한 건식 식각 간의 차이점을 요약한 것으로, 이온 종에 의한 식각의 경우 부피당 분자 수가 적은 저압에서, 보다 높은 빔 에너지를 이용하여 공정이 이루어짐을 알 수 있다.

[표 5-1] 각 건식 식각 간의 특징

건식 식각	반응 압력	빔 에너지	식각 선택비	방향성
플라즈마 식각 (화학 반응)	높음 (>10m Torr)	작음	좋음	등방성
반응성 이온 식각 (화학 반응 + 물리적 작용)	낮음 (10 ~ 100m Torr)	중간	중간	등방성 + 방향성
방향성 (스퍼터링)	매우 낮음 (<10m Torr)	큼	나쁨	방향성

한편 실리콘이 F 라디칼에 의해서만 식각되는 경우, 식각 속도는 5A/min 정도로 낮다. 그러나 여기에 Ar^+ 이온이 더해지면 식각 속도는 10배 이상 증가하게 된다. 반대로 여기서 F 라디칼의 공급이 중단되고 Ar^+ 이온만 있다면 식각 속도가 3A/min 이하로 감소하게 된다. 즉, 흡착된 라디칼에 이온 충격을 가하는 경우 식각 속도가 증가하며, 이러한 이온 보조 식각은 전체 식각 속도에도 큰 영향을 미친다. 특히 이온 보조 식각의 식각 속도는 이온 에너지에 크게 의존한다. 이방성 식각은 이온 보조 식각을 통해 구현되는데, 이는 이온이 조사(照射)되는 영역의 온도가 국부적으로 매우 높아져 라디칼 반응 속도가 증가하기 때문이다.

SECTION 5.5 Deep RIE 공정

Deep RIE(DRIE) 공정은 RIE 공정의 한 종류로, 높은 종횡비의 깊은 홀과 트렌치를 생성하는 데 사용되는 고도의 이방성 식각 공정이다. DRIE와 RIE의 차이점은 식각 깊이이다. 반도체 제조에 사용되는 RIE의 실제 식각 깊이는 분당 최대 1μm 의 속도로 약 10μm 정도를 식각하게 된다. DRIE는 일부 응용 분야에서 분당 최대 20μm 이상의 속도로 최대 600μm 이상의 형상을 식각할 수 있다. DRIE는 DRAM용 고밀도 커패시터를 위한 트렌치를 제작하는 데 사용되며 최근에는 3D 웨이퍼 레벨 패키징 기술에서 **실리콘 관통 전극**(Through Silicon Via, TSV)을 생성하는 데에도 사용된다.

DRIE 기술의 한 예로 **보쉬**(Bosch) 공정이 있으며, 이는 펄스형 식각 방식으로 구현된다. 이 공정은 2가지 모드를 반복적으로 번갈아 가며 수직적인 구조의 식각 형상을 제공한다. 공정은 [그림 5-7]과 같이 패시베이션층 증착, 하부 패시베이션층 식각, 그리고 실리콘 식각의 3단계로 구성된다. 먼저 트렌치의 측벽과 바닥면에 패시베이션막을 증착하고 트렌치 바닥의 패시베이션막을 선택적으로 식각한다. 그 후, 패시베이션막이 제거된 트렌치 바닥의 실리콘을 식각한다. 패시베이션층 증착에는 C_4F_8과 같은 가스가 이용되며, 테플론과 유사한 물질을 생성한다. 수직 방향으로 실리콘을 식각할 때에는 SF_6와 같은 가스가 주로 사용되며, 각 단계는 몇 초 동안 지속된다. 사이클이 짧으면 더 매끄러운 벽이 만들어지고, 반대로 사이클이 길면 더 높은 식각 속도를 얻을 수 있다.

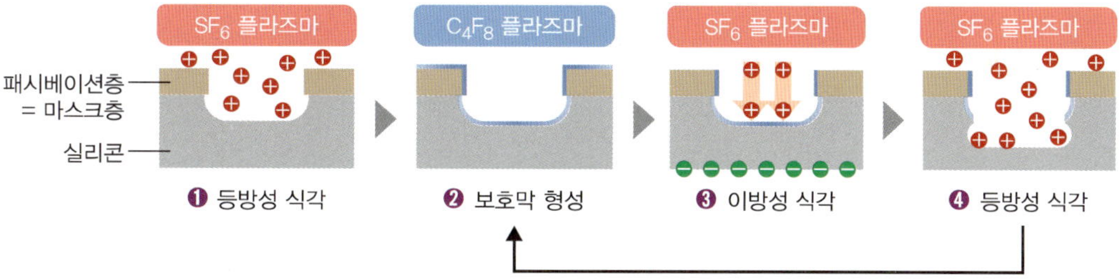

[그림 5-7] DRIE에 의한 보쉬 공정의 예

극저온 DRIE에서는 웨이퍼를 −110℃ (163K)까지 냉각한다. 이는 낮은 온도에서 등방성 식각을 생성하는 화학적 식각 반응이 늦춰지기 때문이다. 이때 이온들은 대상의 위쪽 표면에 입사하여 지속적으로 식각을 진행하며, 결과적으로 매우 수직적인 측벽을 가진 트렌치가 형성된다. 극저온 DRIE 기술의 주요 문제점은 기판의 표준 마스크가 극한의 저온에 의해 균열이 생긴다는 점이다. 또한 식각 부산물이 차가운 표면, 즉 기판이나 전극에 증착되는 경향도 있다. 이러한 문제를 해결하기 위해 실리콘 기판에 갈륨 이온을 국부적으로 주입하여 마스크 역할을 하도록 할 수도 있다.

SECTION 5.6 건식 식각의 공정 파라미터

식각 가스의 선택

건식 식각에는 주로 할로겐 가스들이 사용되는데, 이는 플라즈마 상에서 반응성이 큰 라디칼들을 형성할 수 있고, 많은 식각 대상 물질과 더불어 휘발성(volatile) 생성물을 생성하기 때문이다. 식각가스로는 SF_6, C_4F_8, CF_4, CHF_3, C_2F_6, C_3F_8, C_4F_6, C_5F_8, NF_3 등의 불소(F) 계열의 가스와 Cl_2, BCl_2, HBr, $CFCl_3$, CF_2Cl_2, CCl_4 등의 염소(Cl) 계열의 가스가 주로 사용된다. 그 외 H_2, O_2, Ar, CH_4, He, N_2 등의 가스가 보조로 사용된다.

예를 들어, 실리콘(Si) 식각을 위해 3가지의 다른 할로겐 원소(F, Cl, Br)가 이용될 수 있다. 식각에 의해 생성되는 반응 부산물의 끓는점은 식각 부산물의 휘발성을 나타내는 좋은 지표이다. 끓는점이 낮을수록 증발 경향이 커지고, 끓는점이 높을수록 고온에서 식각해야 할 필요가 있다. [표 5-2]에 나타냈듯이 플루오린, 염소, 브로민(Br)은 실리콘과의 반응으로부터 비교적 끓는점이 낮은 SiF_4, $SiCl_4$, $SiBr_4$ 등의 식각 생성물들을 만들어 식각을 수행한다.

[표 5-2] 식각된 기체 화합물의 끓는점

구분	F	끓는점(℃)	Cl	끓는점(℃)	Br	끓는점(℃)	Hydrides, trimethyls	끓는점(℃)
Al	AlF_3	1297	$AlCl_3$	178	$AlBr_3$	263		
As	AsF_3	−63	$AsCl_3$	130.2	$AsBr_3$	221	AsH_3	−55
	AsF_5	−53						
C	CF_4	−128	CCl_4	77	CBr_4	189	CH_4	−164
Cr	CrF_2	>1300	CrCl	117	$CrBr_2$	842		
Cu	CuF	1100	$CuCl_2$	1490	CuBr	1345		
	CuF_2	950	$CuCl_4$	993			CuH	55~60
Ga	GaF_3	1000	$GaCl_3$	201.3	$GaBr_3$	278.8	$Ga(CH_3)_3$	134
Ge	GeF_4	−37	$GeCl_4$	84	$GeBr_4$	186.5	GeH_4	−88.5
In	InF_3	>1200	$InCl_3$	300			$In(CH_3)_3$	55.7
Mo	MoF_5	213.6	$MoCl_3$	268				
	MoF_6	35	$MoOCl_3$	100				
	MoO_2F_2	270						
	$MoOF_4$	180						
P	PF_3	−101.5	PCl_3	75	PBr_3	172.9	PH_3	−87.7
	PF_5	−75	PCl_5	162	PBr_5	106		
Si	SiF_4	−86	$SiCl_4$	57.6	$SiBr_4$	154	SiH_4	−111.8

일반적으로 SiF_4는 이온 충격 없이 쉽게 형성되고 탈착되나, $SiCl_4$와 $SiBr_4$는 이온 충격 없이는 쉽게 탈착되지 않는다. 또한 Cl^+나 Br^+의 경우, 이온 에너지는 식각 속도에 큰 영향을 미친다. 따라서 실제 공정에서 Cl_2와 HBr과 같은 식각 가스에서 만들어지는 Cl^+와 Br^+ 이온은 실리콘의 이방성 식각을 제공한다. 그러나 F^+를 이용한 식각에 있어 이온 에너지는 실리콘의 식각 속도에 상대적으로 영향이 크지 않다. 따라서 실리콘이 SF_6와 CF_4와 같은 가스로 식각될 때는 등방성 식각이 일어나는 경향이 있다.

한편 SiO_2는 주로 CF_3, 등의 CFx계 가스에 의해, Si_3N_3는 CHFx계 가스에 의해 식각된다. [표 5-2]를 보면, AlF_3는 끓는점이 높아 휘발성이 약하므로 불화 가스는 알루미늄 식각에 사용되지 않는다. 알루미늄 표면에 Al_2O_3가 존재하면 본 식각 전에 아르곤(Ar) 스퍼터링 또는 BCl_3, $SiCl_3$, CCl_3를 사용하여 브레이크스루 식각(breakthrough etch)을 수행해야 한다. 각 박막 재료를 식각할 반응 가스는 펌프로 제거할 수 있는 휘발성 부산물을 생성할 수 있는 능력에 따라서도 달라진다.

압력

압력이 낮으면 분자 간의 충돌이 줄어들게 된다. 따라서 식각이 발생하려면 충돌 전에 비교적 먼 거리를 날아와서 부딪쳐야 하므로 필요한 이온 에너지가 커진다([그림 5-8] 참고). 그 결과 식각의 타겟 물질과 보호되어야 하는 물질 사이의 식각 선택비는 높지 않다. 그 대신 식각의 방향성은 좋게 된다. 압력이 높아지면 이온 에너지는 감소하고 반응의 방향성은 등방적으로 변하며 반응의 횟수가 증가하여 식각 반응이 선택적으로 일어날 수 있다.

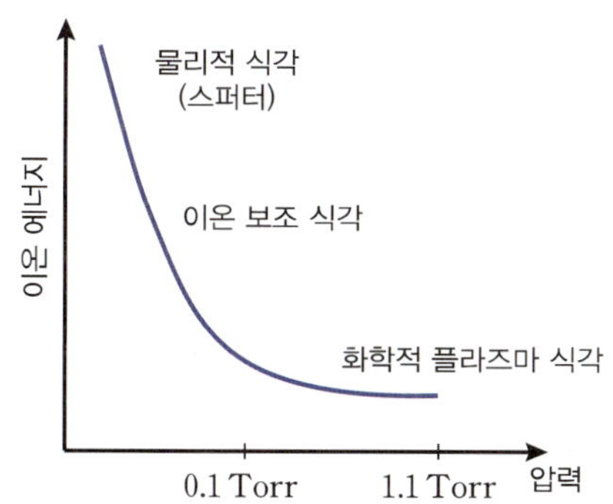

[그림 5-8] 압력에 따른 플라즈마 내 이온 에너지의 변화

물론 **최대 식각 속도**를 얻기 위한 최적의 압력이 존재하지만, 때로는 화학 반응에 의해 제한될 수 있기 때문에 식각 속도가 압력에 크게 영향을 받지 않는 경우도 있다. 일반적으로 RIE 식각은 10~100mTorr의 압력에서 수행된다. 특히 단순히 F 라디칼에 의한 화학적 식각이나 Ar^+ 이온에 의한 물리적 식각만 작용하는 경우에 비해 이온 보조 식각에서는 이온 충격에 의해 웨이퍼 표면 온도가 올라가고 이온에 의한 보조적인 화학 반응이 활발해져 식각 속도가 증가하게 된다. 이온 보조 식각의 식각 속도는 이온 에너지에 크게 의존하며, 이에 따라 식각 속도가 급격히 증가한다.

RF 플라즈마 전력

RF 전력이 커지면 이온 에너지와 전자, 이온, 라디칼의 밀도가 증가한다. ICP 플라즈마에서는 ICP 코일 전력 증가에 따라 이온과 라디칼의 밀도가 증가하고, ICP 플래이튼(platen) 전력 증가에 따라 이온 에너지가 커진다. 전력 증가에 따른 식각 속도의 증가 폭은 재료마다 달라지므로 식각 선택비가 변화할 수 있다.

식각 가스 유량

식각 가스의 유량은 식각 속도와 선택성에 영향을 미친다. 일반적으로 식각 가스의 유량이 커지면 농도가 증가하면서 식각 속도가 증가한다. 그러나 가스의 유량이 증가하면 반응 체임버 내의 가스의 체류 시간이 짧아지므로, 식각 화학종들이 반응하기 전에 체임버로부터 배출되어 버린다. 그 결과, [그림 5-9]와 같이 식각 가스의 유량이 증가하면 식각 속도는 어느 정도까지는 증가하다가 감소하는 경향을 보인다. 그리고 식각 가스의 유량 변화에 따른 체임버 내 체류 시간 변화는 중성 라디칼의 생성에 영향을 주고, 이는 다양한 재료의 식각 선택비를 변화시킨다.

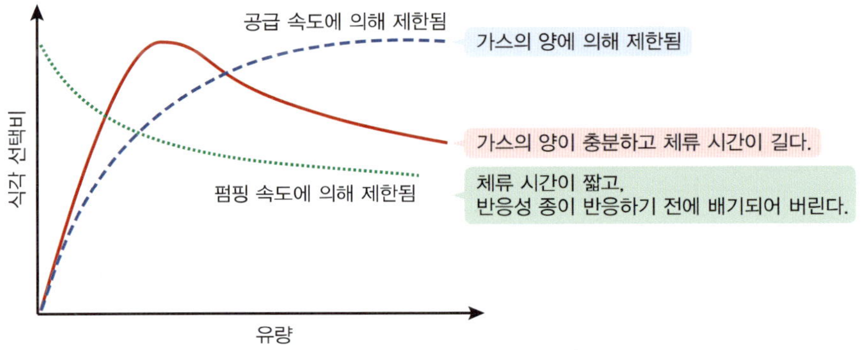

[그림 5-9] 식각 가스 유량에 다른 식각 속도의 변화

식각 가스 조합

건식 식각 시, 식각되는 측면에 식각을 막아주는 보호층이 형성되지 않는 경우(예 $CF_4 + O_2$)에는 습식 식각과 유사하게 등방성 식각이 일어나게 된다. 따라서 수직적인 고종횡비의 식각 프로파일을 얻는 것이 어렵기 때문에 CF_4+H_2 등을 식각 가스로 이용하여 플루오로카본(fluorocarbon)류의 고분자 보호막을 형성하도록 하여 이방성 식각을 유도한다. 대신 식각 가스로 CHF_3 등을 사용하면 오히려 보호막의 형성이 너무 활발해져 아래가 좁아지는 모양이 나오기도 한다. 식각이 완료된 후 측벽의 고분자 보호막을 제거해야 하는데, 이 경우는 O_2 또는 CF_4를 사용하여 제거한다. 한편, Ar^+가 존재하고 바이어스 전압을 400~500 eV 정도까지 올리면 식각 바닥면에 형성된 고분자 보호막을 제거하여 수직 식각 속도를 향상시킬 수 있다.

SiO_2/Si의 식각에 있어서 식각 가스의 조합에 따라 식각 프로파일뿐만 아니라 식각 선택비가 변화한다. 예를 들어 식각 가스 중의 F/C 비율이 낮을수록 실리콘에 비해 SiO_2의 에치 선택성이 증가한다. 이는 CF_x가 플루오린과 결합하여 CF_4를 형성하기 어려워져 플루오로카본류의 고분자 막의 형성이 촉진되기 때문이다([그림 5-10] 참고). 한편 H_2를 첨가하면 실리콘에 대한 SiO_2의 식각 선택비가 증가하는 경향이 있는데, 이는 고분자 막의 중합 증가가 식각을 억제하는 경향이 있기 때문이다.

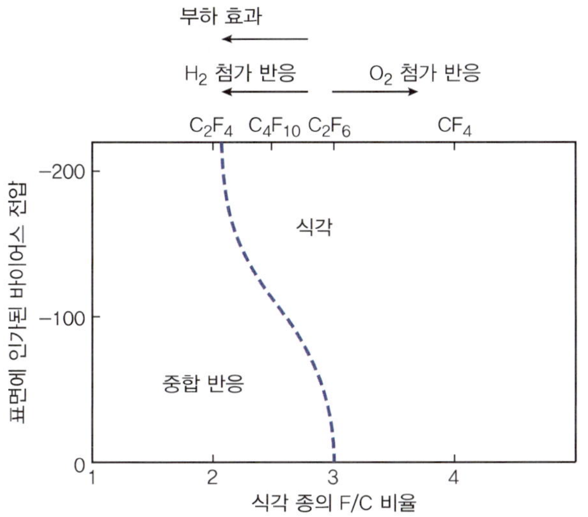

[그림 5-10] 반응 가스 중 F/C 비율에 따른 식각과 증착의 변화

[그림 5-11]을 보면 알 수 있듯이, CF_4에 O_2와 H_2 중 어느 것이 첨가되는지에 따라 실리콘과 SiO_2의 식각 선택비가 변화한다. 예를 들어 O_2가 첨가되면 F 라디칼이 생성되어 실리콘이 SiO_2보다 선택적으로 식각된다. 그러나 O_2가 과량으로 들어가면 과잉의 O_2가 실리콘과 반응하여 SiO_2를 생성함으로써 실리콘의 식각 속도가 감소하게 된다.

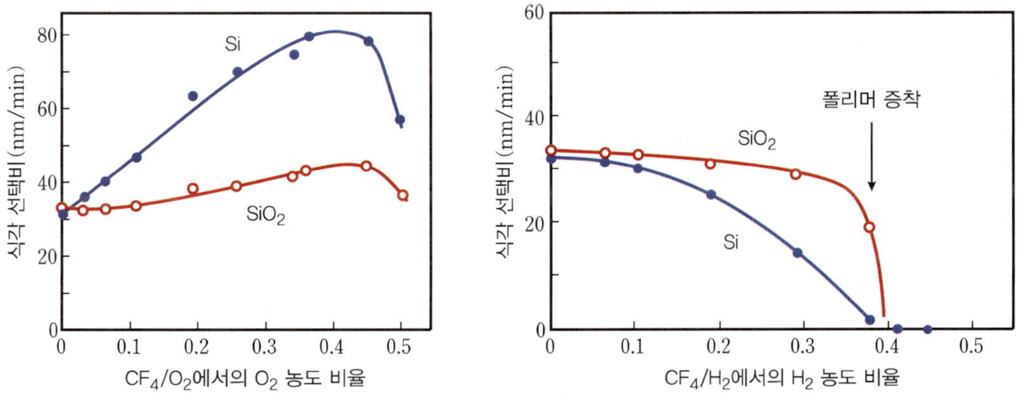

[그림 5-11] CF_4 가스 중 O_2 및 H_2 함량에 따른 Si과 SiO_2의 에치 속도 변화

그러나 CF_4에 H_2를 첨가하면 F 라디칼이 소모되어 안정적으로 HF가 형성되는데($H + F \rightarrow HF$), 이에 따라 SiF_4의 형성이 제어되고 식각 속도를 감소시켜 SiO_2/Si 식각 선택비가 증가한다. H_2 농도가 충분히 높으면 표면에 산소가 사라져 실리콘은 식각되지 않고, 표면의 고분자 보호막이 두꺼워져 식각을 방해한다.

온도

건식 식각에서 기판을 고정하는 표면의 온도인 플래이튼 온도는 식각 속도, 선택비 및 측벽 프로파일과 에치된 형상에 영향을 미치는 중요한 공정 변수이다. 일반적으로 플래이튼 온도는 −20°C에서 190°C까지이지만, 식각 대상이 되는 재료에 따라 조절된다. 온도가 매우 낮을수록 식각 속도는 감소하나 정밀한 측벽 모양이 얻어지며, 온도가 높아질수록 식각 속도가 높아지고 선택비가 향상된다.

SECTION 5.7 건식 식각의 다양한 식각 프로파일

[그림 5-12]처럼 트렌치의 폭이 좁아질수록 패턴 밀도가 높아지는데, 이러한 고밀도 영역에서는 패턴 간의 폭이 넓어 패턴 밀도가 낮은 패턴에 비해 식각이 느려지며 이러한 현상을 **마이크로로딩 효과**(microloading effect)라고 한다. 이는 패턴 밀도가 높은 영역에서 에천트가 국부적으로 고갈되어 식각에 사용될 수 있는 농도가 제한되고 식각 후 부산물의 배출이 어려워지기 때문이다. 이러한 문제는 공정 압력을 낮춰서 해결할 수 있다.

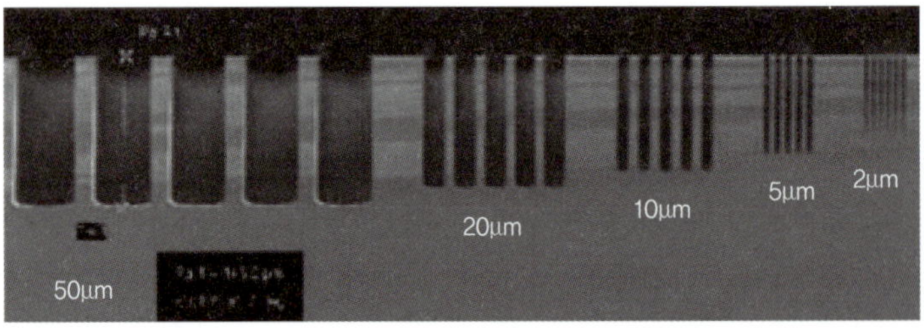

[그림 5-12] 마이크로로딩 효과의 예

한편 노칭(notching), 풋팅(footing)은 실리콘층이 SiO_2와 같은 절연체 위에서 과도하게 식각될 때 발생하는 현상으로, [그림 5-13]과 같이 전하의 이동과 모임에 의해 발생한다. 등방성을 갖는 전자의 플럭스로 인해 Si 트렌치 상단과 측벽에는 음전하가, 바닥면인 SiO_2 표면에는 양이온이 축적된다. 그리고 양이온들이 Si 트렌치 바닥 측벽으로 돌진하여 노치(notch)가 발생하게 된다. 이는 가스 유량을 증가시키고, RF 전력을 감소시키고 식각 시간을 조절하여 해결할 수 있다.

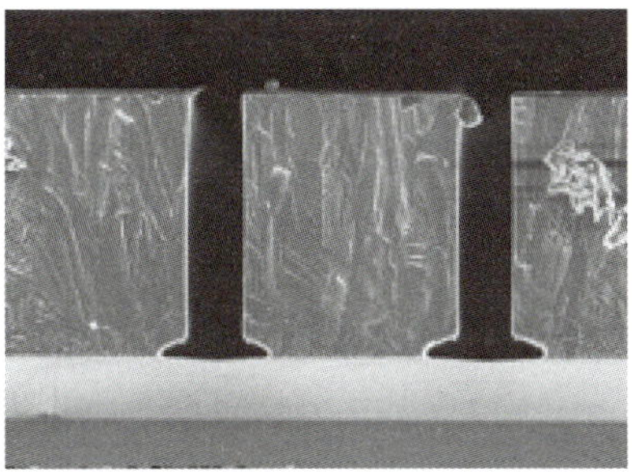

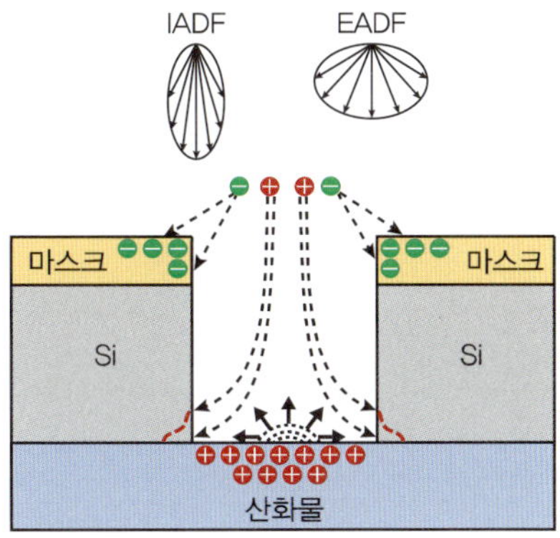

[그림 5-13] 건식 식각에서 전하 축적에 따른 비이상적 식각 프로파일의 예

DRAM의 경우, 콘택트 홀(contact hole)과 커패시터 셀의 종횡비가 매우 큰데, 이렇게 종횡비가 높은 콘택트 홀을 **고종횡비 콘택트**(High Aspect Ratio Contact, HARC)라고 한다. HARC 식각에서 흔히 발생하는 문제인 식각 프로파일의 보윙(bowing) 현상은, [그림 5-14]와 같이 측벽이 안쪽으로 휘어져 식각된 모양이 '활' 모양으로 형성되는 것을 말한다.

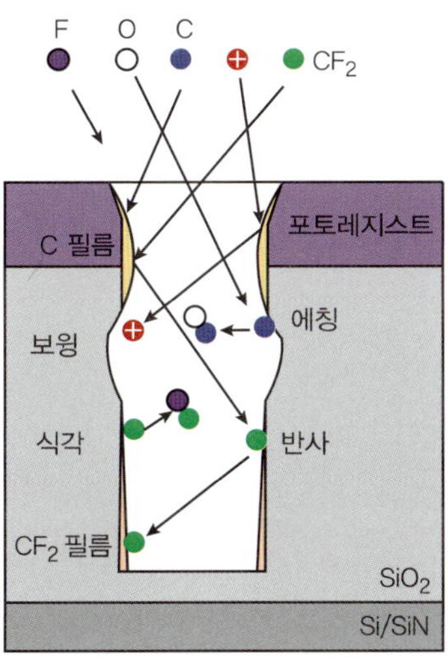

[그림 5-14] 건식 식각 중 발생하는 프로파일의 모양

이러한 보잉 현상은 식각이 수직적으로 발생하지 않기 때문인데, 산소나 플루오린과 같은 특정 라디칼이 트렌치 측벽을 공격적으로 식각하는 경우에 발생한다. 이러한 현상은 소자 성능을 저하시키므로, 플라즈마에서 CF_2의 농도를 높여 측벽에 두꺼운 고분자 보호층을 형성함으로써 해결할 수 있다. 또한 가스 유량과 압력을 조절하고 온도를 낮춤으로써 라디칼 플럭스를 제어해 이러한 현상의 발생을 억제한다.

플라즈마의 **애싱**(ashing) 및 **디스컴**(descum)은 플라즈마를 사용하여 웨이퍼에서 불필요한 물질, 특히 포토레지스트를 제거하는 반도체 제조 공정이다. 애싱은 포토레지스트층 전체를 제거하는 반면, 디스컴은 포토레지스트 제거 후의 잔류물을 제거하는 일종의 세정 공정이다. 애싱은 산소나 불소와 같은 반응성 물질을 이용하여 플라즈마 상에서 이루어지며, 디스컴은 산소 플라즈마를 사용하여 수행된다. 효과적인 플라즈마 애싱과 디스컴 모두 금속 증착과 같은 후속 공정이 균일하게 이루어지도록 하는 데 필수적이다.

NOTE 습식 식각과 건식 식각의 비교

[표 5-3]에는 습식 식각과 건식 식각의 특징 및 장단점을 비교해 놓았다. 먼저 습식 식각은 장치 비용이 덜 소요되고 식각 속도가 빠르며 식각 선택비가 높다는 장점이 있다. 그러나 식각이 등방위적으로 일어나서 미세화되는 패턴 형성에는 부적합하다. 건식 식각은 그러한 점에서 미세 패턴의 종횡비가 높은 형상을 제작하기에 적합하다. 그 이유는 식각이 방향성을 가질 수 있기 때문이다. 그러나 습식 식각에 비해 식각 속도가 느리고, 식각 선택비가 낮다는 단점이 있다.

[표 5-3] 습식 식각과 건식 식각의 비교

구분		습식 식각	건식 식각
방법		화학 약액에 의한 화학 반응	플라즈마상에서 화학 반응 및 물리적 작용
장치		배쓰	진공 체임버
방향성		등방성	방향성
특징	장점	• 상대적으로 저가의 공정 비용 • 빠른 식각 속도 • 높은 식각 선택비	• 미세 패턴사이즈(<100 nm)에 적용 가능
	단점	• 미세 패턴사이즈에 적용 불가능 • 오염 가능성 높음 • 화학 약액의 유해성	• 고가의 장치 및 공정 비용 • 낮은 생산성 • 낮은 식각 선택비
종류	Si	• 원료 : KOH, HNO_3 + HF + H_2O • 식각 속도 : ~0.1 μm/min • 식각 선택비 : >50:1	• 원료 : CF_4, CF_6 • 식각 속도 : 50 nm/min • 식각 선택비 : ~20:1
	SiO_2	• 원료 : DHF, BHF • 식각 속도 : 0.01 ~ 1 μm/min • 식각 선택비 : >50:1	• 원료 : $CHF_3 + O_2$, $CF_4 + H_2$ • 식각 속도 : 20 nm/min • 식각 선택비 : <20:1
	Si_3N_4	• 원료 : DHF, H_3PO_4 • 식각 속도 : 0.01 ~ 0.11 μm/min • 식각 선택비 : >30:1	• 원료 : $CF_4 + O_2$, CHF_3 • 식각 속도 : 10 nm/min • 식각 선택비 : <20:1

5장 연습문제

5.1 반도체 공정에서 건식 플라즈마 식각이란 무엇인지 설명하시오.

5.2 건식 플라즈마 식각의 대표적인 방식과 특징을 간단히 설명하시오.

5.3 플라즈마가 형성되는 원리를 간략히 설명하시오.

5.4 건식 식각에 주로 사용되는 가스 2종과 각각의 주요 용도를 쓰시오.

5.5 건식 식각에서 '이방성(anisotropy)'이란 무엇인지 정의하고, 이방성이 높을수록 나타나는 패턴 특성을 쓰시오.

5.6 건식 식각 공정의 대표적인 장점과 단점을 각각 2가지씩 쓰시오.

5.7 건식 식각에서 포토레지스트 또는 하드 마스크 재료를 선택할 때 고려해야 할 주요 기준을 설명하시오.

5.8 건식 식각에서 종횡비(AR)의 정의와 AR이 높아질 때 발생할 수 있는 문제를 쓰시오.

5.9 건식 식각 공정에서 측벽 보호막 형성(sidewall passivation)의 역할을 설명하시오.

5.10 보쉬(Bosch) 공정에 대해 설명하시오.

5.11 건식 식각 공정에서 공정 변수들이 어떤 영향을 주는지 설명하시오.

5.12 반도체 기술이 미세 노드(예 : 3nm 이상)로 발전함에 따라, 식각 공정에서 직면하는 주요 과제는 무엇일지 설명하고, 이러한 문제를 해결하기 위한 방법에 대해 설명하시오.

5.13 직경 200mm의 원형 웨이퍼를 전체 표면에 걸쳐 500nm 깊이까지 균일하게 식각했을 때, 식각 과정에서 제거된 재료의 총량을 계산하시오.

5장 연습문제

5.14 반도체 제조에서 습식 식각과 건식 식각의 장단점을 논하시오.

5.15 식각 공정에서 유해 화학 물질과 가스를 사용하면 환경 및 안전 위험이 발생할 수 있다. 어떤 문제가 발생할 수 있으며, 이를 해결하기 위한 방법을 설명하시오.

CHAPTER 06

확산

Diffusion

확산 공정은 1970년대까지 불순물(impurities)을 실리콘(Si) 내에 주입하기 위해서 사용되었다. 불순물이라 하니 다소 부정적으로 생각될 수도 있으나, 이는 실리콘 캐리어의 농도와 비저항(resistivity)을 조절하기 위한 도펀트를 의미한다. 최근에는 이 목적을 위해 **이온주입**(ion implantation) 공정이 확산 공정을 대체하고 있기는 하지만, 전반적인 반도체 공정을 이해한다는 차원에서 확산 공정을 이해하는 것은 매우 도움이 될 것이다. 확산 공정에 노출된 반도체 표면의 단면 개념도를 [그림 6-1]에 나타냈다. 그림을 보면 도펀트의 농도가 반도체 표면에서 제일 높고 깊이 방향으로 갈수록 그 농도가 감소한다는 것을 알 수 있다.

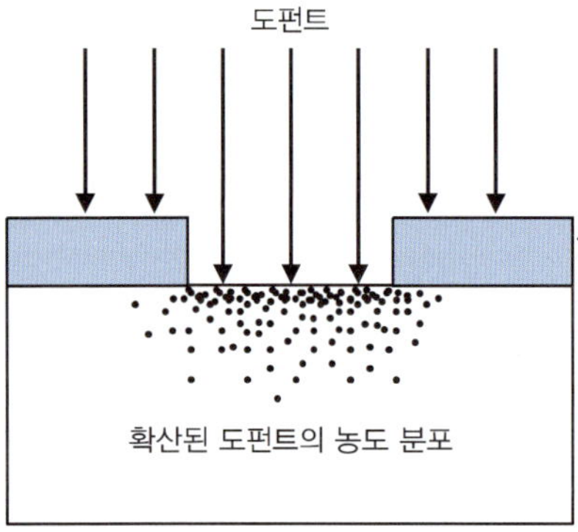

[그림 6-1] 열 확산에 의한 도펀트 농도 분포의 개략도

[그림 6-2]는 2가지의 확산 메커니즘을 나타낸다. 틈새 확산(interstitial diffusion)은 확산하는 원자(불순물)가 결정 격자(lattice) 사이트가 아닌 원자들의 틈에 존재한다. 확산하는 원자는 결정 격자 내에 자리를 잡고 있지 않으면 인접한 틈새로 자유롭게 이동한다. 따라서 확산 속도는 불순물이 결정 격자의 틈으로 얼마나 잘 이동할 수 있는지에 의해 결정되며, 불순물의 농도가 매우 높은 경우에는 인접한 틈새에 원자들이 많이 존재하여 움직임의 제한이 있을 수밖에 없다.

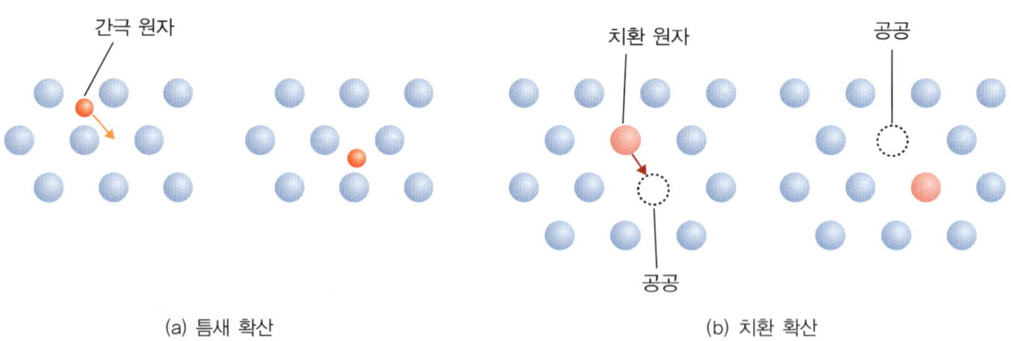

[그림 6-2] 2가지의 확산 메커니즘

치환 확산(substitutional diffusion)은 한 원자 사이트에서 다른 원자 사이트로의 원자 이동에 의해 발생한다. 즉 결정 격자에서 원자가 비어 있는 공간인 공공(空孔)이 존재하면 인접한 원자 중 하나가 그 자리로 이동하고 빈 자리에 다시 공공이 생긴다. 이 메커니즘을 원자의 확산이라기보다 공공의 확산이라고 생각하면 이해하기 쉬울 것이다.

SECTION 6.1 확산 공정 및 반응

2장에서 소개되었던 산화 과정도 O_2와 같은 기체가 실리콘 상에 형성된 SiO_2 층을 확산한다는 개념에서, 확산의 한 종류라 생각할 수도 있다. [그림 6-3]에는 고온의 로(furnace) 안에 놓여 있는 Si 웨이퍼에 다양한 방법으로 불순물을 확산시키는 장치를 보여준다. 그림에서 알 수 있듯이 확산되는 원료는 고체, 액체, 기체 중 어떤 상이라도 가능하다.

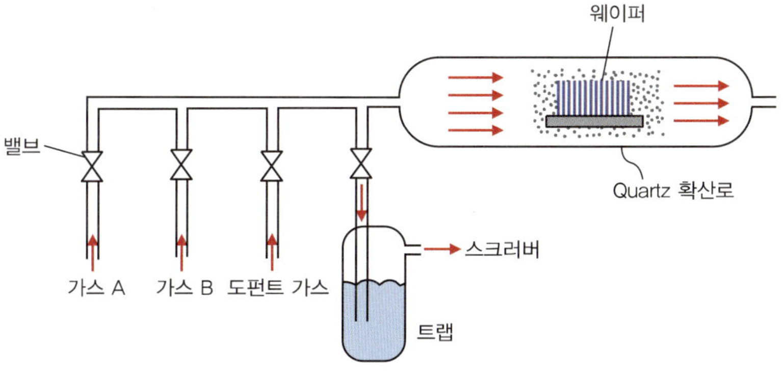

(a) 기체

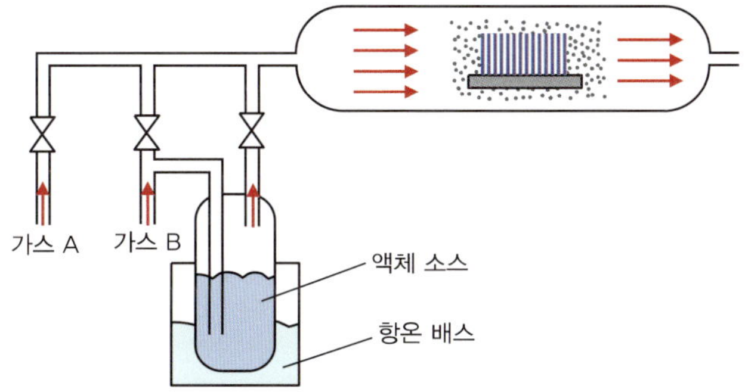

(b) 액체

[그림 6-3] 다양한 상의 원료를 이용한 확산 과정(계속)

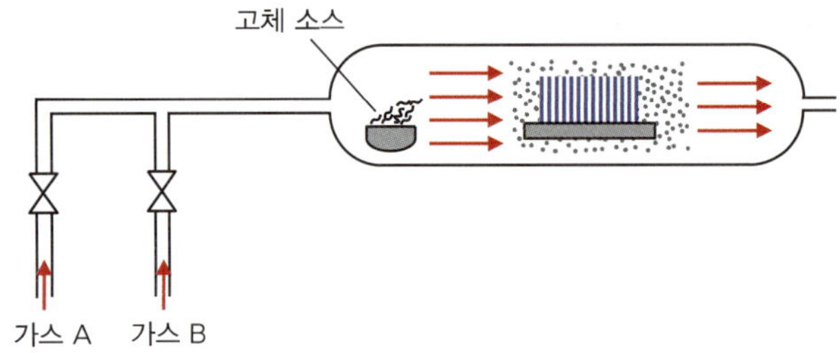

(c) 고체

[그림 6-3] 다양한 상의 원료를 이용한 확산 과정

다음은 실리콘에 확산 과정을 위해 도핑되는 물질들의 원료를 나타낸다.

❶ 보론(Boron, B) : $BBr_3(l)$, $B_2O_3(s)$, $BCl_3(g)$
❷ 인(Phosphorus, P) : $POCl_3(l)$, $P_2O_5(s)$, $PH_3(g)$
❸ 비소(Arsenic, As) : $As_2O_3(s)$, $AsH_3(g)$
❹ 안티모니(Antimony, Sb) : $Sb_2O_3(s)$

예를 들어 ❶~❹의 고체 확산 소스들은 다음과 같은 반응식을 가진다.

$$2B_2O_3 + 3Si \rightarrow 4B + 3SiO_2$$
$$2P_2O_5 + 5Si \rightarrow 4P + 5SiO_2$$
$$2As_2O_3 + 3Si \rightarrow 4As + 3SiO_2$$
$$2Sb_2O_3 + 3Si \rightarrow 4Sb + 3SiO_2$$

일반적으로 액체 소스의 경우에는 증기를 로 안으로 운반하기 위해 캐리어 가스가 사용된다. 기체 소스인 경우에도 캐리어 가스가 도펀트 가스를 필요한 농도로 희석하는 데 사용되므로 이와 유사한 셋업이 필요하다. 확산 공정을 위한 소스가 고체라면 웨이퍼 크기의 슬러그(slug)를 웨이퍼와 함께 로 안으로 반입하는데, 이를 고체 인접 소스(solid neighbor source)라고 한다. 또한 산화물 소스를 회전시킬 수도 있고 고체 소스를 기화시켜 캐리어 가스로 이동시키는 것도 하나의 방법이다.

SECTION 6.2 픽의 법칙과 확산계수

용해도란 말을 들어본 적이 있을 것이다. 이것은 용질이 용매에 용해되는 정도를 의미하는데, 예를 들어 소금이 물에 녹거나 기체가 액체에 녹을 때 얼마만큼의 양이 녹았는지를 나타낸다.

이와 마찬가지로, 고체 실리콘에 혼입되어 존재할 수 있는 도펀트의 양을 **고체 용해도**(solid solubility)라고 하는데, 이것 역시 도펀트의 종류와 온도에 따라 값이 달라진다. 이때 웨이퍼 표면으로부터의 깊이방향으로의 도펀트의 농도를 함수로 알아내기 위해서는 이미 2장에서 배운 **픽의 제1법칙**을 사용해야 한다.

$$F = -D\frac{\partial N(x,t)}{\partial x} \tag{6.1}$$

여기서 F는 도펀트 원자의 플럭스, D는 확산계수, $N(x,t)$는 시간 t에서 깊이 x에서의 도펀트 농도이다. D는 $D_0\exp(-E_a/RT)$의 형태로 주어지므로 온도에 따라 달라진다.

[그림 6-4]에 실리콘에서 여러 가지 도펀트들의 온도에 대한 확산계수를 나타냈다. 그래프에서 y축은 로그 스케일로 표시된다. 직선의 기울기는 확산계수와 온도의 역수와의 관계를 나타내며, 이를 통해 활성화 에너지를 구할 수 있다.

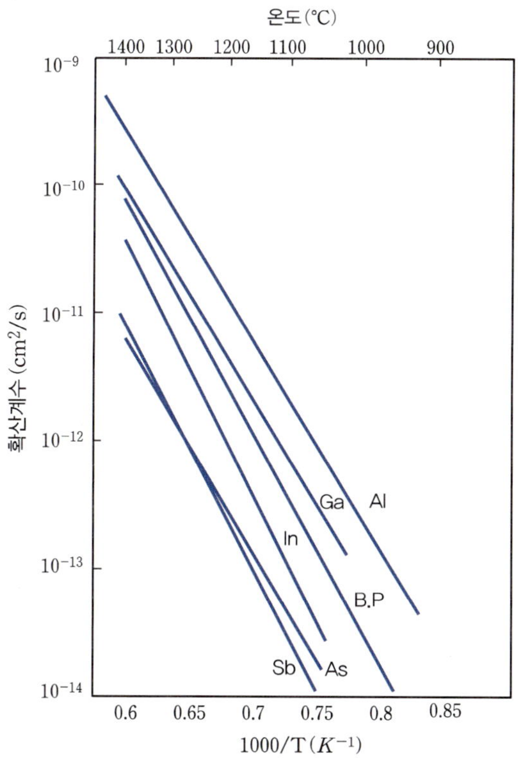

[그림 6-4] 온도에 따른 도펀트들의 실리콘 내에서의 확산계수 [1]

[표 6-1]은 여러 가지 원소의 실리콘 내에서 확산의 D_0와 활성화 에너지를 나타내며, 이 값들로부터 각 도펀트들의 다양한 온도에서의 확산계수를 구할 수 있다.

[표 6-1] 여러 가지 원소의 실리콘 내에서의 확산 식과 관련된 인자들

원소	D_0(cm^2/sec)	E_a(eV)
B	10.5	3.69
Al	8.00	3.47
Ga	3.60	3.51
In	16.5	3.90
P	10.5	3.69
As	0.32	3.56
Sb	5.60	3.95

한편 시간과 위치에 따라 달라지는 비정상 상태의 경우, **픽의 제2법칙**을 적용할 수 있다.

$$\frac{\partial N(x,t)}{\partial t} = -\frac{\partial F(x,t)}{\partial x} = D\frac{\partial^2 N(x,t)}{\partial x^2} \tag{6.2}$$

그러나 앞서 언급했듯이, 주어진 온도에서 실리콘에 혼입될 수 있는 불순물의 최대 농도에는 한계가 있으며, 이것은 열역학적으로 결정된다. [그림 6-5]에는 각 주요 도펀트 원소의 실리콘 내에서의 고체 용해도를 나타냈다.

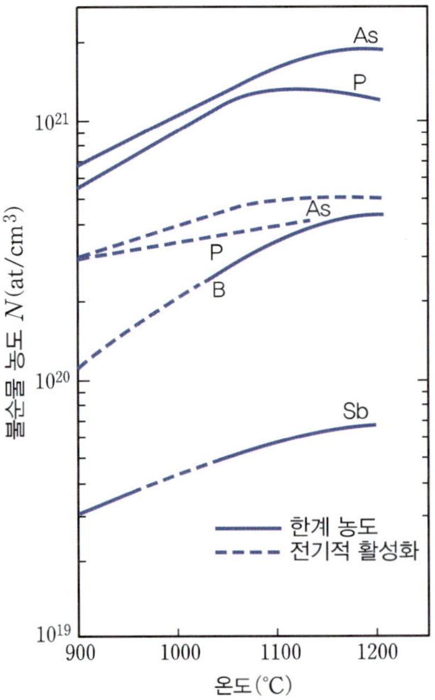

[그림 6-5] 온도에 따른 실리콘 내 보론, 인, 안티모니, 비소의 고체 용해도 및 전기적으로 활성화되는 불순물 농도[2]

한편 소스/드레인의 형성에는 고농도의 도펀트가 필요한데, 그림에 나타난 것과 같이 도펀트가 최대의 용해도로 실리콘에 혼입되었다 하더라도 실제로는 모든 불순물이 전자(electron)나 정공(hole)의 형성에 기여를 하는 것이 아니며 전기적으로 활성화하는 한계 농도가 존재한다.

SECTION 6.3 확산의 종류

열 확산에는 일정 원료 확산과 제한 원료 확산의 2가지 경우가 있다.

일정 원료 확산

기체 및 액체 소스의 경우에는 열 확산 공정 중 불순물 원자의 증기가 웨이퍼 표면에서 계속 일정한 농도를 유지하고 있다. 이때 확산 거리는 웨이퍼 두께보다 훨씬 작아 웨이퍼를 반무한(semi-infinite) 고체로 볼 수 있다. 이러한 경우를 **일정 원료 확산**(constant-source diffusion)이라 하며, 확산 방정식을 풀면 웨이퍼 표면으로부터의 거리(x)와 확산 시간(t)의 함수로 나타내는 불순물(도펀트)의 웨이퍼 내의 농도 프로파일은 다음과 같이 계산할 수 있다.

$$N(x,t) = N_0 \operatorname{erfc}\left(\frac{x}{2\sqrt{Dt}}\right) \qquad (6.3)$$

N_0는 웨이퍼 표면($x=0$)에서의 도펀트의 농도, erfc는 상보 에러 함수(complementary error function), $\sqrt{Dt}$는 확산 거리를 의미한다. 결국 이 조건에서 도펀트가 실리콘 내부로 확산된 농도 프로파일은 [그림 6-6]에 나타나 있다. 즉 시간이 경과함에 따라 일정한 농도, N_0를 표면에서 유지하며, 거리에 따른 도펀트의 농도 프로파일이 점차 퍼져가는 것을 알 수 있다.

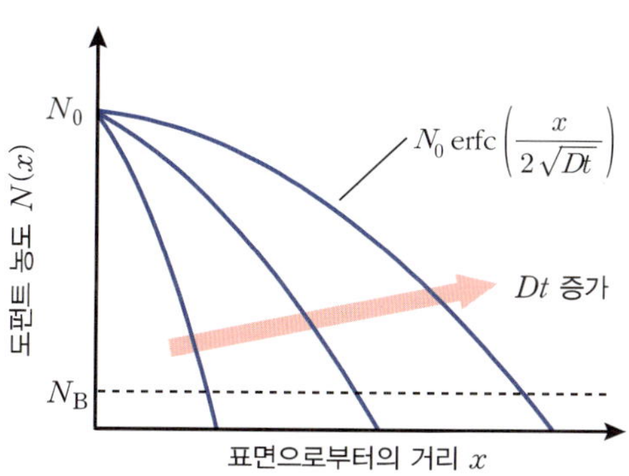

[그림 6-6] 일정 원료 확산에 따른 도펀트의 농도 프로파일

이때 실리콘의 단위 면적당 도펀트의 농도를 도즈(dose) Q라 한다. 이는 결국 거리에 따라 변화하는 농도를 적분한 값에 해당되므로 다음과 같은 식으로 주어진다.

$$Q = \int N(x,t)dx = 2N_0\sqrt{\frac{Dt}{\pi}} \tag{6.4}$$

제한 원료 확산

제한 원료 확산(limited-source diffusion)은 확산 과정 시작 시점에서의 도펀트 원자의 총량(Q)은 일정하고 실리콘 내부로 도펀트가 확산함에 따라 표면의 도펀트 원자 농도가 시간이 지남에 따라 점차 감소하는 경우를 말한다. 예를 들어, 웨이퍼 가까이에 배치된 고체 소스를 이용한 도핑의 경우이다. 이때 도펀트의 농도 프로파일은 다음 식으로 주어진다. 이 식을 가우시안(Gaussian) 함수라고 하며, 일정 원료 확산의 경우의 오차함수(error function)로 주어지는 해와 대비된다.

$$N(x,t) = \frac{Q}{\sqrt{\pi Dt}}\exp\left[-\left(\frac{x}{2\sqrt{Dt}}\right)^2\right] \tag{6.5}$$

웨이퍼 표면($x = 0$)에서의 불순물의 농도(N_0)는 시간에 따라 다음과 같이 변화한다.

$$N_0(t) = \frac{Q}{\sqrt{\pi Dt}} \tag{6.6}$$

불순물의 농도 프로파일은 [그림 6-7]과 같이 나타나며, 표면에서의 농도(N_0)가 시간의 경과와 함께 감소하는 것을 알 수 있다. 그리고 농도 프로파일 커브의 면적, 즉 도즈는 시간이 경과해도 일정하게 유지됨을 알 수 있다.

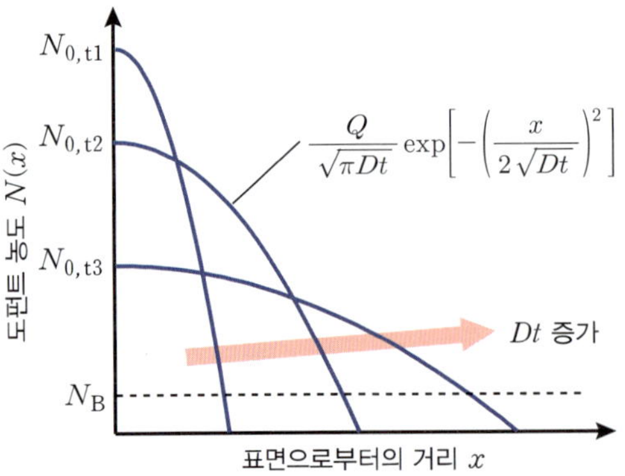

[그림 6-7] 제한 원료 확산에 따른 도펀트의 농도 프로파일

[그림 6-8]은 $x/2\sqrt{Dt}$ 에 대한 erfc와 가우시안 함수 값을 비교하여 나타낸 것이다. 주어진 범위에서 가우시안 함수 값이 erfc보다 다소 큼을 알 수 있다.

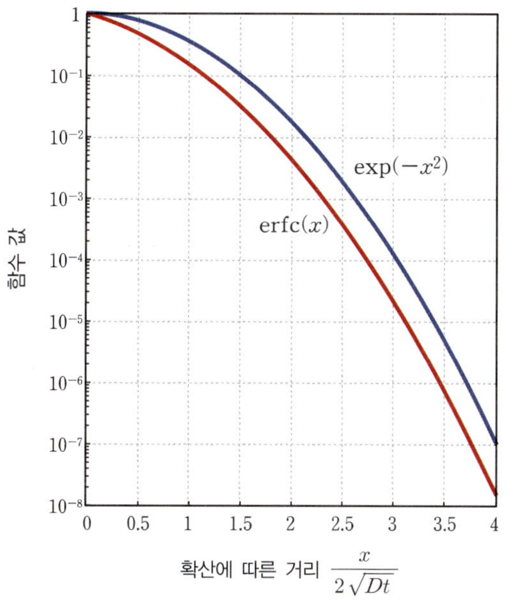

[그림 6-8] 확산에 따른 거리에 대한 erfc와 가우시안 함수 값의 비교

한편, Two-Step 확산은 먼저 짧은 시간 동안의 일정 원료 확산이 있고 그 다음에 비교적 긴 제한 원료 확산이 따르는 경우를 말하는데, 전자를 **predeposition**, 후자를 **drive-in** 과정이라 한다. 앞서 설명된 바와 같이 Dt에 따라 도펀트의 농도 프로파일이 결정되므로, 만일 predeposition의 Dt가 drive-in의 Dt에 비해 크면 농도 프로파일이 오차함수로 근사될 수 있으며, 그 반대인 경우는 가우시안 분포로 근사될 것이다.

NOTE **일정 원료 확산과 제한 원료 확산의 이해**

불순물의 실리콘 내 확산 공정에는 2가지 형태가 있다. 이를 보다 쉽게 이해하기 위해 간단한 예를 들어보자.

- 일정 원료 확산 : 열 확산 공정 중 불순물 원자의 증기가 웨이퍼 표면에서 계속 일정 농도를 유지한다.
- 제한 원료 확산 : 확산 공정 시작 시점에서의 도펀트 도즈가 일정한 상태로 유지되며, 도펀트가 실리콘 내부로 확산하고 표면의 도펀트 농도는 시간이 지나면서 감소한다.

[그림 6-9(a)]와 같이 1대의 덤프트럭이 있는데, 그 트럭의 적재함으로 무한히 골프공을 공급해주는 특별한 장치가 있다고 가정하자. 그리고 이 트럭의 적재함의 경사를 일정하게 유지한 채로 적재함의 뒷문을 열어 단위 시간당 일정한 개수의 골프공을 계속 방출한다고 하자. 트럭으로부터 방출된 골프공은 계속 굴러가다가 지면과의 마찰과 서로의 충돌에 의해 힘을 잃고 어느 지점에서 정지할 것이다. 이때 트럭으로부터 계속 방출되어 굴러가며 쌓여있는 골프공의 개수를 거리(또는 시간)에 따라 그래프로 나타내면 그 결과는 [그림 6-9(b)]와 유사한 형태로 집계될 것이다. 즉, 골프공 개수는 트럭의 적재함이 열리는 위치에서

최대치가 되고 거리가 멀어질수록 감소할 것이다. 또한 정해진 위치에서의 골프공의 개수는 [그림 6-9(b)]의 오른쪽 그림과 같이 시간이 지남에 따라 증가하며 골프공은 더 멀리 퍼져 나갈 것이다. 이는 일정 원료 확산의 경우와 매우 유사하다고 볼 수 있다.

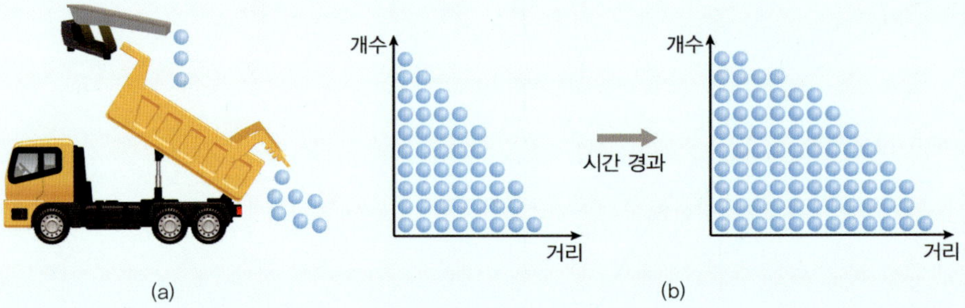

[그림 6-9] 일정 원료 확산의 예

다른 경우로는, [그림 6-10(a)]와 같이 골프공을 가득 담은 1대의 덤프트럭이 있고, 그 트럭의 적재함을 한 번 열어서 그 안에 있던 모든 골프공을 한꺼번에 방출한다고 하자. 이때 시간(또는 거리)에 따른 골프공의 개수의 변화는 어떻게 될까? 마찬가지로 골프공의 개수는 트럭으로부터 멀어짐에 따라 감소할 것이다. 또한 트럭의 적재함이 열리는 바로 그 위치에서 골프공의 개수가 최대가 된다는 점은 변함이 없다. 그러나 시간이 지날수록 골프공이 점점 더 많이 굴러가기 때문에 트럭에서 가장 가까운 위치에서의 골프공의 개수는 점점 줄어들 것이고, 골프공이 굴러간 거리도 점점 멀어질 것이다([그림 6-10(b)]). 그럼에도 불구하고, 지면에 쌓인 골프공의 총 개수는 처음이나 일정 시간이 흐른 후나 동일하다. 이는 제한 원료 확산의 경우와 유사하다.

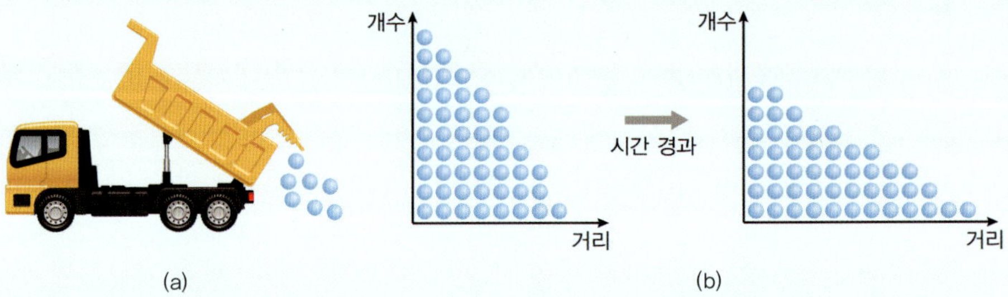

[그림 6-10] 제한 원료 확산의 예

일정 원료 확산과 제한 원료 확산이 연계된 Two-Step 확산은 두 경우를 조합한 것으로, 트럭에서 상당 시간 골프공을 방출한 후에 적재함 문을 닫고 골프공이 굴러가다 멈추기를 기다리는 것과 같다.

반도체 공정상에서 웨이퍼는 predeposition, drive-in뿐만 아니라 박막 증착, 어닐링 등 고온 공정을 여러 차례 거치게 되므로 확산의 효과가 누적될 것이다. 따라서 D_i와 t_i를 각각 i번째 과정에서의 확산계수와 시간이라 하면 $(Dt)_{total} = \sum D_i t_i$라 할 수 있다. 한편, 불순물의 농도 프로파일을 알아보기 위해서는 이차이온 질량분석(Secondary Ion Mass Spectroscopy, SIMS)을 실시하면 된다. 먼저 낮은 에너지($1 \sim 20\text{keV}$)의 O_2^+ 또는 Cs^+ 이온 빔으로 표면의 원자들을 쳐낸다.[1]

1 이를 스퍼터(sputter)라 하며 8장에서 자세히 설명할 예정이다.

그리고 표면으로부터 떼어져 나온 이온들을 질량분석기(mass spectrometer)로 수집하고 검출하여 웨이퍼 표면으로부터의 거리에 따라 농도 프로파일을 나타낸다. [그림 6-11]은 인이 도핑된 표면을 SIMS로 분석한 예로, 이 과정은 이온 빔에 의해 표면이 손상되는 분석법이다.

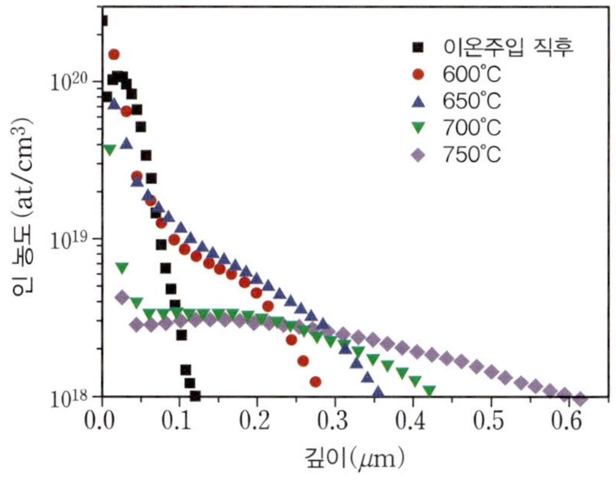

[그림 6-11] 도펀트의 도핑 프로파일 측정을 위한 SIMS 분석의 예 [3]

또한 확산의 방향은 습식 식각에서와 마찬가지로 등방적(isotropic)이라는 것을 알아야 한다. [그림 6-12]에는 SiO_2 층으로 마스크가 형성되고 확산 공정이 진행된 후의 도펀트의 농도 프로파일을 나타내는데, 이를 통해 도펀트가 깊이방향뿐만 아니라 측면으로도 동시에 확산됨을 알 수 있다. 동일 시간에 깊이방향 대비 측면으로의 확산은 대략 0.87 정도로 관측된다. 그러나 이러한 현상은 결국 소자의 미세화에 불리한 쪽으로 작용하게 된다. 예를 들면, 소스/드레인 간의 거리가 가까워질 수도 있고, 접합 면적(junction area)이 달라질 수도 있다. 즉, 습식 식각이 회로 미세화에 불리한 점이 있어 건식 식각이 도입되었듯이, 확산 공정의 한계를 극복하기 위해 이온주입이 도입되었다.

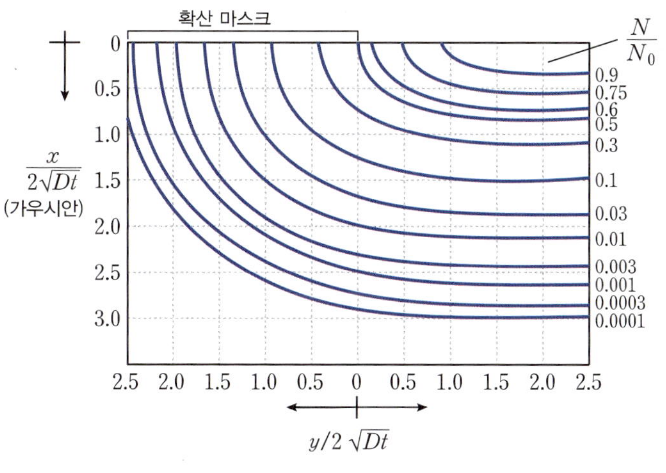

[그림 6-12] 확산 마스크 존재 시의 2차원 가우시안 확산 공정의 시뮬레이션 결과 [4]

SECTION 6.4 접합

예를 들어 n형 실리콘이 있다고 하자. 여기에 p형의 도펀트를 확산시키면 깊이방향으로 어느 위치에선가 n형 불순물 농도와 p형 도펀트 농도가 같아지는 곳이 생길 것이다. 즉, Si 웨이퍼 내의 기존 n형 도펀트의 농도를 N_B, 확산 공정에 의해 도입된 p형 도펀트의 농도를 $N(x)$라 하면 [그림 6-13(a)]에 나타낸 것과 같이 $N(x) = N_B$가 되는 지점이 생기는데, 이 부분을 x_j라 표현하고 **접합 깊이**(junction depth)라고 한다. 또한 n형과 p형의 불순물의 농도 분포가 [그림 6-13(b)]과 같이 형성될 것이다. 그리하여 접합 깊이 이하로는 n형이 유지되지만, 실리콘 표면으로부터 접합 깊이까지의 영역은 확산시킨 도펀트의 농도가 훨씬 높아서 p형이 된다. 그리하여 n형 물질의 표면층을 p형으로 바꾸거나, 그 반대인 경우에 **pn 접합**(pn junction)이 형성된다.

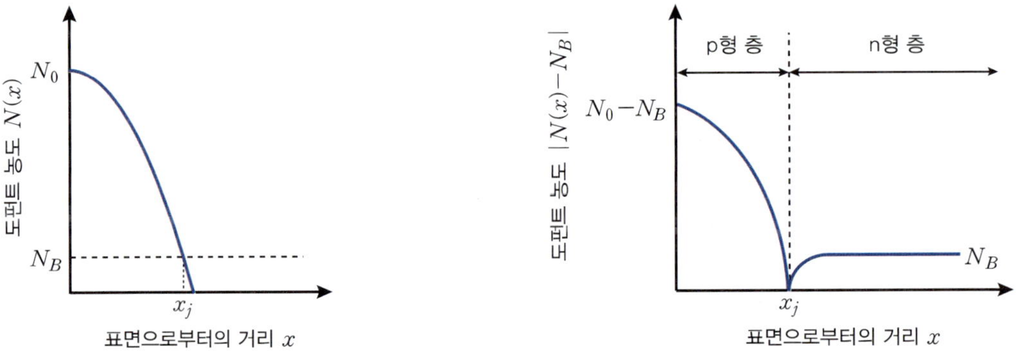

(a) N_B 농도로 일정하게 도핑된 n형 실리콘에 p형 불순물이 확산된 후의 pn 접합이 형성되는 농도 프로파일

(b) pn 접합 형성에 따른 p형 및 n형 층의 분리

[그림 6-13] 표면으로부터의 거리에 따른 도펀트 농도 변화

그리고 일정 원료 확산과 제한 원료 확산의 시간과 거리에 따른 도펀트 농도 $N(x, t)$를 N_B와 같다고 놓으면, 접합 깊이를 다음과 같이 구할 수 있다.

$$N(x,t) = N_0 \operatorname{erfc}\left(\frac{x}{2\sqrt{Dt}}\right) = N_B \tag{6.7}$$

$$x_j = 2\sqrt{Dt}\, \operatorname{erfc}^{-1}\left(\frac{N_B}{N_0}\right) \tag{6.8}$$

$$N(x,t) = \frac{Q}{\sqrt{\pi Dt}} \exp\left[-\left(\frac{x}{2\sqrt{Dt}}\right)^2\right] = N_B \tag{6.9}$$

$$x_j = 2\sqrt{Dt \ln \frac{N_0}{N_B}} \tag{6.10}$$

이제 보다 현실적인 예로, $3\times10^{16}\text{at/cm}^3$의 N_B를 갖는 n형 Si 웨이퍼에 p형 보론이 확산되는 경우를 살펴보자. 먼저 고체 용해도가 최대로 얻어지는 predeposition 과정이 900℃ 에서 20분간 이루어지고, 그 다음에 곧이어 1000℃ 에서 6시간 동안 drive-in 과정이 수반된다고 할 때, 각 과정 후의 보론의 표면 농도와 접합 깊이를 구해보도록 하자.

❶ [그림 6-5]를 보면 900℃ 에서의 보론의 고체 용해도는 $1.1\times10^{20}\text{at/cm}^3$이며, 이는 predeposition 과정 후의 보론의 표면 농도라고 할 수 있다.

❷ [표 6-1]에 제시된 보론 확산의 D_0와 E_a를 이용하여 900℃ 에서의 보론의 확산계수를 구한다.

$$\begin{aligned} D_{900℃} &= 10.5\times\exp(-3.69/8.614\times10^{-5}\times(900+273)) \\ &= 1.45\times10^{-15}\text{cm}^2/\text{s} \end{aligned}$$

❸ $N_0=1.1\times10^{20}\text{at/cm}^3$, $D_{900℃}=1.45\times10^{-15}\text{cm}^2/\text{s}$, $t=1200\text{s}$, $N(x)=N_B=3\times10^{16}\text{at/cm}^3$인 조건에서 일정 원료 확산의 식과 [그림 6-8]을 이용하여 접합 깊이를 구한다.

$$3\times10^{16}=1.1\times10^{20}\,\text{erfc}\left(\frac{x_j}{2\sqrt{Dt}}\right)$$

$$\text{erfc}\left(\frac{x_j}{2\sqrt{Dt}}\right)=2.73\times10^{-4}\quad\rightarrow\quad\frac{x_j}{2\sqrt{Dt}}=2.57$$

$$\therefore x_j=0.0678\mu\text{m}$$

❹ 이제 drive-in 과정에서의 답을 구해야 하나, 그 전에 먼저 predeposition 과정에서 얻어진 도즈를 알아야 한다. 이 도즈가 drive-in 과정에서 유지되기 때문이다. 이때의 도즈는 다음 식에 의해 쉽게 얻어진다.

$$Q=\int N(x,t)dx=2N_0\sqrt{\frac{Dt}{\pi}}=1.63\times10^{14}\text{at/cm}^2$$

❺ 이제 drive-in이 이루어지는 1000℃ 에서의 보론의 확산계수를 구한다.

$$\begin{aligned} D_{1000℃} &= 10.5\times\exp(-3.69/8.614\times10^{-5}\times(1000+273)) \\ &= 2.55\times10^{-14}\text{cm}^2/\text{s} \end{aligned}$$

❻ 알고 있는 정보($Q=1.63\times10^{14}\text{at/cm}^2$, $D_{1000℃}=2.55\times10^{-14}\text{cm}^2/\text{s}$, $t=21600\text{s}$)를 이용하여 제한 원료 확산에서 보론의 최종 표면 농도를 구한다.

$$N_0(t)=\frac{Q}{\sqrt{\pi Dt}}=3.92\times10^{18}\text{at/cm}^3$$

❼ 제한 원료 확산의 해인 가우시안 함수를 이용하여 접합 깊이를 구하여, 최종적으로 형성되는 접합 깊이를 얻어낸다.

$$N(x,t)=\frac{Q}{\sqrt{\pi Dt}}\exp\left[-\left(\frac{x}{2\sqrt{Dt}}\right)^2\right]=3\times10^{16}\text{at/cm}^3$$

$$\exp\left[-\left(\frac{x}{2\sqrt{Dt}}\right)^2\right]=7.653\times10^{-3}$$

$$\therefore x_j=1.04\mu\text{m}$$

[그림 6-14]는 앞서 구한 결과를 농도 프로파일로 표현한 것이다.

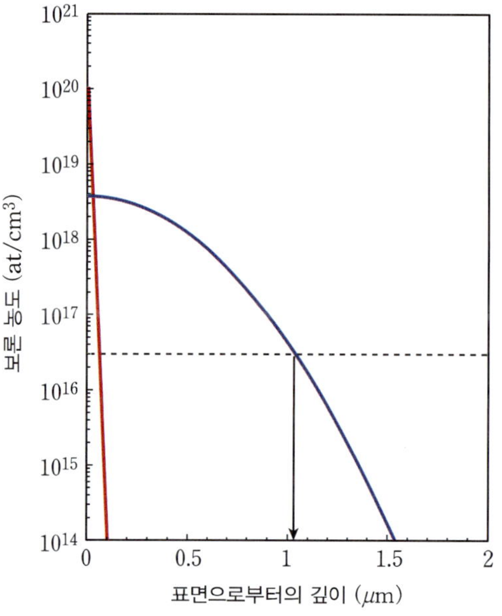

[그림 6-14] predeposition과 drive-in 과정 후 보론의 농도 프로파일

먼저 predeposition에서 drive-in 과정을 거치면서 보론의 표면 농도가 $1.1\times10^{20}\text{at/cm}^3$에서 $3.92\times10^{18}\text{at/cm}^3$으로 감소한 것을 알 수 있다. 또한 접합 깊이는 $0.0678\mu\text{m}$에서 $1.04\mu\text{m}$로 깊어져 drive-in 과정에서 p형 영역이 대폭 넓어진 것을 알 수 있다. 한 가지 주의할 점은 그래프 상에 보이는 두 농도 프로파일의 면적이 달라 보일 수 있으나, y축이 로그 스케일이므로 실제로는 면적, 즉 drive-in 전후로의 도즈는 동일하다.

SECTION 6.5 전기적 성질

앞서 언급된 것처럼, 실리콘과 같은 반도체에 도펀트를 주입하는 이유는 반도체 안의 캐리어(전자 또는 정공) 농도를 조절하여 반도체의 비저항을 변화시키기 위함이다. [그림 6-15]에는 Si 내에 혼입된 도펀트의 농도에 따른 n형 그리고 p형 Si의 비저항 변화를 나타낸다.

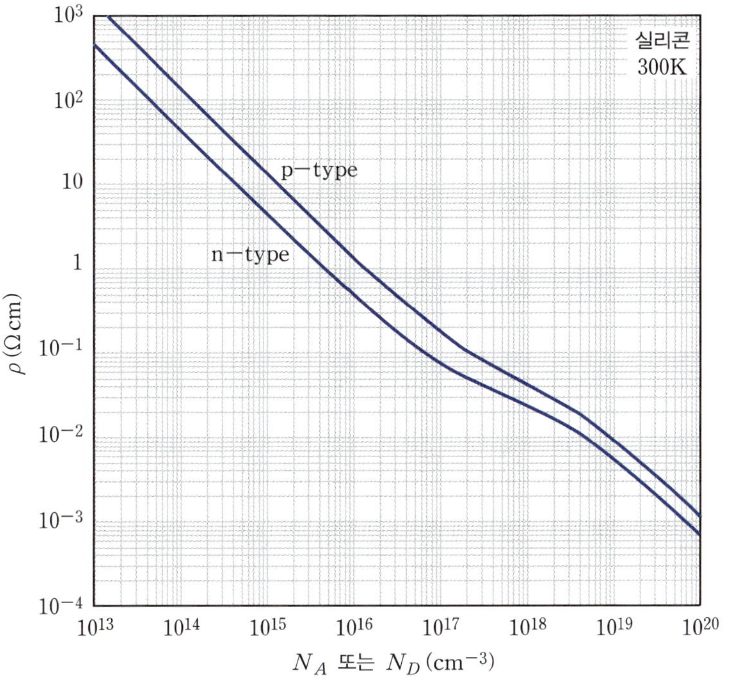

[그림 6-15] 300K에서 n형, p형 불순물 농도의 변화에 따른 실리콘의 비저항 변화 [5]

그림에서 쉽게 파악할 수 있듯이, 도펀트의 농도에 따라 실리콘 층의 비저항이 감소하고 있으며, 비저항의 역수로 정의되는 전기 전도도는 증가하게 된다. 그리고 주어진 도펀트의 농도에서 n형 실리콘의 비저항이 p형보다 작은 점이 눈에 띈다. 이것은 n형의 전기 전도도가 더 높음을 의미하는데, 전기 전도도(σ)가 캐리어 농도(n), 전하량(q), 그리고 캐리어의 **이동도**(mobility, μ)를 곱한 값으로 정의되므로($\sigma = nq\mu$) 결국 전자의 이동도가 정공의 이동도보다 크기 때문에 일어나는 현상이다.

[그림 6-16]과 같은 길이(L)와 단면적(A)를 가진 도선에 전류가 흐를 때 **전기저항**(resistance)은 $R = \rho L/A$로 주어진다. 즉 길이에 비례하고 단면적에 반비례하게 된다.

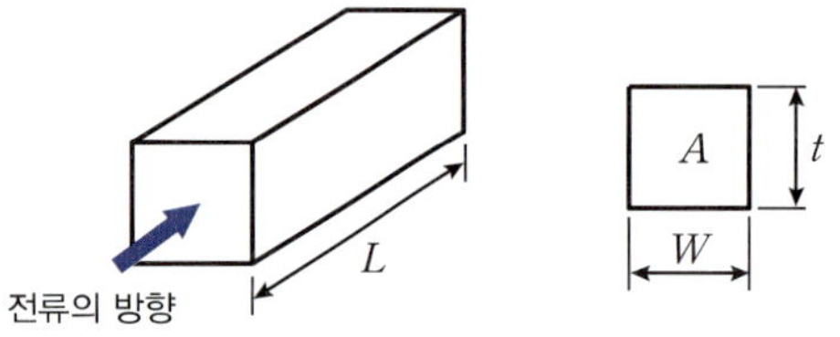

[그림 6-16] 균일한 비저항을 갖는 도선의 전기저항

여기서 전기저항의 단위는 Ω이고, 비저항(resistivity)의 단위는 Ωcm이다. 단면적 A를 폭×높이(Wt)로 계산하면, 전기저항은 다음의 식으로 변환할 수 있다.

$$R = (\rho/t)(L/W) = R_s(L/W) \tag{6.11}$$

여기서 L과 W를 정수배로 만들면 R = 정수 × ρ/t가 된다. 이때 ρ/t를 면저항(sheet resistance) R_s라고 한다. 그리고 그 단위는 전기저항과 마찬가지로 옴(Ω)이 되는데, 위에서 정의한 전기저항과 구분하도록 Ω/□로 나타낸다. [그림 6-17]에는 n형 반도체에 두께 t만큼의 p형 도펀트 층과 접촉면(contact area)를 형성하여 저항 또는 면저항을 측정하기 위해 제작한 웨이퍼의 단면(아래)과 위에서 보는 이미지(위)를 나타냈다. 그림에서 L/W은 9이고 이는 레지스터(resistor)의 재료에서 단위 정사각형의 개수를 나타내며 $R = 9R_s$가 되는 것을 알 수 있다.

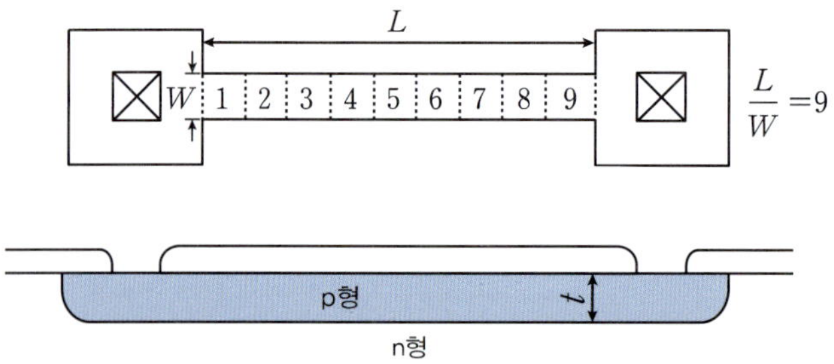

[그림 6-17] 전기저항과 비저항 그리고 면저항 간의 관계

도펀트가 주입되면, 그것이 확산 공정에 의해 형성이 되었건, 뒤에 설명되는 이온주입에 의해 형성이 되었건, 도펀트의 농도는 Si 웨이퍼 표면에서 깊이방향으로 변화한다. 즉 깊이에 따라 도펀트의 농도가 다르며, 이 사실로부터 비저항도 깊이방향의 위치에 따라 변화할 것이라는 것이 예상된다.

따라서 식 (6.12)와 식 (6.13)에 나타낸 것과 같이, 전기 전도도나 비저항을 깊이 표면부터 접합 깊이까지의 평균값을 계산하여 사용할 수 있고, 이는 면저항의 경우도 마찬가지이다.

$$\rho_{ave} = \frac{1}{\sigma_{ave}} = \frac{1}{\dfrac{1}{x_j}\displaystyle\int \sigma(x)dx} \tag{6.12}$$

$$R_s = \frac{\rho_{ave}}{x_j} = \frac{1}{\displaystyle\int_0^{x_j} \sigma(x)dx} = \frac{1}{q\mu\displaystyle\int_0^{x_j} N(x)dx} = \frac{1}{q\mu Q} \tag{6.13}$$

또한 $\rho_{ave} = R_s x_j$의 관계식이 유도되고, 이를 [그림 6-18]과 같이 그래프로 도식화한 것을 어빈 곡선(Irvin's curve)이라 한다. 어빈 곡선에는 n형 가우시안, p형 가우시안, n형 erfc, p형 erfc 등 총 4가지 종류가 있으며 여기서는 p형 가우시안 확산의 예를 나타낸다. 이 곡선으로부터 표면 위의 도펀트 농도(N_0)와 N_B, R_s, x_j의 관계를 이용하여 3가지 정보를 알면 나머지 하나를 구할 수 있게 된다.

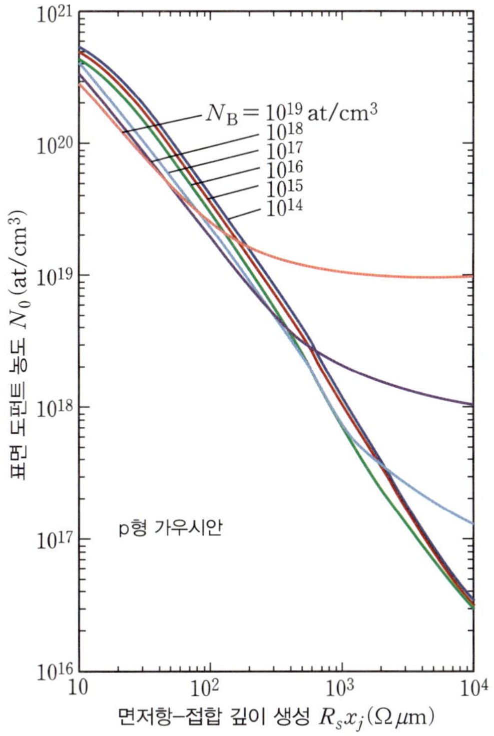

[그림 6-18] 실리콘 표면에 형성된 층의 면저항과 접합 깊이의 곱에 따른 표면 도펀트의 농도 [5]

예를 들어, 3×10^{16}at/cm^3 의 N_B를 갖는 n형 실리콘에 p형 도펀트가 제한 원료 확산 공정으로 확산된 후, 표면 위에서의 도펀트의 농도(N_0)가 1.1×10^{18}at/cm^{3}이고 접합 깊이(x_j)가 2.77μm로 형성되었다고 하자. 이때의 면저항은 어떻게 될까?

먼저 어빈 곡선으로부터 위의 조건에 해당하는 N_0와 N_B로부터 800Ωμm의 $R_s x_j$를 얻을 수 있다. 그런데 접합 깊이가 2.77μm로 형성되었다고 했으니, 면저항은 다음과 같이 구해진다.

$$R_s = \frac{800\Omega\mu\text{m}}{2.77\mu\text{m}} = 289\,\Omega/\square$$

면저항을 측정하는 방법에는 2가지가 있는데, 하나는 **4탐침 프로브법**(4point probe)으로 [그림 6-19]는 그 개략도를 나타낸 것이다.

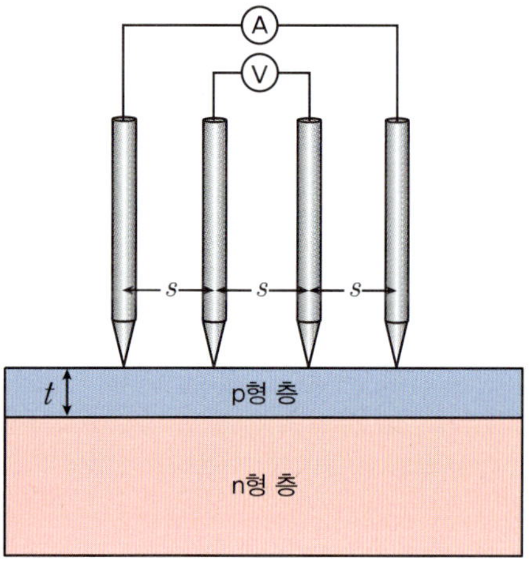

[그림 6-19] 4탐침 프로브법에 의한 면저항 측정

4탐침이 간격 s로 떨어져 있으며, 바깥쪽의 두 탐침에는 전류를 주고, 안쪽의 두 탐침으로부터 전압을 측정하게 된다. 이때 탐침 간의 간격(s)이 불순물 도입층의 두께(t)보다 클지 작을지에 따라 비저항이 2가지의 다른 식으로 주어진다.

$$\rho = 2\pi s \frac{V}{I} \qquad (t \gg s) \tag{6.14}$$

$$\rho = \frac{\pi t}{\ln 2}\frac{V}{I} \qquad (s \gg t) \tag{6.15}$$

일반적으로는 $s \gg t$이므로 면저항도 다음과 같이 쉽게 얻어진다.

$$R_s = \frac{\rho}{t} = \frac{\pi}{\ln 2}\frac{V}{I} = 4.53\frac{V}{I} \tag{6.16}$$

다음은 **반데르 포우**(Van der Pauw) 방법이 있는데, [그림 6-20]과 같은 구조를 만든 이후 한 쌍의 접촉에서 전류를 주고, 다른 쌍의 접촉에서 전압을 측정한다.

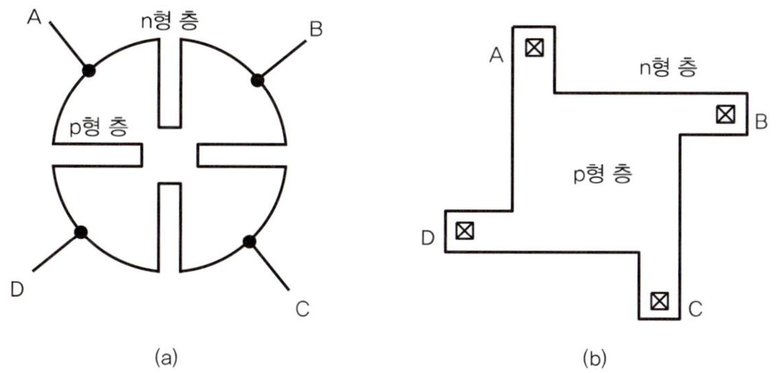

[그림 6-20] 반데르 포우 구조에 의한 면저항 측정

이때 관련 식은 다음과 같이 주어지는데, 면저항은 4탐침법에서 구했던 것과 유사한 형태로 얻어진다. 그리고 [그림 6-20]과 같은 대칭적인 구조를 가진다면 $R_{AB,CD} = R_{BC,DA}$가 성립한다.

$$\exp\left(-\pi t \frac{R_{AB,\,CD}}{\rho}\right) + \exp\left(-\pi t \frac{R_{BC,\,DA}}{\rho}\right) = 1 \tag{6.17}$$

$$R_{AB,\,CD} = \frac{V_{CD}}{I_{AB}}, \quad R_{BC,\,DA} = \frac{V_{DA}}{I_{BC}} \tag{6.18}$$

$$R_s = \frac{\rho}{t} = \frac{\pi}{\ln 2}\frac{V_{CD}}{I_{AB}} = 4.53\frac{V_{CD}}{I_{AB}} = 4.53\frac{V_{DA}}{I_{BC}} \tag{6.19}$$

6장 연습문제

6.1 반도체 공정에서 확산 공정이 주로 수행되는 목적을 쓰시오.

6.2 픽의 제1법칙을 수식으로 나타내고, 각 항의 의미를 설명하시오.

6.3 확산계수(D)는 온도에 따라 어떻게 변화하는가? 아레니우스 식을 쓰고 설명하시오.

6.4 일정 원료 확산과 제한 원료 확산을 설명하시오.

6.5 일정 원료 확산에서 확산 깊이 x_j는 어떻게 구해지는지 설명하시오.

6.6 $D \propto \exp(-E_a/kT)$, $x_j \propto \sqrt{Dt}$ 일 때, $E_a = 3.5\text{eV}$, $T_1 = 1000\text{K}$, $T_2 = 1200\text{K}$에서 깊이 비율 $x_{j,2}/x_{j,1}$을 구하시오.

6.7 실리콘에서 보론(B), 인(P), 비소(As)를 확산 속도가 빠른 순서대로 나열하시오.

6.8 $D_0 = 2.3\text{cm}^2/\text{s}$, $E_a = 3.65\,\text{eV}$, $T = 1100\text{K}$에서 D를 구하시오($k = 8.617 \times 10^{-5}\text{eV/K}$).

6.9 $E_a = 3.45\text{eV}$, $D_0 = 1\text{cm}^2/\text{s}$에서 1000K와 1100K에서의 확산계수 비율인 $\dfrac{D_{1100\text{K}}}{D_{1000\text{K}}}$을 구하시오.

6.10 $N_0 = 1 \times 10^{20}\text{at/cm}^3$, $N_B = 1 \times 10^{16}\text{at/cm}^3$, $D = 2.5 \times 10^{13}\text{cm}^2/\text{s}$, $t = 3\text{h}$일 때, 일정 원료 확산에서의 확산 깊이 x_j를 구하시오.

6.11 $N_0 = 5 \times 10^{19}\text{at/cm}^3$, $D = 1 \times 10^{-14}\text{cm}^2/\text{s}$, $t = 1\text{h}$, $x = 0.5\mu\text{m}$일 때 일정 원료 확산 농도 $N(x,t)$를 구하시오.

6.12 일정 원료 확산에서 $x_j = 1.5\mu\text{m}$, $N_B/N_0 = 0.01$, $D = 3 \times 10^{-14}\text{cm}^2/\text{s}$일 때 t를 구하시오.

6.13 일정 원료 확산에서 $D = 2 \times 10^{-14} \mathrm{cm^2/s}$, $t = 1\mathrm{h}$ 일 때 시간이 4배 증가하면 접합 깊이는 몇 배가 되는가?

6.14 일정 원료 확산에서 $N_0 = 1 \times 10^{20} \mathrm{at/cm^3}$, $D = 2 \times 10^{-14} \mathrm{cm^2/s}$, $t = 1\mathrm{h}$, $x = 0.2\mu\mathrm{m}$ 일 때 농도구배 dC/dx를 구하시오.

6.15 $Q = 5 \times 10^{14} \mathrm{at/cm^2}$, $D = 4 \times 10^{-15} \mathrm{cm^2/s}$, $t = 2\mathrm{h}$ 일 때 제한 원료 확산의 표면 농도 N_0를 구하시오.

6.16 $Q = 2 \times 10^{15} \mathrm{at/cm^2}$, $D = 1 \times 10^{-14} \mathrm{cm^2/s}$, $t = 1\mathrm{h}$, $x = 0.3\mu\mathrm{m}$ 일 때 제한 원료 확산의 $N(x, t)$를 구하시오.

CHAPTER 07

이온주입

Ion Implantation

6장에서 설명한 바와 같이, **이온주입**(ion implantation) 공정은 고집적화가 이루어지기 전에 사용되던 확산 공정을 대체하기 위해 도입된, 또 다른 형태의 불순물(도펀트) 주입 공정이다. 이온주입 공정은 확산 공정에 비해 도펀트 농도와 깊이의 조절이 용이하고 균일성이 우수하며, 순도 높은 도펀트를 제공할 수 있고 저온에서 공정이 가능하다는 이점이 있다. 또한 마스크층을 통과하여 도펀트의 주입이 가능하다. 이러한 장점으로 인해 이온주입은 문턱 전압의 조절, 소스/드레인 형성, poly-Si 형성 등에 사용된다.

SECTION 7.1 이온주입

[그림 7-1]에 이온주입 공정 이후, 반도체 표면에 형성되는 도펀트 농도 분포의 개념도를 나타냈다. 확산 공정 후에는 도펀트의 농도가 반도체 표면에서 제일 높고 깊이방향으로 갈수록 감소한다([그림 6-1] 참고). 그러나 이온주입 후에는 도펀트의 농도가 표면에서 일정 부분 들어간 깊이에서 도펀트의 농도가 제일 높다.

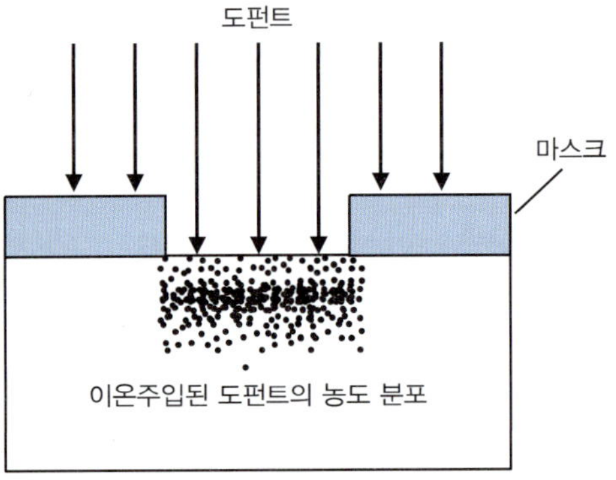

[그림 7-1] 이온주입에 의한 도펀트 농도 분포의 개념도

[그림 7-2]에는 이온주입 공정 장치의 개념도를 나타낸다. 먼저 이온 소스(ion source)는 원하는 불순물을 포함하는 플라즈마를 생성하고, 이온들은 추출된 이후에 질량 분석기(mass spectrometer)에서 이온의 질량에 따라 자력에 휘는 정도가 다르므로 원하는 불순물 이온들만 걸러진다. 그리고 고전압 가속기(accelerator)에서 이온들은 가속이 되고, 정전기 측정(electrostatic scanning)에 의해 빔들은 잘 분포된다. 최종적으로 진공에 놓여진 웨이퍼는 이온주입을 받게 되는데, 웨이퍼는 트위스트(twist)되거나 틸트(tilt)되어 위치한다.

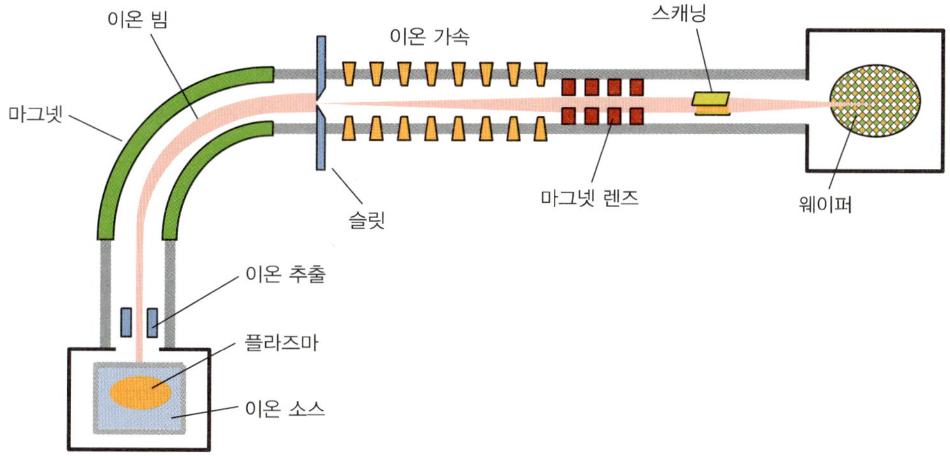

[그림 7-2] 이온주입 장치의 개념도

SECTION 7.2 이온주입에 따른 농도 프로파일

웨이퍼 내부로 들어온 이온들은 가지고 있는 에너지를 잃어버릴 때 멈추게 된다. 따라서 이온주입 공정 후의 깊이에 따른 도펀트 농도 프로파일은 다음과 같은 가우시안 분포 함수로 주어진다.

$$N(x) = N_p \exp\left[-\frac{(x-R_p)^2}{2\Delta R_p^2}\right] \tag{7.1}$$

이를 도식화하면 [그림 7-3]과 같다.

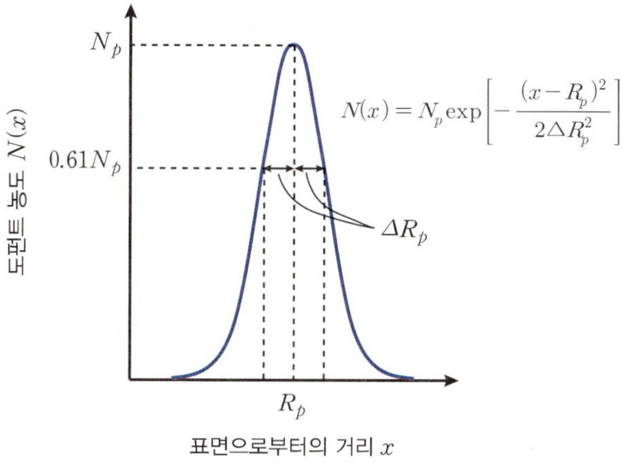

[그림 7-3] 이온주입 과정 후의 불순물의 농도 프로파일

그래프를 보면, 표면으로의 깊이(R_p)에서 최대 농도 N_p를 갖는다. 이때 N_p는 R_p에서의 최대 농도, **산출 거리**(projected range, R_p)는 이온이 멈추기까지 이동한 평균 거리(깊이), **산포**(straggle, standard deviation, $\triangle R_p$)는 농도 프로파일의 퍼짐(분산)을 결정한다.

산출 거리(R_p)와 산포($\triangle R_p$)는 [그림 7-4]와 같이 에너지의 함수로서, 이온주입이 비정질(amorphous) 물질의 내부로 들어가는 것을 고려한 LSS 원리에 기초하여 계산된다.[1] 실리콘(Si)은 실제로는 단결정 물질이나 LSS 원리가 적용될 수 있다고 가정하여 결과를 도출하므로, 미세한 오차가 존재할 수 있다.

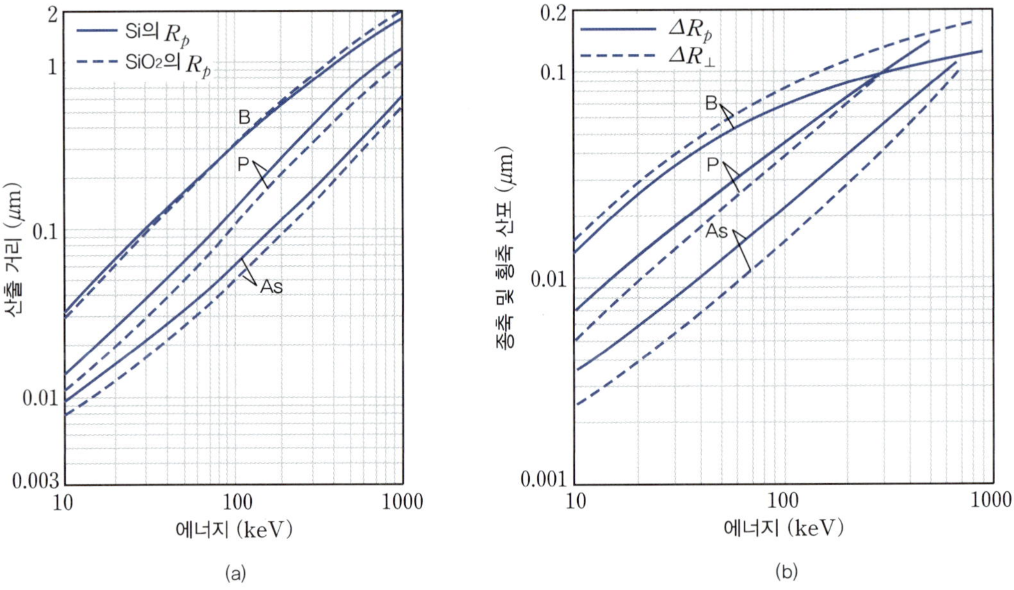

[그림 7-4] 이온주입 에너지에 따른 산출 거리(R_p) 및 종축 산포($\triangle R_p$)와 횡축 산포($\triangle R_\perp$) [1]

가우시안 분포 함수를 깊이방향에 따라 적분하여 얻은 도즈(Q)는 다음과 같이 얻을 수 있다.

$$Q = \sqrt{2\pi}\, N_p \triangle R_p \tag{7.2}$$

일반적으로 반도체 공정에서 $10^{10} \sim 10^{18}\,\mathrm{ions/cm^2}$ 정도로 주입이 되며, CMOS 공정에서는 보통 $1 \times 10^{12} \sim 5 \times 10^{15}\,\mathrm{ions/cm^2}$로 조절된다.

한편 이온주입 장치로부터 도즈는 다음 식으로 주어진다.

$$Q = \frac{\int I dt}{nqA} \tag{7.3}$$

여기서 n은 이온화 수, I는 빔 전류, A는 웨이퍼 면적, t는 이온주입 시간이다.

NOTE 이온주입 공정의 이해

6장에서 확산 과정을 설명하기 위해, 덤프트럭에서 골프공이 배출되는 경우를 가정한 바 있다. 한편 이온주입 과정은 골프공을 정해진 위치에서 골프채로 때려 멀리 보내는 경우를 생각해 볼 수 있다. 예를 들어, 골프채의 헤드 속도가 이상적으로 일정하다고 가정하여, 각각 10,000개의 골프공을 한 방향으로 쳐서 보냈다고 하자. 그리고 일정 거리를 날아가서 정지한 10,000개의 골프공의 개수를 위치에 따라 카운트하면, 이는 [그림 7-5]와 같이 정규분포를 나타낼 것이다.

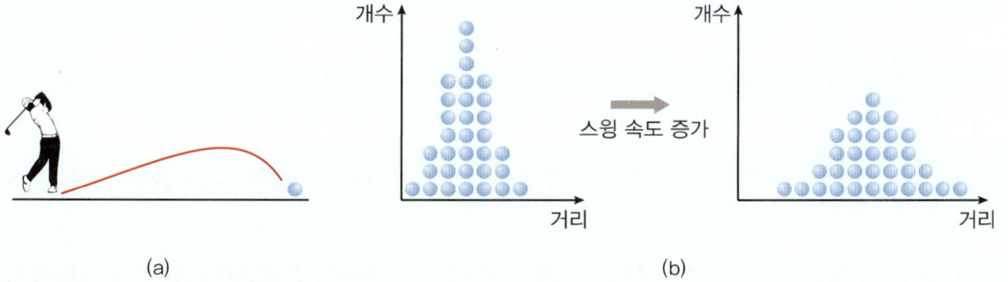

[그림 7-5] 이온주입 공정의 예

이때 각각의 주어진 골프채의 헤드 속도마다 골프공들이 날아가서 제일 많이 모인 거리가 있을 것이며, 그 전후로 일정 거리만큼 골프공들이 산재해 있을 것이다. 즉 골프공이 날아간 거리는 일반적으로 골프채 헤드의 속도에 비례하며, 골프공이 가장 많이 위치한 거리로부터 산재된 거리 또한 골프채의 속도가 커짐에 따라 멀어질 것이다. 이는 상대적으로 더 큰 힘을 받고 날아간 골프공들이 서로 충돌하여 앞뒤로 튕겨져 나가 분포 범위가 넓어지기 때문이다. 예를 들어, 작은 속도로 날아간 공은 얼마 안 가서 정지하고 공들의 위치의 산포도 상대적으로 크지 않지만, 큰 힘을 받아 멀리 날아간 골프공은 먼 위치에 존재하나 공들이 존재하는 위치의 산포가 매우 커질 것이다.

이는 이온주입 과정에서, 이온주입된 이온이 고체 내에서 멈추기까지 이동한 평균 거리인 산출 거리(R_p)와 이온의 농도 프로파일의 분산을 의미하는 산포(ΔR_p)가 이온주입 에너지에 의해 결정되는 것과 마찬가지 논리이다.

SECTION 7.3 이온주입 후의 도펀트 농도 프로파일 변화

확산 공정에서와 마찬가지로, 이온 공정 후에도 도펀트의 주입에 따라 [그림 7-6]과 같이 기존에 형성되어 있는 웨이퍼에 pn 접합이 이루어질 수 있다. 특히 이온주입 공정은 확산에 비해 얇은 (shallow) pn 접합을 형성할 수 있다.

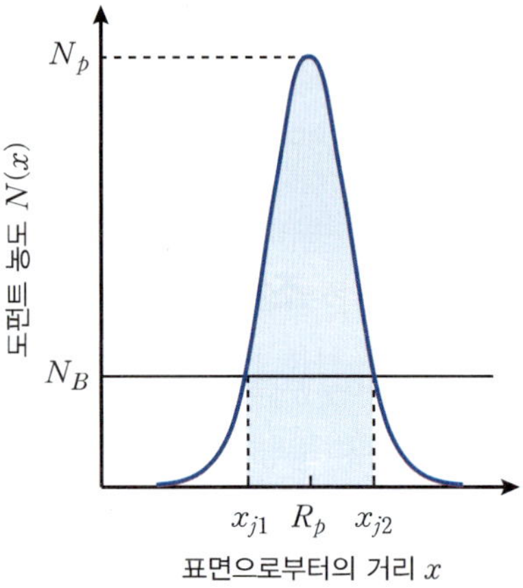

[그림 7-6] 이온주입에 의해 형성되는 pn 접합

이러한 경우, 접합 깊이는 어떻게 이루어지고 구해질지 알아보자. 표면으로부터 깊이방향에 따라 변하는 도펀트(예 p형 보론)의 농도가 기존에 웨이퍼 내부에 존재해 있던 불순물(예 n형)의 농도 N_B와 같아진다고 놓고, 그에 해당하는 거리를 구하면 된다. [그림 7-6]과 식 (7.4) ~ 식 (7.6)에서 알 수 있듯이 산술적으로 2개의 pn 접합 깊이가 얻어지는데, 실제 공정에서는 에너지의 조절, 후속 열처리 등에 의해 프로파일이 변형되어 더 깊은 쪽의 하나의 접합 깊이만 형성하게 된다.

$$N(x_j) = N_B \tag{7.4}$$

$$N_p \exp\left[-\frac{(x_j - R_p)^2}{2\triangle R_p^2}\right] = N_B \tag{7.5}$$

$$x_j = R_p \pm \triangle R_p \sqrt{2\ln\left(\frac{N_p}{N_B}\right)} \tag{7.6}$$

그러나 이러한 모델을 통한 원리적 접근에도 불구하고, 실제 이온주입 후 도펀트의 농도 프로파일은 이상적인 가우시안 분포로부터 벗어난다. [그림 7-7]을 보면, 이러한 농도 프로파일은 이온주입 에너지가 100keV를 넘었을 때 비대칭이 된다. 이는 이온의 전방/후방 **산란**(scattering)에 의해 일어나는 현상이다. 따라서 가우시안 분포 함수는 100keV 이하의 에너지가 주어지는 경우에 비교적 잘 적용될 수 있다.

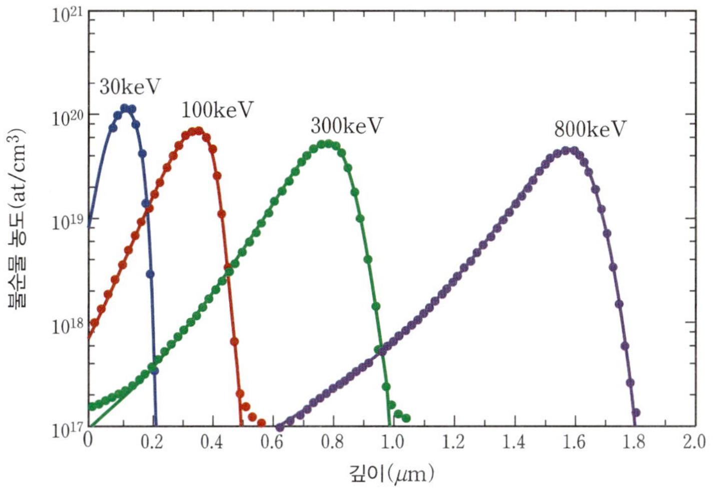

[그림 7-7] 다른 에너지로 비정질 실리콘에 이온주입된 보론의 농도 프로파일[2]

열처리에 따른 변화

이온주입 공정 중의 웨이퍼 표면에 도달하는 이온의 충격은 [그림 7-8]에 나타난 것과 같이 실리콘 원자의 탈리(sputtering), 표면의 손상, 결정 구조의 변화 등을 야기할 수 있다.

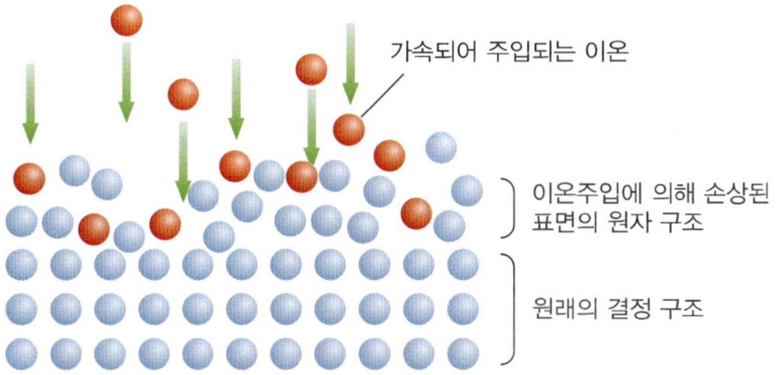

[그림 7-8] 에너지를 가진 이온이 고체 표면을 스퍼터하여 원자가 떨어져 나가고 표면의 원자 배열이 변화한다.

이러한 손상을 제거할 목적으로 800~1000℃ 에서 열처리를 진행한다. 특히 이온주입으로 형성된 도즈가 전기적으로 활성화되기 위해서는 열처리 공정이 필요하다. 그러나 열처리를 진행하면, 이온주입에 의해 형성되었던 도펀트의 농도 프로파일이 변형된다. 실제로 [그림 7-9]에 나타난 것처럼 열처리에 의해 농도 분포가 확산되고, 산포(straggle)가 증가하게 된다.

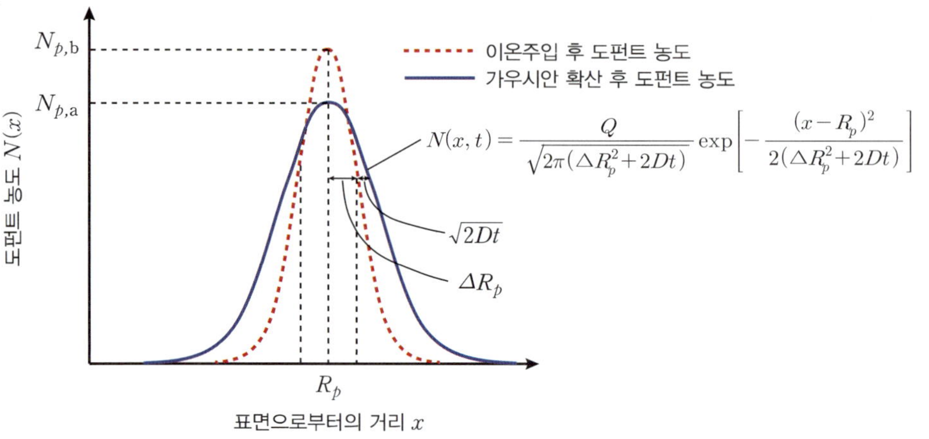

[그림 7-9] 이온주입 이후의 열처리 과정에 의해 변화한 도펀트의 농도 프로파일

특히 이 열처리 과정은 확산 공정의 drive-in과 같은 제한 소스 확산이므로 다음과 같이 다시 가우시안 함수가 변형되고, 도펀트의 최대 농도(N_p)는 $\frac{Q}{\sqrt{2\pi}\,\Delta R_p}$ 에서 $\frac{Q}{\sqrt{2\pi(\Delta R_p^2+2Dt)}}$ 로 감소한다.

$$N(x,t)=\frac{Q}{\sqrt{2\pi(\Delta R_p^2+2Dt)}}\exp\left[-\frac{(x-R_p)^2}{2(\Delta R_p^2+2Dt)}\right] \tag{7.7}$$

Si의 결정 구조에 따른 변화

[그림 7-10]에 나타낸 것과 같이 열처리 이외에도 실리콘의 결정 구조에 따라 도펀트 농도 프로파일이 달라질 수도 있다. 결정 방향이 어떻게 되느냐에 따라 결정 구조 내의 원자 사이에 열려 있는 정도가 다른데, 실리콘의 경우 〈111〉 방향이 제일 작고, 그 다음 〈100〉, 〈110〉 방향 순으로 작다. 따라서 〈110〉 방향으로 **채널링**(channeling) 효과가 가장 크기 때문에 도펀트가 가장 깊이 이동하게 된다. 그러나 결정면에 대한 주입 각도가 커지면, 채널링이 덜 일어나 도펀트가 덜 들어가게 된다. 또한 얇은 SiO_2와 같은 비정질 층을 두거나 웨이퍼를 틸팅함으로써 채널링 효과를 감소시키기도 한다.

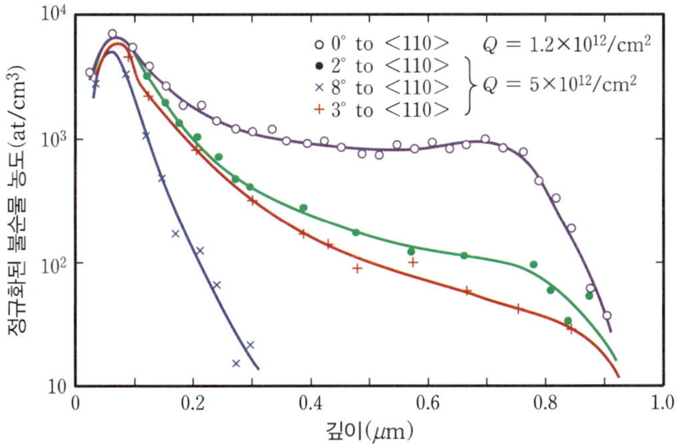

[그림 7-10] 이온주입의 입사 각도에 따른 채널링 효과에 의해 변화하는 침투 깊이[3]
(40keV의 이온주입 에너지에서 〈110〉 방향으로 주입됨)

이온주입해서 얻어진 도펀트의 농도가 웨이퍼 내의 기존의 반대 도펀트 농도보다 큰 영역에서(즉, 새로운 반도체 타입층이 형성된 영역) 캐리어(전자나 정공)의 이동도가 깊이방향으로 일정하다고 간주하면, 그 층의 면저항(sheet resistance)은 다음과 같이 주어진다.

$$R_s = \frac{1}{q\mu \int_0^{x_j} N(x)dx} = \frac{1}{q\mu Q} \qquad (7.8)$$

SECTION 7.4 고집적화를 위한 이온주입 공정

반도체의 고집적화된 회로를 형성하기 위해서는 접합 깊이가 얕을수록 유리하다. 이를 위해 0.15 ~ 5keV의 저에너지를 갖는 이온주입 공정이 사용될 수 있다. 그럼으로써 [그림 7-11]에 나타난 것과 같이 표면 근처에서 도펀트 농도를 최대로 만들 수 있다. 그러나 표면에 형성된 웨이퍼가 손상될 가능성이 크기 때문에 열처리가 수반되어야 한다.

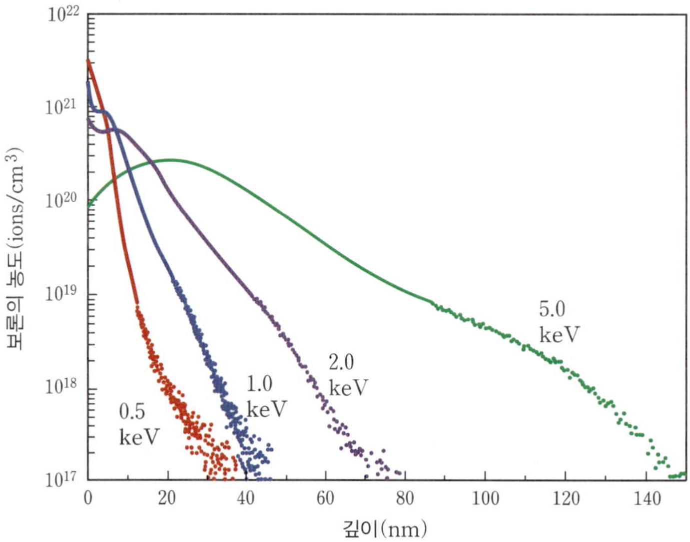

[그림 7-11] 이온주입 에너지에 따른 농도 프로파일 변화($Q = 1 \times 10^{15}$ ions/cm^2) [4]

또한 [그림 7-12]에 보여지는 **급속 열처리 공정**(Rapid Thermal Annealing, RTA) 또는 **스파이크 어닐링**(spike annealing)을 통해 이온주입된 도펀트들의 확산거리 Dt를 감소시켜 얇은 접합 깊이를 얻게 한다.

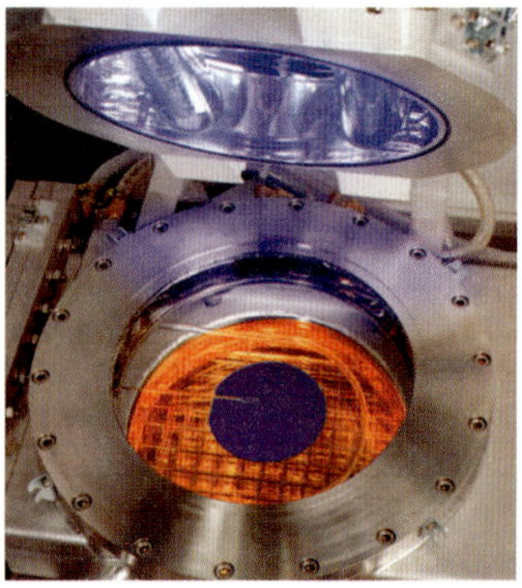

(a)

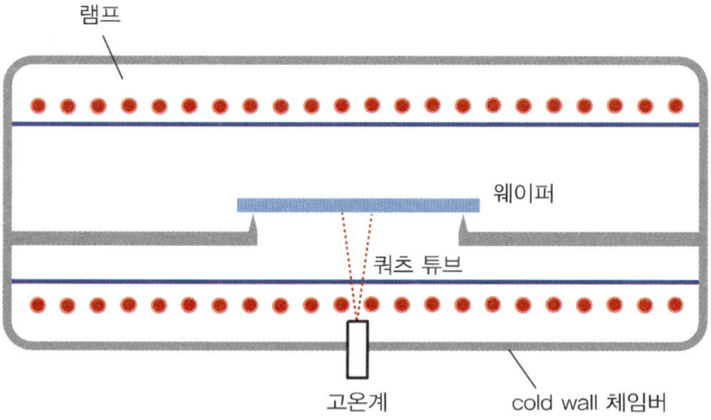

(b)

[그림 7-12] 급속 열처리 공정 장치와 그 개념도

SECTION 7.5 이온주입 모델의 예

앞서 설명한 이온주입 공정의 지식들을 실례에 적용하여 해석해보기로 하자. 예를 들어 n형 도펀트 농도 1×10^{15}ions/cm^{3}를 가진 Si 웨이퍼가 있고, 이 위에 p형 보론(B)이 이온주입되었다고 하자. 이온주입 에너지는 40keV 이고 도즈는 1×10^{13}ions/cm^{2}으로 주어졌다. 그 후에 1000℃ 에서 10초 간 열처리가 있었다.

먼저 [그림 7-4]로부터 40keV 에서 보론의 이온주입과 관련된 0.13μm, 0.04μm 의 R_p와 ΔR_p를 찾는다. 그리고 [표 6-1]의 데이터로부터 보론의 1000℃ 에서의 확산계수와 Dt를 계산한다.

$$D_{B,\,1000℃} = 2.61\times10^{-14}\text{cm}^2/\text{s}$$
$$Dt = 2.61\times10^{-13}\text{cm}^2 \tag{7.9}$$

그 다음, 열처리에 의해 농도 프로파일이 식 (7.7)과 같이 변하므로, 분모를 구성하는 두 항ΔR_p^2, $2Dt$를 비교하면 $\Delta R_p^2 = 1.6\times10^{-11}\text{cm}^2$, $2Dt = 5.22\times10^{-13}\text{cm}^2$이다. 즉 Dt가 상대적으로 매우 작으므로 열 확산에 의한 농도 프로파일의 영향은 무시할 수 있다. 이 경우, 열처리는 이온주입에 의한 표면 손상을 복구하고 보론 원자를 전기적으로 활성화하는 데 주요한 역할을 한다. 결국 농도 프로파일은 식 (7.1)을 따르게 되고, 이때의 도펀트의 최대 농도(N_p)를 식 (7.2)로부터 구하여, 깊이에 대한 도펀트 농도의 식을 얻는다.

$$N_p = \frac{Q}{\sqrt{2\pi}\,\Delta R_p} = \frac{1\times10^{13}\text{cm}^{-2}}{\sqrt{2\pi}\times0.04\times10^{-4}\text{cm}} = 1\times10^{18}\text{ions/cm}^3 \tag{7.10}$$

$$N(x) = 1\times10^{18}\exp\left[-\frac{(x-0.13)^2}{3.2\times10^{-3}}\right] \tag{7.11}$$

그리고 이때의 pn 접합 깊이는 식 (7.6)에 따라 다음과 같이 얻어진다.

$$x_j = 0.13 + 0.04\sqrt{2\ln\left(\frac{1\times10^{18}}{1\times10^{15}}\right)} = 0.278\mu\text{m} \tag{7.12}$$

한편 $N_B = 1 \times 10^{15}$ions/cm^{3}와 $N_p(N_0) = 1 \times 10^{18}$ions/cm^{3}임을 알고 있으므로, 6장에 소개된 [그림 6-18]의 어빈 곡선(p형 가우시안 함수)으로부터 $R_s x_j$를 찾으면 1100Ωμm이다. 이로부터 면저항(R_s)을 구하면 다음과 같다.

$$R_s = \frac{R_s x_j}{x_j} = \frac{1100\,\Omega\,\mu\text{m}}{0.278\mu\text{m}} = 3957\,\Omega/\Box \tag{7.13}$$

SECTION 7.6 이온주입이 적용되는 공정의 예

이온주입은 트랜지스터 내 소스/드레인 영역을 형성하는 데 활용되는 공정이다. 지금부터 평면적 트랜지스터와 FinFET 구조의 트랜지스터를 중심으로, 이온주입에 의해 소스 및 드레인이 어떻게 형성되는지 살펴보자.

평면적 구조에서의 소스/드레인 형성

[그림 7-13]은 평면적(planar) MOS 트랜지스터의 구조와 게이트 주변 도핑 상태를 나타낸다.

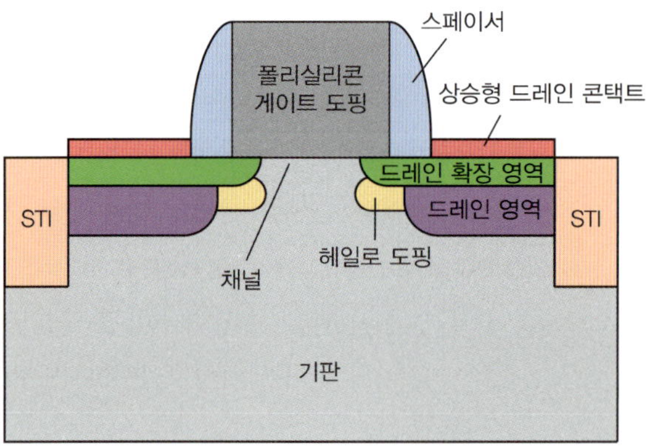

[그림 7-13] 평면 트랜지스터의 구조 및 게이트 주변 도핑 상태

CMOS는 웨이퍼 상에 NMOS와 PMOS가 모두 만들어지는데, 두 타입의 MOS가 작동되도록 트랜지스터의 채널이 작동할 **우물**(well)을 형성해야 한다. 일례로, 포토리소그래피를 이용하여 NMOS 영역만 드러낸 후 보론을 이온주입하여 P-well을 만든다. 마찬가지로 PMOS 영역에는 인을 주입하여 N-well을 만든다. 그 후, 게이트의 패터닝이 이루어진 후에는 소스 및 드레인이 형성되어야 한다.

그러나 반도체 소자가 미세화·집적화되면서 채널의 길이가 짧아지면 강한 전계(electric field)에 의해 누설전류(leakage current)가 발생하고 핫 캐리어 효과(hot carrier injection effect)와 같은 단채널 효과(short channel effect)가 발생하게 된다. 이 문제를 해결하기 위해 저농도 도핑으로 고갈층(depletion region)을 넓히는 방식이 사용된다. **확장 영역**(extension)이라고도 불리우는 LDD(Lightly Doped Drain)는 주로 MOS 트랜지스터의 드레인 영역 근처의 전기장을 줄여 핫 캐리어 효과를 방지하고 소자의 신뢰성을 향상시키는 데 사용된다.

일반적으로, NMOS 확장 영역에는 인(P)을, PMOS는 영역에는 보론을 이온주입하는데, 앞서 말한 것처럼 소스 및 드레인 영역에 비해 도펀트 농도는 상대적으로 낮다. 이 확장 영역을 이후 소스/드레인 형성을 위해 진행되는 고농도(high dose) 이온주입 시의 손상으로부터 보호하기 위해, 보통 SiO_2나 Si_3N_4 층을 패터닝된 게이트에 증착한 후 비이방성 식각을 수행하여 **측벽 스페이서**(sidewall spacer)를 형성한다. 이후 소스/드레인을 형성하기 위해 NMOS에는 고농도의 As^+를, PMOS에는 고농도의 B^+(또는 BF_2^+)를 이온주입한다. 그리고 앞서 설명된 것처럼 RTA를 진행한다.

게이트의 길이가 감소할수록 문턱 전압(임계 전압, threshold voltage)이 점점 작아지고 on/off 특성을 얻기가 어려워지는 단채널 효과가 발생한다. 따라서 이러한 문제를 해소하기 위해 **헤일로**(halo) 도핑을 해줄 수 있는데, 이는 소스/드레인의 측면으로 이온주입을 해서 고갈층 확장을 억제하여 펀치스루(punch through) 현상을 방지하고, MOS 트랜지스터의 채널 길이를 제어하여 문턱 전압을 제어한다. 이 헤일로 이온주입은 확장 영역 이온주입 전에 시행된다.

FinFET 구조에서의 소스/드레인 형성

핀펫(Fin Field-Effect Transistor, FinFET)은 기존 평면(2D) 구조의 트랜지스터에서 드러난 단채널 효과 등의 문제를 극복하기 위해 게이트를 핀(fin) 모양의 채널 주변에 감싸서 더블 게이트 구조를 형성하는 3D MOSFET으로서, 소스/드레인 영역이 실리콘 상에 핀(fin) 구조를 형성한다. 이 FinFET 구조를 이용한 반도체 소자들은 평면(2D) 트랜지스터에 기반한 것에 비해 상당히 빠른 전환 시간과 더 높은 전류밀도를 나타내어 14nm 이하의 공정 노드에 주로 사용되게 되었다.

기존 평면 트랜지스터에서 확장 영역은 게이트 전극의 끝 쪽에 형성된다. 이를 위해 게이트 전극 양쪽의 실리콘 표면에 90° 각도로 도펀트를 이온주입했다. 그러나 입체적 3D 구조의 FinFET 소자의 채널은 실리콘 표면에 수직이기 때문에 [그림 7-14]에서 볼 수 있듯이 핀(Fin)의 상단과 양쪽 측면을 가파른 각도로 이온주입한다.

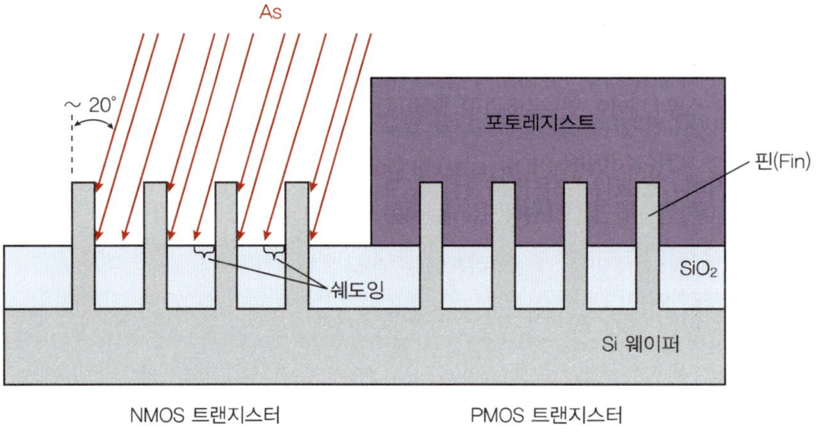

[그림 7-14] 3D FinFET 구조에서의 이온주입 [5]

특히 질화물 스페이서(nitride spacer) 형성 직전에 실행되는 확장 영역 형성의 경우에도 가파른 각도로 이온주입이 수행된다. 그런데 이온주입을 통해 소스/드레인을 명확하게 구분하기 위해선 핀의 위쪽과 양쪽 면 모두 균일하게 도핑되어야 하는데, 확장 이온주입을 가파른 각도로 실행하면 입사 각도가 가파를수록 핀의 측벽에 남아 있는 도펀트의 양이 위쪽 면에 비해 작아질 수밖에 없다. 또한 NMOS 형성을 위한 이온주입 시, PMOS 영역은 포토레지스트로 덮어 보호하게 되는데, 이때 포토레지스트의 높이로 인해 ±20°로 가파른 이온주입이 진행되어야 한다. 특히 핀의 모양이 높고 수직적으로 형성되어 있을수록 더 가파른 이온주입이 필요하다. 이를 해결하기 위해, 두꺼운 포토레지스트 층으로 반대편 영역을 덮기보다는 [그림 7-15]와 같이 얇은 카본 하드 마스크를 반대쪽 핀들에 덮으면 이온주입 각도를 최대 ±30° 정도로 크게 만들 수 있다.

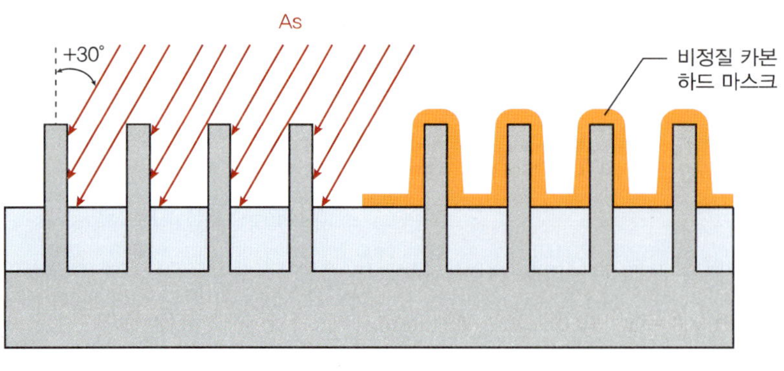

[그림 7-15] 3D FinFET 구조에서의 카본 하드 마스크 코팅 후 이루어지는 이온주입 [5]

그러나 [그림 7-16]에서 볼 수 있듯이, 노드가 진화할수록 핀은 더 높아지고 핀 사이의 간격도 좁아져서 결국은 매우 가파른 이온주입 각도가 필요하게 된다.

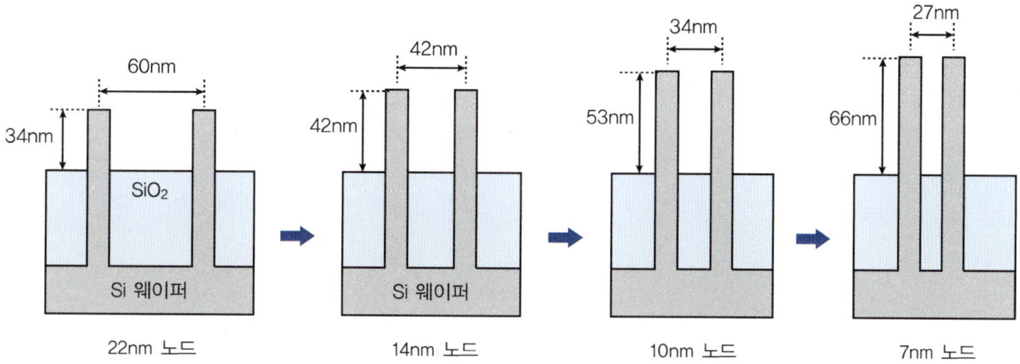

[그림 7-16] 트랜지스터 노드 진화에 따른 3D FinFET 구조의 변화[6]

핀의 확장 영역의 고농도(high dose) 도핑은 FinFET의 성능 구현에 있어 매우 중요하므로 이러한 문제의 해결을 위해 웨이퍼를 **틸팅** 및 **트위스팅**해서 높고 인접한 핀에 의해 형성된 미세 협곡에 이온주입이 더 잘 이루어질 수 있도록 한다([그림 7-17] 참고).

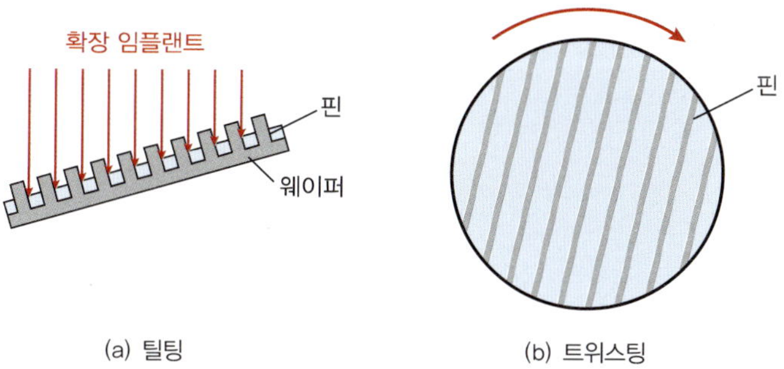

[그림 7-17] 3D FinFET 구조의 이온주입 문제점 해결을 위한 웨이퍼 틸팅과 트위스팅[6]

이를 위해 핀의 각 면에 2번씩, 총 4번의 개별 이온주입 공정을 수행한다. 즉, 웨이퍼를 +25°로 틸팅하고 335°와 25°로 트위스팅하여 2번 이온주입 공정을 실시한 다음, −25°로 틸팅하고 155°와 205°로 트위스팅하여 이온주입을 실시한다([그림 7-18] 참고). 이와 같은 4단계 공정을 NMOS와 PMOS에 반복하여 수행한다. 핀 하나당 4번의 이온주입 공정을 진행하므로 공정이 다소 복잡하지만, 4번의 이온주입을 임플랜터(implanter)에서 연속적으로 처리할 수 있으므로 공정시간을 줄일 수 있다.

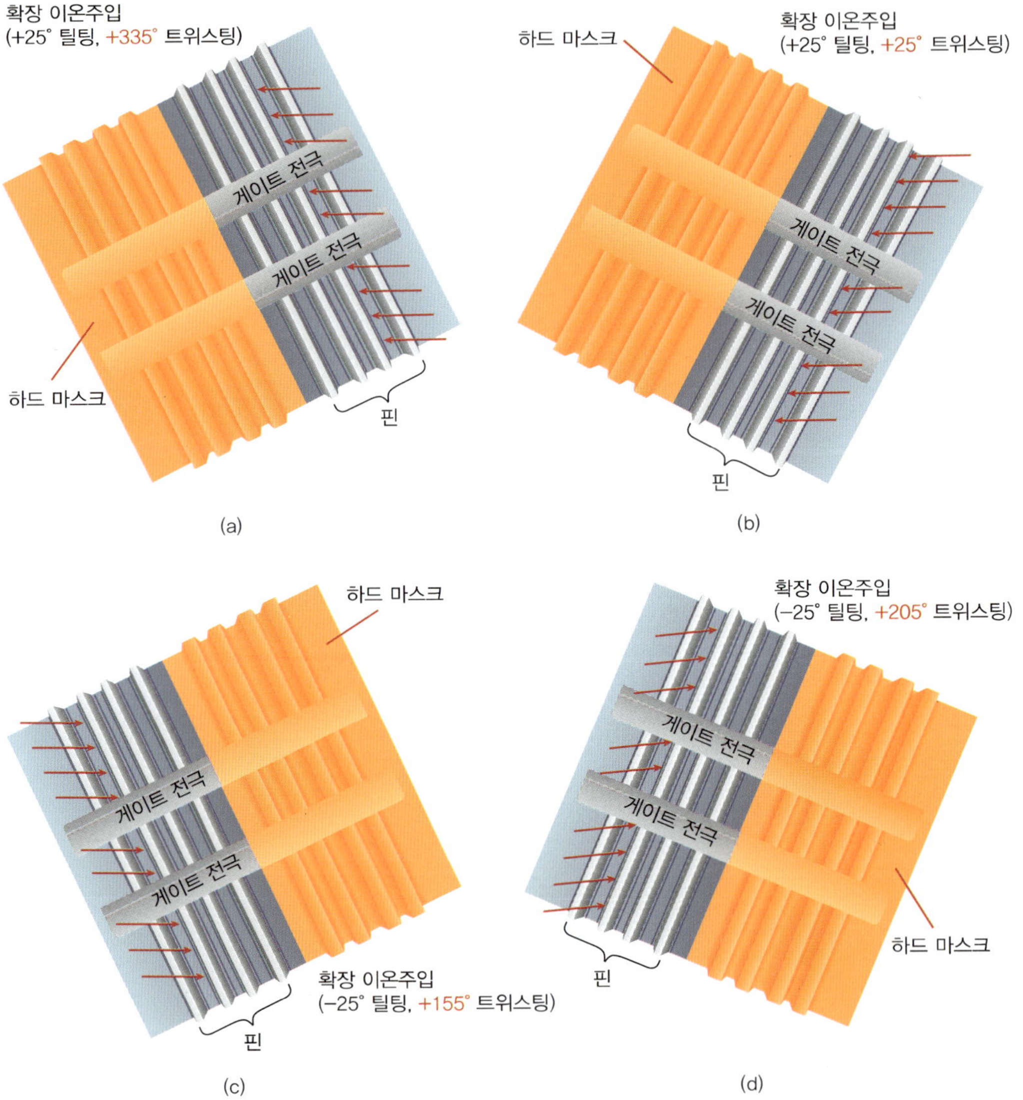

[그림 7-18] 3D FinFET 구조의 이온주입 문제점 해결을 위한 4단계 웨이퍼 틸팅과 트위스팅 이온주입[6]

한편, 가장 혁신적이고 효과적인 확장 영역 제작 방법은 이온주입 공정을 전혀 사용하지 않고, 식각 후 선택적 에피택셜 증착을 하는 방식일 것이다. 소스/드레인 구성을 위한 확장 영역의 제조 방법 중 하나로, 평면적 트랜지스터의 소스/드레인 영역을 NH_4OH, TMAH 등으로 식각한 뒤, 해당 부위에 대체 소스/드레인 스트레서(stressor) 물질을 도입한다(PMOS 소자의 경우 SiGe, NMOS 소자의 경우 SiC). 이때 게이트 아래 형성되는 {010} 면은 정밀한 모양의 캐비티를 생성하며 확장 영역을 명확하게 결정한다. 그리고 실리콘의 면밀도 등의 차이에 의해 {111} 에치 스톱 면이 드러나면서 게이트 아래 부분에 시그마 모양의 에치 형상을 나타낸다. 그리고 NMOS의 경우 에피택셜 증착된 SiC 또는 P(인) 도핑된 실리콘으로 소스/드레인 캐비티가 채워진다.

[그림 7-19]는 앞서 설명한 공정이 진행되었을 경우에 얻어지는 2개의 인접한 게이트의 모습을 보여준다. 습식 식각이 인접한 두 트랜지스터의 아래에서 두 {111} 면을 따라 진행되며 V자 모양을 나타낸다.

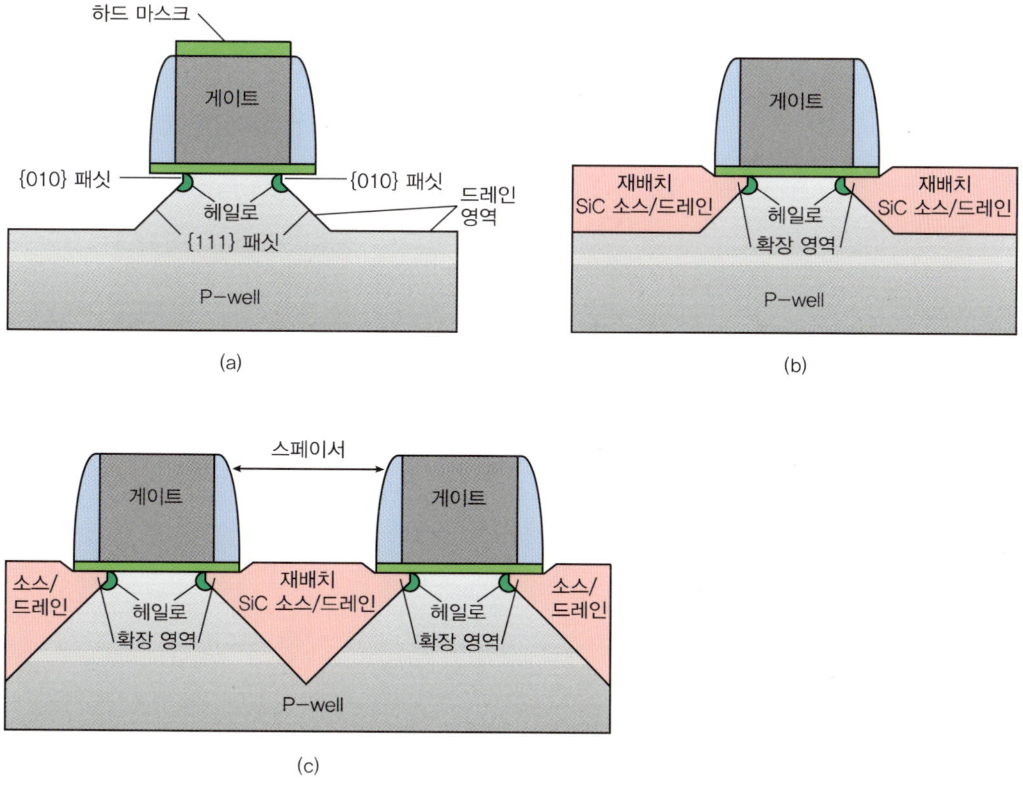

[그림 7-19] 평면 트랜지스터에서 에피택셜 증착을 통한 소스/드레인 스트레서 물질 도입[5]

FinFET의 경우도 평면형 트랜지스터의 경우와 마찬가지로 습식 식각이 이루어진 후 SiGe 압축 스트레서(compressive stressor)의 에피택셜 증착 공정이 수행된다. 먼저 NMOS, PMOS 모두 핀이 형성된 이후에, [그림 7-20]에 나타낸 것과 같이 P-well 위에 제작된 NMOS 핀들을 하드 마스크 코팅을 하여 보호한 상태에서 게이트 전극 외부에 위치한 PMOS 핀들을 제거한다.

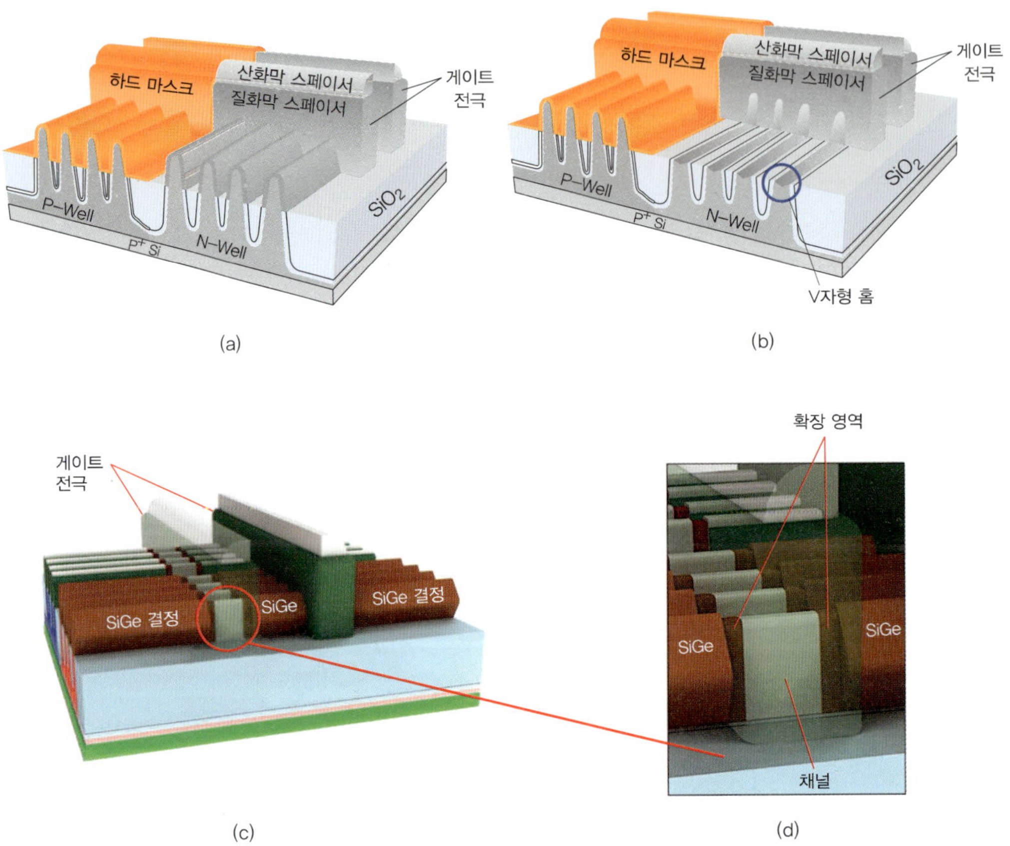

[그림 7-20] FinFET 구조에서 에피택셜 증착을 통한 소스/드레인 스트레서 물질 도입[5]

이는 측벽 스페이서(sidewall spacer)를 식각한 후, 핀 상단의 산화물(oxide) 층을 식각한 다음, NH_4OH로 핀을 식각함으로써 수행된다. 그리고 PMOS 영역의 N-well을 식각하는 데 앞서 언급한 V자 모양의 홈을 형성하고 게이트 전극의 질화막 스페이서(nitride spacer) 아래에 확장 캐비티(extension cavity)를 형성한다. 그리고 노출된 실리콘 표면인 V자형 홈과 확장 캐비티에 있는 실리콘에만 SiGe를 선택적으로 증착한다.

7장 연습문제

7.1 이온주입에서 채널링 현상은 무엇이며, 이를 어떻게 최소화할 수 있을지 설명하시오.

7.2 도핑 공정에서 확산에 비해 이온주입의 주요 장점을 설명하시오.

7.3 이온주입으로 인한 주요 손상 유형은 무엇이며, 어떻게 완화되는가?

7.4 이온주입에서 도즈의 균일성의 중요성과 이를 달성하는 데 사용되는 방법에 대해 논하시오.

7.5 이온주입 후 급속 열처리 공정(RTA) 또는 스파이크 어닐링(spike annealing)을 수행하는 목적은 무엇인가?

7.6 반도체 소자에서 얕은 접합과 깊은 접합의 차이점과 이온주입 매개변수가 접합 깊이에 미치는 영향을 설명하시오.

7.7 도펀트 종류가 이온주입에 미치는 영향을 설명하시오(예 보론 대 비소).

7.8 이온주입 중 도펀트 활성화 효율에 영향을 미치는 주요 요인은 무엇인가?

7.9 이온주입 중 빔이 입사하는 각도(기울기 각도)는 도핑 프로파일에 어떤 영향을 주는가?

7.10 Si 웨이퍼에 40keV의 에너지와 $2\times10^{15}\,\text{ions/cm}^2$의 도즈로 보론 이온이 주입된다. 산출거리($R_p$)는 $0.12\mu\text{m}$이고 산포 ΔR_p는 $0.04\mu\text{m}$이다. 이온주입의 프로파일이 가우시안 분포를 따른다고 할 때 피크 농도를 구하라.

7.11 이온주입이 $1\mu\text{m}$의 오픈된 포토레지스트를 통하여 이루어진다. 측면 산포(ΔR_p)가 $0.05\mu\text{m}$인 경우 도펀트가 포토레지스트 가장자리 아래로 얼마나 확장될지 유추하라.

7.12 실리콘에 150keV로 주입된 인 이온의 경우, $R_p \approx 0.2\mu\text{m}$이다. $R_p \propto E^{1.75}$라 가정하면 에너지가 75keV로 감소하면 R_p가 어떻게 변화할지 계산하시오.

CHAPTER 08

박막 증착

Thin Film Deposition

반도체 제조 공정 중 **박막**(thin film, 薄膜) 증착 공정은 일반적으로 두께가 마이크로미터(μm) 이하인 얇은 막을 형성하는 공정이다. 박막 증착 공정의 개발은 반도체뿐만 아니라 각종 디스플레이, LED, 태양전지, 배터리 등 다양한 소자의 기술 개발을 가속화시켰으며, 광학 코팅, 표면보호 등 여러 분야에서도 폭넓게 활용되고 있다. 특히 반도체 제작을 위한 박막 증착 시 다음과 같은 조건이 요구된다.

- 원하는 화학(조성)/전기/기계적 특성
- 웨이퍼 내, 그리고 웨이퍼 간의 균일한 두께
- 갭 충진 능력(gap filling property, step coverage)

[표 8-1]은 IRDS 로드맵에서 발췌한 로직 소자의 리소그래피 기술 요구사항을 나타낸다.

[표 8-1] IRDS 로드맵에서 제시한 반도체의 집적화에 따른 로직 소자의 리소그래피 기술 요구사항 [1]

구분	2013	2014	2015	2016	2017	2018	2019	2020	2021	2022	2023
생산 연도(MPU)											
DRAM 하프피치(nm)	28	26	24	22	20	18	17	15	14	13	12
MPU 물리적 게이트 길이(nm)	20.2	18.4	16.8	15.3	14	12.8	11.7	10.65	9.72	8.87	8.10
금속 배선층 수	13	13	13	13	14	14	14	14	15	15	15
Metal1 (MPU)											
피치(nm)	80	64	64	57	51	45	40	36	32	28	25
종횡비	1.9	1.9	1.9	2	2	2	2	2	2.1	2.1	2.1
배리어/라이너 두께(nm)	2.4	2.1	1.9	1.7	1.5	1.3	1.2	1.1	1.0	0.9	0.8
중간 배선층(MPU)											
피치(nm)	80	64	64	57	51	45	40	36	32	28	25
듀얼 다마신 종횡비(Cu wire)	1.9	1.9	1.9	2.0	2.0	2.0	2.0	2.0	2.1	2.1	2.1
듀얼 다마신 종횡비(Cu via)	1.7	1.7	1.7	1.8	1.8	1.8	1.8	1.8	1.9	1.9	1.9
배리어/라이너 두께(nm)	2.4	2.1	1.9	1.7	1.5	1.3	1.2	1.1	1.0	0.9	0.8
생산 연도(DRAM)											
DRAM 하프피치(nm)	28	26	24	21.9	20.0	18.4	16.9	15.5	14.2	13.0	11.9
MPU 물리적 게이트 길이(nm)	20.2	18.4	16.8	15.3	14.0	12.8	11.7	10.6	9.7	8.9	8.1
금속 배선층 수	4	4	4	5	5	5	5	5	5	5	5
콘택 종횡비	38	48	50	63	68	74	81	90	87	119	115

범례	
(흰색)	제조 가능한 솔루션 존재 및 최적화 중
(노란색)	제조 가능한 솔루션이 확인됨
(분홍색)	제조 가능한 솔루션이 아직 없음

이를 통해 해가 거듭될수록 반도체가 고집적화되고, 이에 따라 박막 증착 횟수가 증가해 콘택 층 등 반도체 소자 내 여러 구조에서 종횡비[1]가 증가함을 알 수 있다. 하프피치(half pitch), 게이트 길이(gate length) 등의 소자의 사이즈가 점점 감소함은 이미 앞서 언급한 바 있다.

반도체 소자 구조의 종횡비가 수십으로 증가하면, [그림 8-1]과 같은 반도체 소자에 존재하는 트렌치 구조 내 틈새를 완벽히 채우기가 점점 어려워진다. 따라서 박막의 물성은 물론, 공정상의 균일성과 틈새를 잘 채우는 능력이 매우 중요해진다.

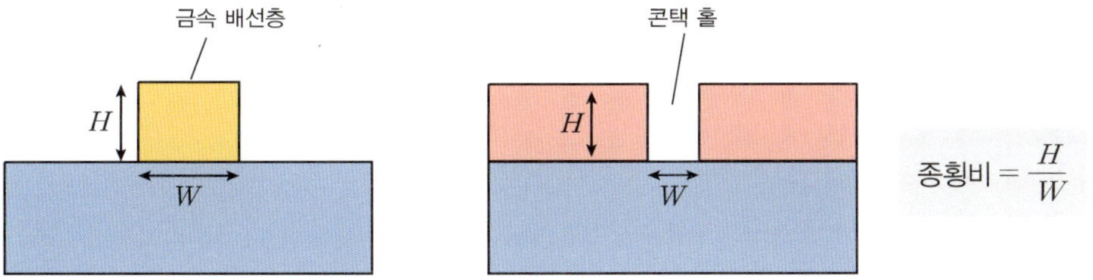

[그림 8-1] 금속 배선과 콘택 홀에서 형성되는 종횡비

SECTION 8.1 박막 증착 원리

기상에서 박막을 증착하는 방법은 크게 **물리적 증착 방법**(physical vapor deposition)과 **화학 증착 방법**(chemical vapor deposition)으로 나눌 수 있다. 이 2가지 방법을 이해하기 위해서는 기체들이 충돌할 때의 과정을 먼저 살펴볼 필요가 있다.

우리가 살아가는 공간을 비롯해, 진공이 아닌 모든 공간에서는 기체 분자들이 계속 불규칙적인 운동을 하면서 여러 다른 기체 분자들과 충돌하고 있다. [그림 8-2(a)]에는 직경 d를 갖는 2개의 입자가 충돌하는 경우와 그렇지 않은 경우를 나타낸다. 즉 입자 간 거리가 d가 되면 충돌이 일어나고, 입자 간 거리가 d보다 크면 충돌하지 않는다. 그러나 이는 상황을 매우 단순하게 묘사한 것이며, 실제로는 모든 입자가 여러 방향으로 운동하기 때문에 입자의 이동 현상을 모두 이해하기가 쉽지 않다. 따라서 [그림 8-2(b)]에 나타낸 것과 같이, 나머지 입자들은 고정된 채 균일하게 분포된 상태이고, 편의상 한 입자만 $\bar{v}$의 평균속력으로 움직인다고 간편화하여 생각할 수 있다. 그러면 입자 간 거리가 d가 될 수 있는 입자들만 이동하는 하나의 입자와 충돌할 수 있다.

1 반도체 소자 내 구조의 길이와 폭의 비율을 의미한다.

입자 간 거리가 d보다 큰 경우(그림의 하얀색 입자들)에는 충돌이 일어나지 않는다. 이때 입자가 충돌하기 위해 이동하는 부피를 살펴보면, 편의상 크기를 무시할 수 있는 점 입자가 있다고 가정할 수 있다. 이 입자가 단면의 직경이 $2d$이고, 길이는 속력 v를 가지고 t초 동안 이동한 거리와 같은 원기둥 내에 들어가면, 실제로는 직경 d인 두 입자가 충돌하는 것이나 마찬가지라고 가정해 볼 수 있다.

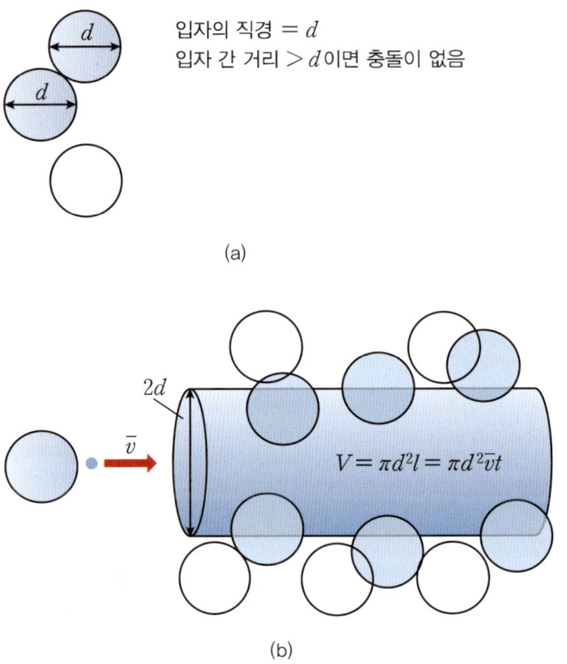

[그림 8-2] (a) 직경이 d인 입자 2개의 기체 충돌 예시, (b) 하나의 입자만 움직인다고 가정하여 충돌을 생각하는 예시

그런데 실제 계 내에서는 모든 입자가 운동하고 있으므로, 원기둥의 부피(V) 내에서 움직이는 한 입자가 다른 입자와 충돌하는 수(N)는 상대속도를 고려하여 다음과 같은 식으로 나타낼 수 있다.

$$N = \sqrt{2}\,\pi d^2 \bar{v} t n \qquad (8.1)$$

여기서 n은 단위 부피당 입자 수에 해당한다.

한편, **평균자유행로**(mean free path, λ)는 어떤 입자가 연속적으로 충돌하면서 이동하는 과정에서, 입자가 충돌 후 다음 충돌이 일어나기 전까지 이동하는 평균 거리이다. 따라서 평균자유행로는 다음과 같이 얻어진다.

$$\lambda = \frac{\text{한 입자가 일정 시간 동안 이동한 거리}}{\text{한 입자가 일정 시간 동안 겪는 충돌 횟수} } \tag{8.2}$$

평균자유행로는 그 계의 특성이나 입자에 따라 달라지며, $\sigma(=\pi d^2)$는 유효 충돌 단면적, k_B는 볼츠만 상수, T는 절대온도, R은 기체상수, N_A는 아보가드로 수, P는 압력이라 할 때, 다음과 같이 표현된다.

$$\lambda = \frac{\bar{v}t}{N} = \frac{1}{\sqrt{2}\,\pi d^2 n} = \frac{1}{\sqrt{2}\,\sigma n} = \frac{k_B T}{\sqrt{2}\,\sigma P} = \frac{RT}{\sqrt{2}\,\sigma N_A P} \tag{8.3}$$

식 (8.3)을 살펴보면, 동일한 시간에 입자의 크기가 크고 개수가 많으면 입자의 충돌은 많아지고, 평균자유행로는 짧아진다는 사실을 알 수 있다. 실제로 분자의 평균자유행로가 어느 정도 되는지 살펴보자. 예를 들어 원자 간 거리(d)가 2Å $(2\times10^{-10}\text{m})$인 이원자 분자가 하나 있다고 하면 유효 충돌 단면적(σ)은 $1.3\times10^{-19}\text{m}^2$이고, 1기압에서의 평균자유행로는 다음과 같이 얻어진다.

$$\lambda = \frac{1.38\times10^{-23}\times300}{\sqrt{2}\times10^5\times1.3\times10^{-19}} = 2\times10^{-7}\text{m} = 0.2\mu\text{m} \tag{8.4}$$

동일한 방법으로 계산하면, 1Torr에서는 $200\mu m$, 1mTorr에서는 20cm의 평균자유행로를 얻을 수 있다. 따라서 압력이 낮아질수록, 즉, 기체의 농도가 낮아질수록 기체가 충돌하지 않고 운동할 수 있는 거리가 길어짐을 알 수 있다. 물론 이러한 설명은 평균자유행로의 개념을 이해하기 위해 상황을 단순화시켜서 얻은 결과이므로 어디까지나 한계를 가지고 있는 것은 사실이다. 먼저, 입자는 직경이 d인 완전한 구형이며, 나머지 입자들은 운동하지 않고 고정되어 있으며 균일하게 분포된 상태라고 가정되었다. 이에 맞지 않는 상황이라면 해석의 오차는 분명히 존재할 것이다.

그럼에도 불구하고, 지금까지의 논의로 우리가 생각해 볼 수 있는 점이 있다. 과연 반도체 박막의 증착을 위해서는 어떠한 공정 조건이 필요할까? 특히, 압력이라는 관점에서 보면 어떠한 조건이 필요할까? 박막 증착을 위해서는 진공(vacuum) 상태여야 한다. 진공이라는 것은 대기압보다 압력이 낮은 환경을 말한다. 앞서 살펴본 것처럼, 압력이란 단위 부피당 기체의 분자 수와 마찬가지 개념이므로 압력을 낮추어 기체의 충돌에 대한 평균 자유경로가 길어지도록 해주는 것이 좋다. 이를 통해 원하지 않는 원자, 분자의 입자 밀도를 줄일 수 있고, 때로는 원하는 원자나 분자를 비교적 멀리 이동시킬 수 있으며, 체임버 내 기체와 증기의 조성을 제어하고, 플라즈마가 생성될 수 있는 조건을 제공하기 때문이다.

SECTION 8.2 물리적 기상 증착(Physical Vapor Deposition)

물리적 기상 증착(physical vapor deposition, PVD)은 화학적 반응보다는 물리적 방법에 의해 이루어지는 박막 진공 증착 방법으로서, 고체 물질을 증기 상태로 바꾸어 이동시킨 후 웨이퍼 표면에서 응축시켜서 다시 고체상으로 만드는 공정이다. PVD에 의한 박막의 증착 속도는 방출된 플럭스, 타겟-웨이퍼 홀더의 위치 등에 의해 결정된다.

이러한 조건 하에 다양한 재료의 박막은 다음 단계에 따라 웨이퍼 상에 증착된다.

❶ 증착될 소스 물질은 물리적 수단에 의해 증기로 변환된다.
❷ 증기는 소스로부터 웨이퍼 쪽으로 저압(진공) 영역을 가로질러 운반된다.
❸ 소스 물질의 증기는 웨이퍼 상에 도달하여 표면에서 응축되어 박막을 형성한다.

반도체 제조 과정에서, 박막 증착을 위한 PVD 중 가장 널리 사용되는 방법은 **스퍼터링**(sputtering)이다. 스퍼터링은 저온에서 다양한 금속 및 금속 산화물 박막(Al, Al 합금, W, TiN, Pt, Au 등)을 증착하며, 저압 가스(약 5mTorr의 아르곤)에 고전압을 인가하여 행해진다. 3장의 건식 식각에서 잠깐 언급된 플라즈마는 높은 에너지 상태의 전자, 가스 이온 및 중성 원자로 구성되는데, 전자의 충돌에 의해 물질 내 이온과 원자 사이에서 운동량 교환이 일어나며 이러한 상태가 유지된다. 따라서 플라즈마는 끊임없는 비탄성 충돌로 인해 열역학적 평형 상태가 아닌 비평형 상태이다.

이러한 상태에서 생성된 이온들은 스퍼터링을 위해 특별히 제작된 **타겟**(target)이라는 원판형의 고순도의 물질에 향하게 된다. [그림 8-3]에서 볼 수 있듯이 이온들은 타겟의 원자들을 쳐서 기상으로 내보내는데, 이 과정이 바로 스퍼터링이다. 이러한 원리는 XPS 등의 표면 분석 기술에 사용되기도 한다. 스퍼터링된 원자는 압력이 낮은 영역을 통과하여 웨이퍼 쪽으로 이동되고, 마침내 웨이퍼 상에서 응축되어 박막을 형성한다.

(a) 타겟

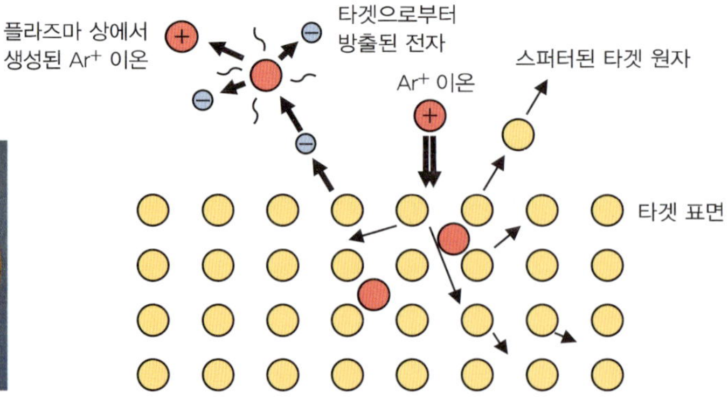

(b) 스퍼터링 효과의 모식도

[그림 8-3] 스퍼터링 박막 증착

스퍼터링 공정의 장점으로는, 대형 타겟을 사용하여 대형 웨이퍼에 균일한 두께의 박막을 간단하게 증착할 수 있고, 박막의 두께 조절이 용이하며, 증발법보다 박막의 조성 및 특성 제어가 쉽다는 점이 있다. 그러나 단점 또한 명확한데, 일부 물질(예 SiO_2)의 경우에는 증착 속도가 느리고 이온이 타겟 물질뿐만 아니라 웨이퍼에 손상을 줄 수 있으며, 무엇보다 갭 충진 특성이 제한적이라는 점을 들 수 있다.

[그림 8-4]에는 PVD에서 전형적으로 나타나는 불균일한 **계단 피복 특성**(step coverage)과 갭 충진 특성을 나타낸다. 트렌치 구조에서 박막 증착 시 나타나는 상이한 증착 프로파일의 원인에 대해서는 8.3절에서 다시 설명한다.

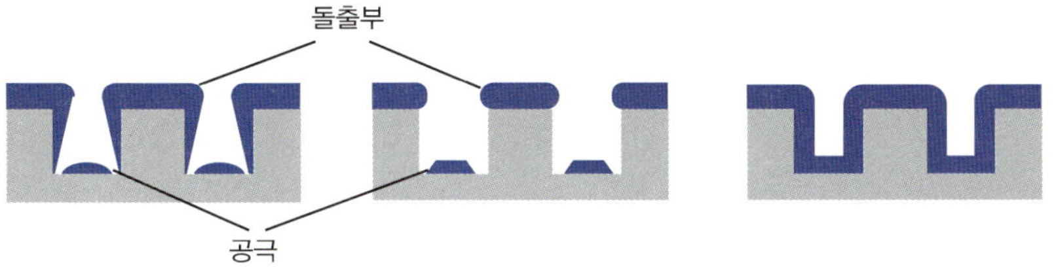

[그림 8-4] 균일한 계단 피복 특성와 그렇지 못한 예

DC 스퍼터링

스퍼터링 가스로는 일반적으로 아르곤과 같은 비활성 기체가 사용된다. [그림 8-5]의 모식도에서 보듯이, 플라즈마 내에 존재하는 Ar^+ 이온이 음(–)으로 대전된 음극(cathode)으로 가속되어 타겟과 충돌한다. 이때 타겟 표면의 원자를 스퍼터링하고, 스퍼터링된 원자들은 플라즈마를 통해 이동하여 양극(anode)에 있는 웨이퍼 위에 증착된다.

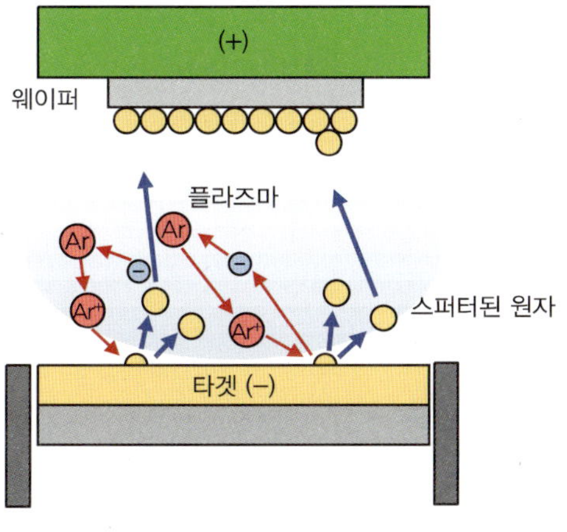

[그림 8-5] DC 스퍼터링의 장치 및 공정 개략도

일반적으로 두 전극(타겟과 웨이퍼) 사이의 거리는 수 센치미터(cm)이다. 1~100mTorr 정도의 압력에서 공정이 진행되며 화합물이나 합금류의 증착이 가능하다. 일반적으로 박막의 증착 속도와 물성을 조절하기 위해 아르곤 압력, 스퍼터링 전압, 기판 바이어스 전압, 기판 온도 등의 공정 인자들이 조절된다.

RF 스퍼터링

DC 스퍼터링의 경우에 공정 중 음극(타겟)에 양전하가 축적되는 문제가 발생한다. 이러한 문제점을 해결하고자 양극-음극 바이어스의 극성을 약 13.56MHz의 고주파로 반전시키는 **RF 스퍼터링** 방식이 사용되며, 이를 통해 다양한 박막을 안정적으로 증착할 수 있다([그림 8-6(a)] 참고).

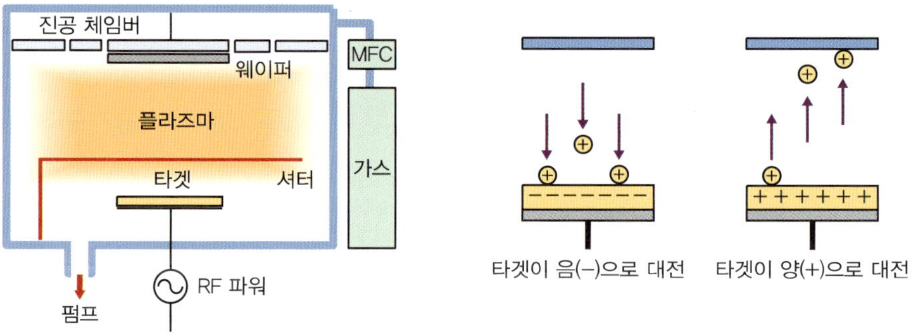

(a) 모식도

(b) 공정 과정

[그림 8-6] RF 스퍼터링의 장치

이 공정은 [그림 8-6(b)]와 같이 2가지 과정으로 구성된다. 먼저 타겟이 음(−)으로 대전되면, 스퍼터링 가스 원자가 타겟 원자를 때리고 타겟의 원자와 가스 이온이 타겟 표면에 존재하게 된다. 이 과정에서 타겟 표면은 양(+)으로 대전되어 있을 것이다. 그 다음에 타겟이 양(+)으로 대전되면, 가스 이온 및 타겟 원자는 웨이퍼 쪽으로 가속되어 날아가 웨이퍼 표면에서 증착이 일어난다. 13.56MHz의 주파수가 사용된다는 것은 이러한 일이 1초에 13,560,000회 반복하여 일어난다는 것을 의미한다.

결국 RF 스퍼터링은 절연체 타겟에서의 전하 축적 문제를 방지할 수 있어, 산화막 등의 절연체 및 유전체를 제작하는 데 유리하다. 그러나 증착 속도는 DC 스퍼터링에 비해 느리다는 단점이 있다.

마그네트론 스퍼터링

마그네트론 스퍼터링(magnetron sputtering)은 매우 강한 자석을 사용해 타겟 근처에서 플라즈마 내의 전자를 가두어 고밀도 플라즈마를 생성한다. 이를 통해 증착 속도를 향상시킬 뿐만 아니라, 전자가 기판 또는 증착되는 박막에 직접 충돌하여 손상을 일으키는 것을 방지한다. 마그네트론 스퍼터링은 거의 모든 재료를 용융 온도에 관계없이 증착할 수 있다. 또한 합금 및 화합물의 박막이 타겟 재료의 조성과 유사하게 증착될 수 있다.

반응성 스퍼터링

반응성 스퍼터링(reactive sputtering)에서는 스퍼터링된 입자가 화학 반응을 겪고 웨이퍼 표면에 박막으로서 증착된다. 스퍼터링이 이루어지는 동안, 산소나 질소와 같은 반응성 가스를 스퍼터링 챔버로 도입하여 타겟에서부터 나온 원자들이 반응성 가스와 반응하며 산화막 및 질화막 등을 웨이퍼 위에 증착하게 된다. 따라서 이 경우에는 증착된 박막의 특성이 타겟 물질과는 상이할 수밖에 없다. 박막의 조성 및 화학양론(stoichiometry)은 반응성 가스의 압력과 유량 등을 변화시킴으로써 조절할 수 있다.

SECTION 8.3 화학 기상 증착(Chemical Vapor Deposition)

화학 기상 증착(chemical vapor deposition, CVD)은 휘발성 전구체를 웨이퍼 표면상에서 반응 또는 분해시켜 웨이퍼 위에 원하는 박막을 생성하는 방법이다. CVD 공정은 PVD보다 상대적으로 높은 압력에서 수행되는데, 압력이 높다는 것은 기체의 평균자유행로가 짧다는 것을 의미한다. 그리고 비교적 높은 온도에서 반응이 이루어지며, 다양한 재료에 적용할 수 있다. 압력이 높고 평균자유행로 짧다는 것은 기체의 농도가 높다는 것을 의미하며, 온도가 높다는 것과 더불어 결국 반응 속도를 증가시키는 데 유리한 조건이 적용되었다는 것을 알 수 있다.

[그림 8-7]에서 볼 수 있듯이, CVD는 PVD에 비해 일반적으로 계단 피복 특성(step coverage)이 우수하여 갭 충진 특성이 양호하다.

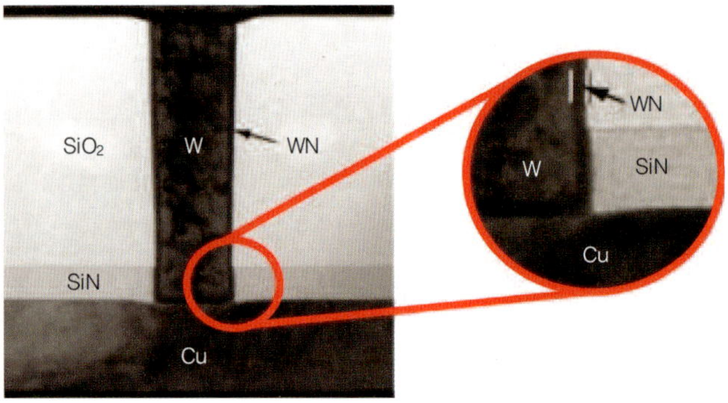

[그림 8-7] 구리 배선에서 WN 배리어층 위에 형성된 CVD 텅스텐(W) 콘택 홀 갭 충진 특성[2]

예를 들어, 반도체 신호 전달을 위한 배선 재료로서 전기가 잘 통하고 전기저항이 작은 구리나 알루미늄을 사용하면 좋지만, 공정 특성상 주로 텅스텐이 콘택 물질로 사용된다. 이때 텅스텐은 주로 CVD 방법에 의해 증착되는데, CVD의 경우 등방위적으로 반응이 이루어지므로 콘택을 빠른 시간 내 형성할 수 있다. 특히 절연층 사이의 홈(틈새)를 잘 채울 수 있는 갭 충진 특성이 중요한데, CVD는 이런 면에서 장점을 가지고 있다. 만약 절연층의 틈새로 만들어진 콘택 홀의 공간이 전도체로 완벽하게 채워지지 않으면, 회로의 전기적 저항이 증가하여 신호 전달이 지연될 수 있다.

구조에 따른 CVD 반응기 구분

주로 반응의 속도를 결정하는 요소에 따라 CVD 반응기 유형이 결정된다. 예를 들어 전구체 반응 가스가 웨이퍼 표면으로의 이동이 제한되어 물질 전달(확산)이 속도 결정 단계라면, 균일한 박막을 얻기 위해 기체의 흐름과 압력을 조절해야 한다. 반면에, 전구체가 웨이퍼 위에서 반응할 때 관련되는 반응 속도가 제한적이라면, 이 단계가 속도 결정 단계가 되므로 온도를 제어해야 한다.

CVD 반응기는 구조와 설계 방식에 따라 [그림 8-8]에 나타낸 바와 같이 **관형 반응기**(tube reactor)와 **샤워헤드 반응기**(showerhead reactor)로 나뉜다. 관형 반응기는 hot-wall형으로, 반응기의 벽이 가열되며 수평 또는 수직으로 설치된다. 이러한 구조에서는 대량의 웨이퍼가 일괄 처리되는 배치(batch) 공정이 이루어진다. 박막의 방사형(radial) 균일성은 양호하나, 축방향(axial) 균일성을 얻기 위해서는 증착 속도를 늦춰야 한다.

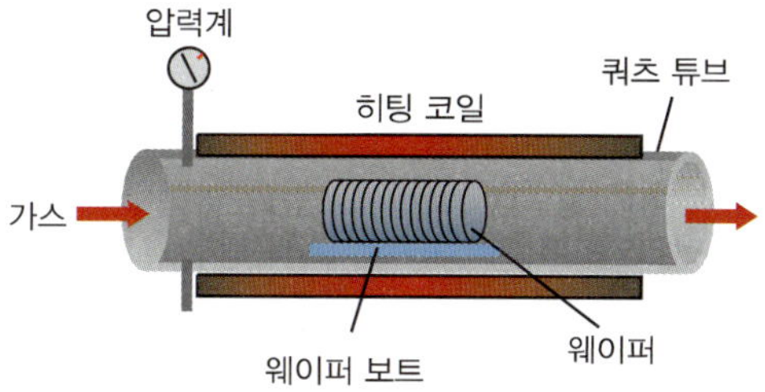

(a) 관형 반응기(hot-wall형)

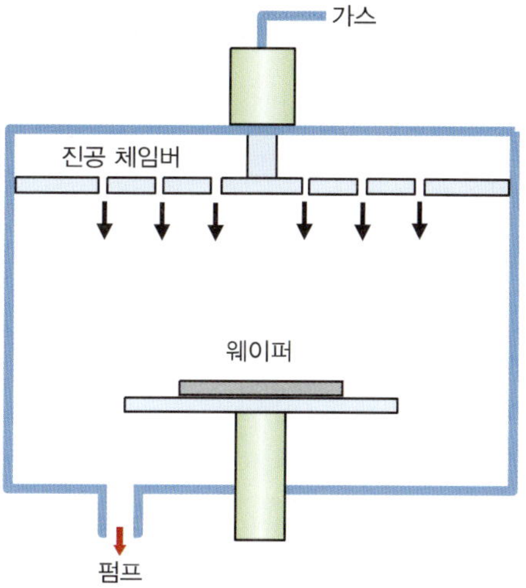

(b) 샤워헤드 반응기(cold-wall형)

[그림 8-8] CVD 반응기

한편, 샤워 헤드 반응기에서는 웨이퍼가 위치하는 쪽, 즉 서셉터(susceptor)의 전극은 접지되어 있고 가열이 가능하다. 반대편 전극에는 일정한 크기의 구멍들이 뚫려 있어 가스가 고르게 분사되도록 설계되어 있다. 샤워헤드 반응기는 웨이퍼만 가열되는 cold-wall형이며, **플라즈마 인가 CVD**(plasma enhanced chemical vapor deposition, PECVD)의 경우에 적합하다. 일반적으로 싱글 웨이퍼 공정용으로 설계되었으며 방사형 균일성을 위해서는 히터와 플라즈마 소스 등의 설계가 잘 이루어져야 한다.

공정의 조건에 따른 CVD 반응 구분

공정의 조건에 따라 CVD 반응을 다음과 같이 구분할 수 있다.

상압 CVD

상압 CVD(atmospheric pressure CVD, APCVD)는 상압에서 이루어지며, 실리콘 에피택셜 공정 또는 TiC 및 TiN과 같은 단단한 금속 물질의 증착에 사용된다. SiO_2나 BPSG(borophosphosilicate glass)와 같은 다양한 절연체 박막은 저온에서 APCVD로 증착이 가능하다.

[그림 8-9]는 APCVD 반응을 위한 가스의 전체 경로를 나타낸 것이다. 먼저 반응에 참여할 가스가 반응기의 벌크 가스로서 들어오고(과정 ❶), 그 벌크 가스로부터 웨이퍼 표면 위로 확산에 의해 물질이 전달된다(과정 ❷). 그리고 웨이퍼 표면에서의 반응을 거친 후(과정 ❸ ~ ❹), 박막이 형성되고 나머지 부산물은 표면으로부터 탈리되어 나간다(과정 ❺ ~ ❼).

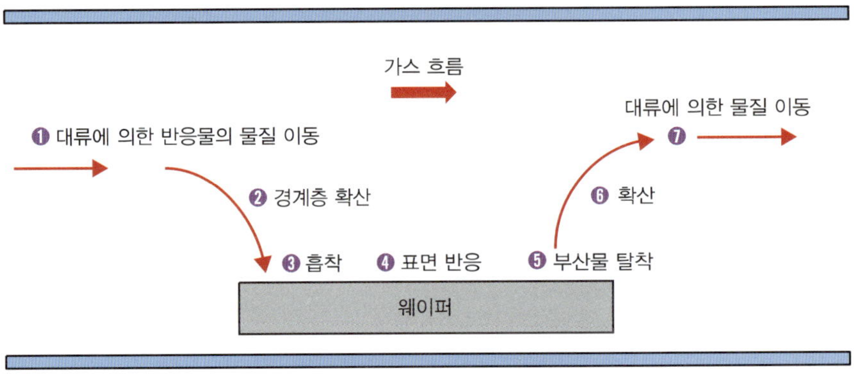

[그림 8-9] CVD 공정에서 가스의 이동 경로

벌크 가스로부터 웨이퍼 표면에 도달하는 과정의 플럭스를 F_1이라 하고, h_g를 물질 전달계수라 할 때 F_1은 다음과 같이 주어진다. 이는 2장에서 산화 과정의 설명에서의 F_{conv}와 마찬가지이다. 그 과정에서 [그림 8-10]과 같이 전구체 가스 농도의 구배가 만들어질 것이다.

$$F_1 = h_g(C_g - C_s) \tag{8.5}$$

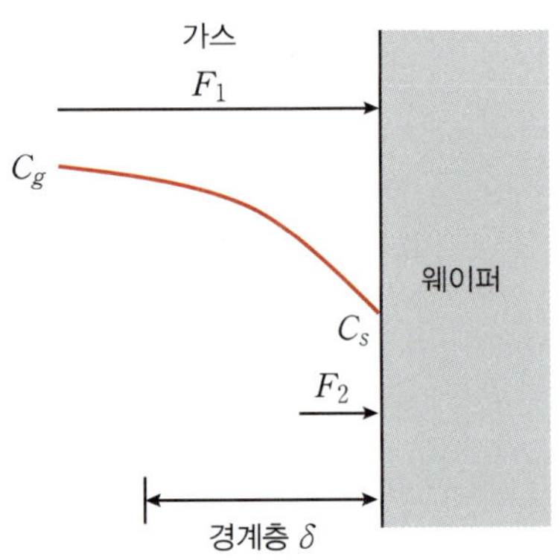

[그림 8-10] CVD에서 가스의 웨이퍼 표면으로의 농도구배

그리고 박막 형성을 위한 웨이퍼 상의 표면 반응과 관련된 플러스가 존재하는데, k_s가 표면 반응 속도상수라 할 때, 이 플럭스는 F_2로 다음의 식으로 표시된다. 이 역시 산화 과정의 F_{reaction}과 유사한 의미이다(과정 ❹).

$$F_2 = k_s C_s \tag{8.6}$$

한편 정상상태에서는 $F = F_1 = F_2$이므로 웨이퍼 표면에서 반응 가스의 농도는 다음과 같이 주어진다.

$$C_s = C_g\left(1 + \frac{k_s}{h_g}\right)^{-1} \tag{8.7}$$

그러면 N을 박막 물질의 단위 부피당 원자의 수(실리콘의 경우 : $5 \times 10^{22} \text{at/cm}^3$)라 할 때, 박막의 증착 속도($r$)는 다음과 같다.

$$r = \frac{F}{N} = \frac{k_s h_g}{k_s + h_g}\frac{C_g}{N} \tag{8.8}$$

만일 $k_s \ll h_g$라면, 표면 반응이 상대적으로 느려서 이것이 속도 결정 단계가 되며 증착 속도는 다음과 같다.

$$r = k_s \frac{C_g}{N} \tag{8.9}$$

한편 $k_s \gg h_g$라면, 물질 전달이 전체 속도를 결정하게 되어 다음과 같이 표현된다.

$$r = h_g \frac{C_g}{N} \tag{8.10}$$

[그림 8-11]은 박막의 증착 속도를 온도의 역수에 대해 나타낸 아레니우스 플롯으로, 산화과정에서의 선형 속도상수(B/A)와 포물선 속도상수(B)의 예에서 다룬 적이 있다. 그림에서 보듯이, 온도와 더불어 증착 속도가 증가하는 구간은 아레니우스 식을 따른다. 이 구간에서는 $k_s \ll h_g$이므로 k_s의 활성화 에너지에 의해 증착 속도가 결정되어 온도가 증가함에 따라 박막의 증착 속도가 증가한다. 이렇게 전체적인 박막 증착 속도가 온도와 함께 증가하다가, 어떤 영역 이상에서는 온도가 증가해도 증착 속도가 크게 증가하지 않는다. 온도에 민감하지 않은 이 구간은 물질 전달이 반응의 속도를 결정하는 구간($k_s \gg h_g$)이라고 할 수 있다. 이 경우에는 경계층을 통과하는 확산 과정, 또는 그것을 표현하는 h_g가 온도에 따라 크게 변화하지 않기 때문이다. 그래서 이러한 조건에서는 오히려 증착 속도가 경계층 두께(δ)와 같은 지형적인 요소에 더 많이 의존하게 된다.

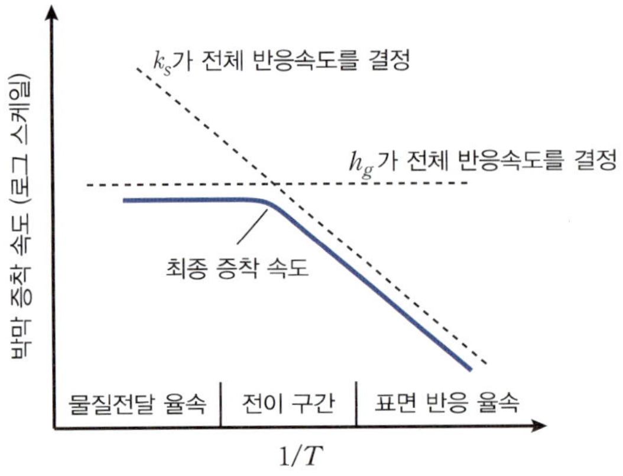

[그림 8-11] CVD 공정에서 온도의 역수에 대해 나타낸 박막의 증착 속도

일반적으로 가스가 표면을 따라 흐를 때 경계층의 두께는 일정하지 않다. 이러한 요인은 증착 속도를 불균일하게 만들 것이며, 따라서 웨이퍼 간의 균일한 증착 속도를 위해서는 [그림 8-12]와 같이 특별히 고안된 웨이퍼 위치의 셋업이 필요하다. APCVD는 상대적으로 높은 압력에서 진행되므로 박막 증착 속도가 빠르지만, 웨이퍼 내와 웨이퍼 간의 균일도가 떨어진다는 단점이 있다.

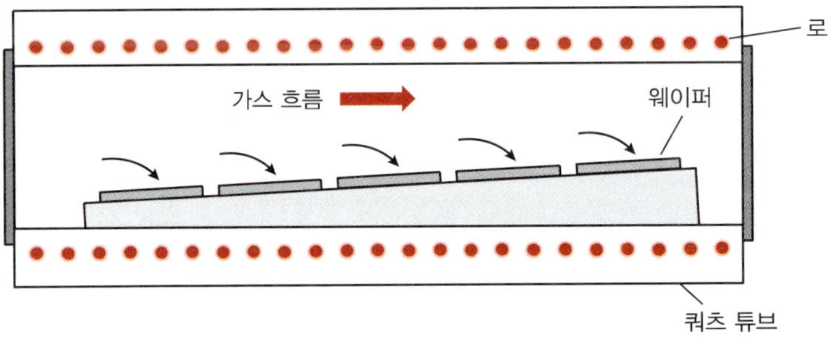

[그림 8-12] 균일한 증착 속도를 갖기 위해 경계층의 두께를 조절하여 웨이퍼를 배치한 CVD의 예

한편, APCVD 중에 **에피택시**(epitaxial) 공정이 있는데, 'epitaxy'라는 용어는 그리스어의 '위'를 의미하는 epi와 '정렬'을 의미하는 taxis에서 유래한다. 즉 결정상태의 기판 위에 같은 결정성을 갖는 박막을 증착하는 것으로, 단결정 Si 웨이퍼 위에 단결정 실리콘 박막을 성장시키는 것이 하나의 예이다. 이러한 실리콘 에피택시 공정의 원료로는 SiH_4(silane), SiH_2Cl_2(dichlorosilane), $SiHCl_3$(trichlorosilane), $SiCl_4$(tetrachlorosilane) 등이 사용되며, 다음의 대표적인 반응식들을 통해 실리콘이 성장한다.

$$SiH_4 \rightarrow Si + 2H_2 \tag{8.11}$$

$$SiCl_4 + 2H_2 \rightarrow Si + 4HCl \tag{8.12}$$

그러나 [그림 8-13]에 나타낸 것처럼, $SiCl_4$가 사용되는 반응에서 $SiCl_4$가 H_2에 비해 일정 비율을 넘어 공급되면 다음의 반응식처럼 실리콘의 식각이 더 우세하게 일어난다.

$$SiCl_4 + Si \rightarrow 2SiCl_2 \tag{8.13}$$

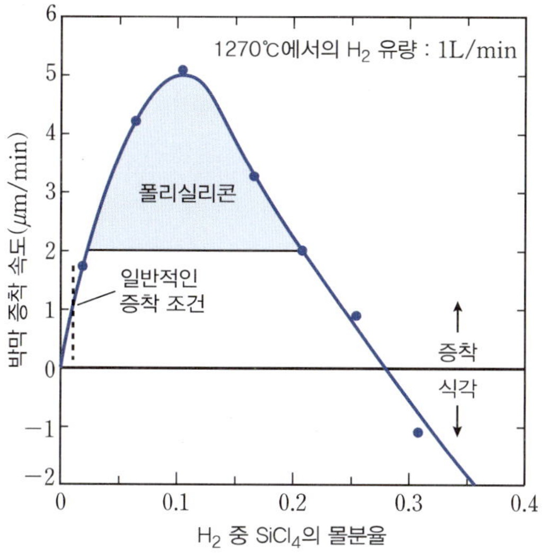

[그림 8-13] $SiCl_4$와 H_2의 반응에서 원료 가스의 비율에 따른 박막 증착 및 식각의 구분 [3]

앞서 설명된 APCVD 과정 내에서, 전구체의 표면 반응과 물질 전달 사이의 경쟁에 의해 속도결정 단계와 증착 속도가 결정된다. 실리콘의 에피택시 공정에서도 동일한 원리가 적용되어 온도가 낮은 영역에서는 표면 반응 속도가 반응 속도를 결정하는 아레니우스 식에 따른다. 그러나 온도가 높아지면 물질 전달이 전체 증착 속도를 결정하게 되며, 이때는 온도에 덜 민감하게 된다([그림 8-14] 참고).

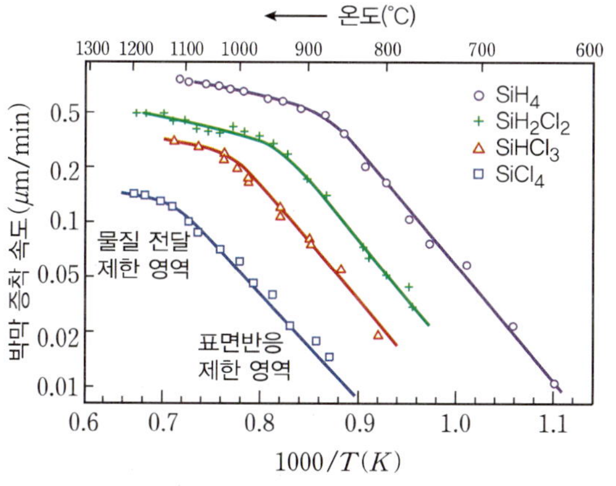

[그림 8-14] 실리콘 에피택시 공정에서 SiH_4, SiH_2Cl_2, $SiHCl_3$, $SiCl_4$가 원료로 사용된 경우 온도의 역수와 박막의 증착 속도와의 관계 [4]

일반적으로 에피택시 공정은 물질 전달이 제한적인 조건, 즉 온도가 높은 환경에서 이루어지는데, 그 이유는 온도의 민감성을 감소시켜 반응 속도를 잘 제어하기 위함이다. 일반적으로 고온에서 생성되는 박막의 성질이 우수하며, h_g가 잘 제어된다.

저압 CVD

저압 CVD(Low-Pressure CVD, LPCVD)는 APCVD에 비해 우수한 증착 균일도와 박막 성질을 제공한다. 그러나, 낮은 압력에서 공정이 진행되므로 박막 증착 속도는 상대적으로 낮다. 식 (8.14)에서 나타낸 것처럼, **물질 전달계수**(h_g)는 경계층 두께(δ)에 대한 확산계수(D)의 비로 정의된다. 확산계수는 압력에 반비례하므로, 압력을 낮추면 물질 전달이 원활해져 증착 속도를 높일 수 있다.

$$h_g = \frac{D}{\delta} \tag{8.14}$$

예를 들어 [그림 8-15]를 보면 압력을 760 Torr에서 1 Torr로 낮춤에 따라 경계층 두께는 7배, 확산계수는 760배가 증가하여 결과적으로 h_g가 100배만큼 증가하게 된다. 그 결과, 벌크 반응가스로부터 웨이퍼 표면까지의 경계층을 통한 전구체 가스의 이동(확산)이 더 이상 속도 결정 단계가 아니게 되고, 높은 온도에서 증착 속도가 증가할 수 있다.

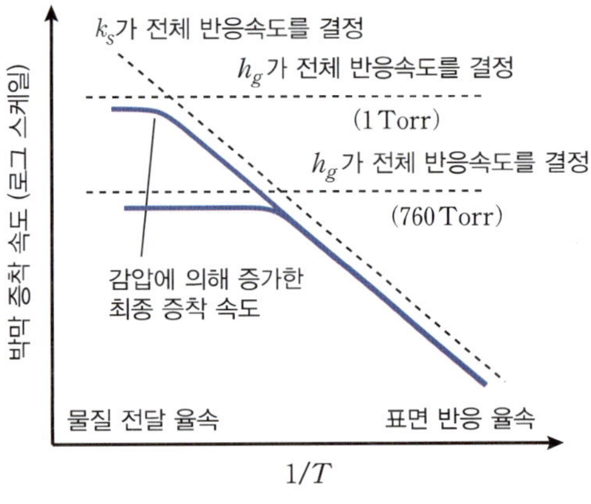

[그림 8-15] 압력의 감소에 따른 LPCVD에서의 증착 속도 증가

한편 대부분의 LPCVD 반응기는 hot-wall 형이다. 이는 보다 균일한 온도 분포를 제공하지만 반응기 벽의 표면도 코팅될 가능성이 있다. cold-wall 형의 반응기에서는 반응 속도가 감소하지만, 박막 특성을 더 잘 제어할 수 있다. LPCVD로는 트랜지스터의 게이트 전극으로 사용되는 폴리실리콘(poly-Si)을 비롯하여 SiO_2, Si_3N_4, W, Ta 등의 박막을 증착할 수 있는데, 이러한 물질들의 생성을 위해서 높은 온도의 열을 가해야 한다. LPCVD는 계단 피복 특성이 좋다는 장점이 있지만, 일반적으로 증착 속도가 느리기 때문에 고온에서 공정이 이루어져야 한다는 단점이 있다.

플라즈마 인가 CVD

플라즈마 인가 CVD(PECVD)는 열을 이용하여 반응물을 분해 및 합성하는 것이 아니고, 저온에서 플라즈마 상에서 공정을 진행시키는 박막 형성 방법이다. 스퍼터링의 경우와 마찬가지로, PECVD에서도 플라즈마는 일반적으로 RF 주파수 또는 2개의 전극 사이의 직류(DC) 방전에 의해 생성된다. 플라즈마는 전자, 이온화된 분자, 중성 라디칼 등으로 구성되었다고 여러 차례 소개된 바 있다. 중성 라디칼은 매우 높은 반응성을 가지며, 이러한 라디칼 및 이온 충격에 의해 낮은 온도에서도 박막 증착이 가능하다. 따라서 PECVD의 가장 큰 특징 중 하나는 전구체 가스를 해리하는 데 필요한 에너지를 플라즈마로부터 얻으므로 웨이퍼 온도를 400℃ 이하로 비교적 낮게 가져갈 수 있다는 점이다.

[그림 8-16]은 PECVD 장치 및 셋업의 개략도를 나타낸 것이다. 스퍼터링 장치와 마찬가지로, 반응 체임버 내에는 알루미늄 전극 양단이 수 센치미터(cm) 간격으로 위치하고 그 사이에 플라즈마가 생성된다.

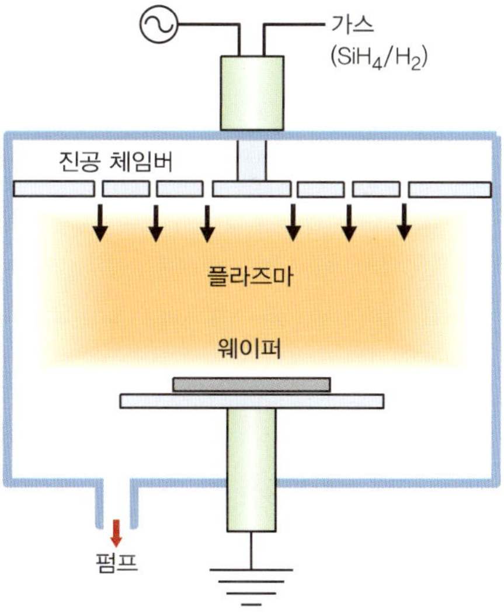

[그림 8-16] 플라즈마 CVD의 반응장치의 모식도

PECVD 공정에서 원하는 조성의 박막을 얻기 위해서는 여러 가지의 공정 인자들을 잘 제어해야 한다. 반응기 체임버 내의 압력은 기체 분자들의 평균자유행로를 결정하므로, 압력에 따라 반응이 기판 표면에서 일어날지 기상에서 일어날지 결정된다. 만약 라디칼들이 웨이퍼 표면에 도달하기 전에 기상에서 반응하면 파우더가 형성되어 반응기 및 웨이퍼를 오염시키는 원인이 된다. 또한 반응 가스의 유량은 가스가 체임버 내에 머무는 체류시간(residence time)을 결정하므로 증착 속도에 직접적인 영향을 미친다.

PECVD 공정에서는 실리콘 전구체 가스(SiH_4, SiH_2Cl_2 등), 산소 전구체(O_2, NO_2)를 수 mTorr ~Torr의 압력에서 반응시켜 SiO_2를 증착시킬 수 있다. 또한 SiO_2는 플라즈마 상에서 TEOS (tetraethyl orthosilicate, $Si(OC_2H_5)_4$) 전구체를 O_2와 함께 사용하여 증착할 수 있다. 그러나 이렇게 생성된 SiO_2 박막은 비교적 많은 양의 탄소와 수소를 가지고 있으며 공기 중에서 불안정하다.

또한 전구체로 SiH_4 및 NH_3 또는 N_2를 이용하여 Si_3N_4 박막을 증착할 수 있다. 그러나 이때 형성된 박막 내부에는 Si-H, Si-NH 등의 형태로 많은 양의 수소가 포함되며, 이러한 수소는 박막의 안정성, 기계적 응력 및 전기 전도도에 영향을 미친다. 한편, 독립적인 RF 바이어스를 가지고, 웨이퍼로부터 떨어져 있는 곳에서 생성된 고밀도 플라즈마(remote high density plasma)를 이용한 고밀도 플라즈마 CVD 반응기는 더 평탄한 박막 제작을 위해 동시에 증착과 스퍼터링 작용을 하며, 주로 SiO_2의 증착에 사용된다. 전구체로서 SiH_4과 O_2/Ar를 사용하는 경우, 고밀도 플라즈마 SiO_2 박막 증착은 복잡한 지형의 표면구조에 비교적 균일하면서도 수소가 거의 없는 박막을 생성하여 널리 사용되고 있다.

CVD 공정의 해석

CVD 공정은 비아 홀이나 트렌치 등의 갭을 메꾸는 공정에 많이 사용되는데, 이러한 구조에서의 박막 성장의 해석을 위해서 다양한 시뮬레이션 방법이 사용되었다.

분석적 모델

먼저 반응종의 트렌치 내에서의 깊이방향으로의 농도 프로파일을 1차원 확산 모델을 사용하여 **부착 확률**(sticking probability, η)의 함수로 해석할 수 있다. [그림 8-17]에 나타난 것과 같이 L/W를 종횡비(aspect ratio)로 갖는 트렌치 구조에서 CVD 반응에 의해 박막이 증착될 때, 트렌치 내부에서는 반응종의 확산과 표면 반응이 정상상태에서 균형을 이루고 있다고 볼 수 있다. 이러한 조건을 바탕으로 물질수지식과 경계조건을 세울 수 있다.

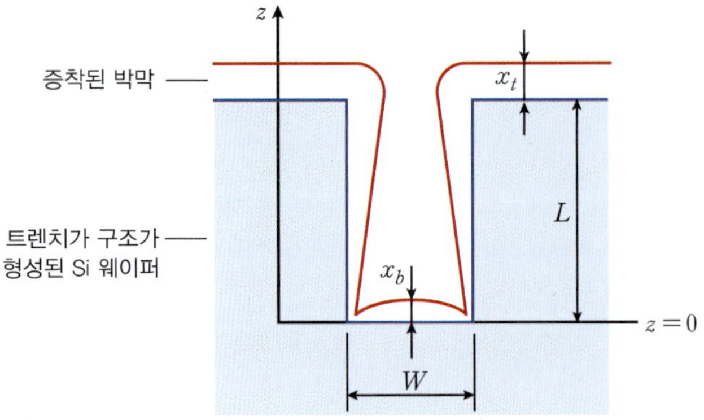

[그림 8-17] 트렌치 상에 박막이 증착되는 경우의 농도 프로파일의 해석[5]

이때 트렌치의 깊이를 L, 트렌치 바닥에서 높이 방향으로의 길이를 z라 하면, 최상부에서의 반응종의 농도(C_0)에 대한 깊이에 따른 반응종의 농도 $C(z)$는 다음과 같다.

$$\frac{C(z)}{C_0} = \frac{\cos h \frac{z}{L}\phi + \frac{\phi W}{2L} \sin h \frac{z}{L}\phi}{\cos h\phi + \frac{\phi W}{2L} \sin h\phi} \tag{8.15}$$

여기서 ϕ는 표면에서의 반응 속도상수(k_s)와 가스의 확산계수(D)의 비율을 나타내는 무차원수이다. 여기서 반응종의 부착 확률(η)을 트렌치 내의 표면에 $\bar{v}$의 평균 열속도로 입사하는 분자들 가운데 표면 반응에 의해 실제 박막이 이루어지는 확률이라고 하면, 표면 반응 속도상수는 다음과 같다.

$$k_s = \frac{1}{4}\bar{v}\eta \tag{8.16}$$

또한 이 경우에는 분자 간의 충돌에 의한 분자확산이라기보다는, 압력이 낮은 상태에서 기체분자의 기체 분자의 평균자유행로가 길어져 트렌치 벽 사이를 직접 충돌하며 이동하는 현상이 지배적이다. 즉 트렌치의 폭(W)보다 평균자유행로(λ)가 긴 조건이므로 **크누센**(Knudsen) 확산이라 할 수 있으며, 크누센 확산계수(D_k)를 이용하여 다음과 같이 정리할 수 있다.

$$D = D_k = \frac{1}{3}\bar{v}\,W \tag{8.17}$$

그러면 ϕ는 다음과 같이 나타낼 수 있다.

$$\phi = L\sqrt{\frac{2k_s}{WD}} = L\sqrt{\frac{2\times\frac{1}{4}\bar{v}\eta}{W\times\frac{1}{3}\bar{v}\,W}} = \frac{L}{W}\sqrt{\frac{3}{2}\eta} \tag{8.18}$$

또한 증착하는 박막의 두께가 반응종의 농도에 의존하게 되므로, 스텝 커버리지(단차 피복 특성)를 $z=0$일 때의 상부에 대한 하부 박막의 두께의 비(x_b/x_t)로 나타내면, 스텝 커버리지는 식 (8.15)로부터 다음과 같이 나타낼 수 있다.

$$\frac{x_b}{x_t} = \frac{1}{\cos h\phi + \frac{\phi W}{2L}\sin h\phi} \tag{8.19}$$

식 (8.19)로부터 트렌치 상에서 증착되는 박막의 스텝 커버리지는 부착 확률(η)에 의해 결정된다는 매우 중요한 결론을 얻을 수 있다.

[그림 8-18]은 스텝 커버리지와 부착 확률 간의 관계를 나타내는데, 주어진 종횡비(L/W)에서 반응종의 반도체 표면상에서의 부착 확률이 감소할수록 스텝 커버리지가 개선되는 것을 알 수 있다. 또한 주어진 부착 확률에서 종횡비가 증가할수록, 즉 트렌치의 깊이가 깊어질수록, 스텝 커버리지가 저하하는 것을 알 수 있다. 이로부터 집적도가 증가하여 반도체 구조의 종횡비가 증가할수록 트렌치의 갭 충진이 용이하지 않을 것임이 예상된다.

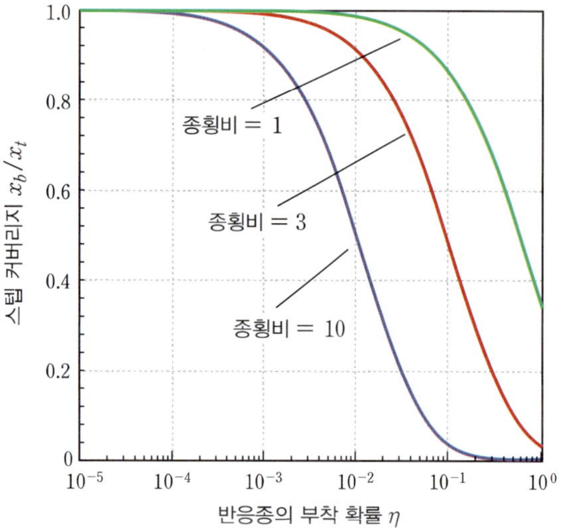

[그림 8-18] 1에서 5 사이의 종횡비를 갖는 트렌치 상에서 반응종의 부착 확률과 스텝 커버리지 특성의 관계

이렇듯 트렌치 구조상에 증착되는 박막의 증착 프로파일은 부착 확률에 따라 다르게 나타나는데, 이는 왜 그런 것일까? [그림 8-19]를 살펴보면 이를 쉽게 이해할 수 있다. [그림 8-19(a)]처럼 반응종의 부착 확률이 높은 경우에는, 트렌치로 다가오는 반응종들이 모두 트렌치 입구에서 쉽게 증착되고, 트렌치 내부로 확산되어 이동하는 반응종의 농도는 극히 낮아질 것이다. 따라서 트렌치의 상부와 하부의 반응종의 농도 차이가 크게 발생하게 된다. 이로 인해 반응 속도, 즉 박막의 증착 속도 및 두께가 트렌치의 깊이에 따라 현저한 차이를 보이게 된다. 그 결과 스텝 커버리지는 저하될 수밖에 없다.

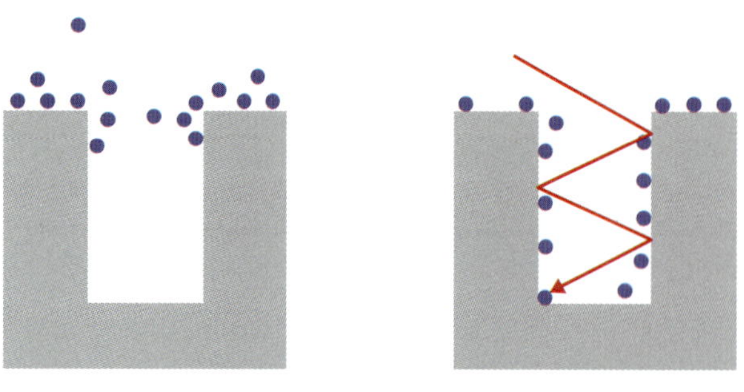

(a) 부착 확률이 큰 경우　　(b) 부착 확률이 작은 경우

[그림 8-19] 부착 확률에 따른 트렌치 상에서 위치에 따른 반응종의 농도의 분포

앞에서 다뤘던 PVD의 경우 기체 분자의 부착 확률이 높아서 일반적으로 이러한 증착 프로파일을 나타낸다. 그러나 [그림 8-19(b)]처럼, 부착 확률이 작은 경우에는 트렌치로 접근하는 수많은 반응종 중 극히 일부만 부착 또는 반응을 하고 거의 비슷한 수의 반응종이 트렌치 안쪽으로 확산하게 되어 깊이방향에 따른 농도의 차이가 거의 발생하지 않는다. 즉 이 경우는 표면 반응보다 물질 전달에 의한 확산이 빠르게 되어 표면 반응이 전체적인 박막 증착 속도를 결정하게 된다. 그리고 이러한 조건에서는 트렌치의 깊이와 관계없이 균일한 증착 속도와 박막의 두께를 얻을 수 있다.

몬테카를로 시뮬레이션

앞서 다룬 1차원적 확산을 고려한 분석 방법은 실제로 박막이 증착되어 가면서 그 박막의 프로파일에 따른 트렌치 모양의 변화를 고려하지 못한다. 한편 **몬테카를로 시뮬레이션**(Monte Carlo Simulation)도 트렌치 상에서의 박막 형성의 프로파일을 이론적으로 계산해준다.[6]~[8] 몬테카를로 시뮬레이션 방법으로는 미세 트렌치 해석의 적용 가능한 범위가 크누센(Knudsen) 확산 영역으로부터 분자 확산의 전이 영역으로까지 확대될 수 있다. 몬테카를로 직접 시뮬레이션 방법은 분자 간의 충돌 현상을 이용하여 볼츠만(Boltzmann) 방정식을 푸는 데 사용되는 강력한 계산 기법 중 하나로, 수천 개의 표본 분자를 가지고 분자의 속도 분포 함수를 시뮬레이션한다. [그림 8-20]은 몬테카를로 시뮬레이션에 의해 얻어진 반응종의 부착 확률에 따른 트렌치와 비아 홀 구조에서의 박막 증착 프로파일을 나타낸다.

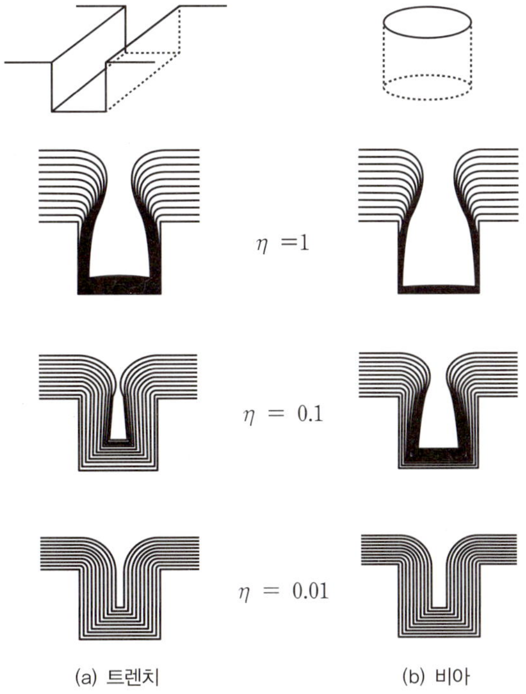

[그림 8-20] 몬테카를로 시뮬레이션 방법에 의해 얻어진 반응종의 부착 확률에 따른 트렌치와 비아 홀 구조 상에서 박막의 증착 프로파일[8]

그림에서 알 수 있듯이 종횡비가 1 정도인 트렌치나 비아 구조에서 부착 확률이 0.01이 되면 매우 균일한 박막 증착이 이루어진다. 그러나 부착 확률이 0.1로 증가하면 오버행(overhang) 구조가 나타나 박막이 트렌치 구조를 덮었을 때 트렌치 내부에 보이드(void)가 생기고 갭 충진이 되지 않음을 알 수 있다. 그러한 특성은 부착 확률이 1이 되면 더욱 두드러지므로, 앞선 [그림 8-4]에서 PVD의 박막 피복 특성을 나타낸 것과 유사한 박막 증착 프로파일이 얻어진다.

결론적으로 몬테카를로 시뮬레이션 방법의 결과로부터도 트렌치 상에서 증착되는 박막의 증착 프로파일 및 스텝 커버리지, 그리고 갭 충진 특성은 반응종의 기판 표면에서의 부착 확률(η)에 의해 주로 결정된다는 것을 알 수 있다.

CVD 반응의 예

폴리실리콘은 앞서 언급되었던 에피택셜 공정과 유사하게 사일렌(SiH_4) 또는 트리클로로사일렌($SiHCl_3$)으로부터 600~650℃ 의 온도에서 LPCVD 시스템에서 다음의 반응식을 통해 증착된다.

$$SiHCl_3 \rightarrow Si + H_2 + HCl \tag{8.20}$$

$$SiH_4 \rightarrow Si + 2H_2 \tag{8.21}$$

SiO_2 증착을 위한 소스 가스로는 사일렌(SiH_4)과 산소, 다이클로로사일렌($SiCl_2H_2$)과 아산화질소(N_2O) 또는 테트라에틸오르소 실리케이트(TEOS)가 사용된다. SiH_4는 상온에서도 산소와 폭발적으로 반응하나 300~500℃ 에서는 불완전한 상태에서 증착이 이루어지는 경향이 있다.

$$SiH_4 + O_2 \rightarrow SiO_2 + 2H_2 \tag{8.22}$$

$$SiH_4 + 4N_2O \rightarrow SiO_2 + 2H_2O + 4N_2 \tag{8.23}$$

$$SiH_2Cl_2 + 2N_2O \rightarrow SiO_2 + 2HCl + 2N_2 \tag{8.24}$$

$$Si(OC_2H_5)_4 \rightarrow SiO_2 + \text{byproducts} \tag{8.25}$$

한편, N_2O와의 반응 시에는 원료 가스의 염소 원자 수가 많아질수록 반응 온도가 높아진다. 사일렌(SiH_4)의 경우 600~750℃ , 다이클로로사일렌의 경우 900℃ 정도의 공정 온도가 필요하다. LPCVD 공정에서는 할로겐계 가스를 사용함으로써 균일성이 우수한 산화막을 얻을 수 있다. 할로겐계 가스는 Na^+나 K^+등의 금속이온의 제거 효과가 있어 막질도 개선된다. 한편 TEOS의 경우는 650~750℃ 에서 공정이 이루어진다. 상기의 반응 모두 LPCVD공정을 통해 증착이 가능하다. 그러나 사일렌을 이용한 반응은 APCVD 공정으로도 수행될 수 있다. 만약 사일렌을 PECVD에 이용하는 경우 N_2O 또는 NO와 N_2O 또는 NO와 반응이 이루어져 SiO_2를 증착한다.

[표 8-2]에는 다양한 원료 가스와 증착 방법으로 성장된 SiO_2 박막의 특징을 비교한다. CVD 방법으로 형성된 SiO_2는 열산화로 형성된 SiO_2에 비해 막질이 다소 떨어진다. 열산화에 의해 성장한 SiO_2가 여러 가지 면에서 우수한 박막 특성을 나타내며 사일렌을 원료 가스로 사용한 경우에는 절연 파괴전압 등의 산화막의 막질이 떨어지고 트렌치 등에서 불균일하게 증착된다. 그러나 열산화는 상대적으로 고온의 산소 분위기에서 이루어지므로, 실리콘 이외의 물질들이 적층되거나 소스/드레인 등이 형성된 반도체 공정 중반부 이후에는 사용이 어렵다. 따라서 그 이후의 공정에서 SiO_2의 증착은 주로 CVD 공정에 의해 이루어진다.

[표 8-2] 다양한 원료 가스와 방법으로 성장된 SiO_2 박막의 특징

특징	열산화	APCVD SiH_4+O_2	LPCVD TEOS	LPCVD $SiCL_2H_2+N_2O$	PECVD SiH_4+O_2
증착 온도(℃)	1000	450	700	900	400
조성	SiO_2	SiO_2 (H)	SiO_2 (C)	SiO_2 (Cl)	SiO_2 (H)
밀도(g/cm^3)	2.2	2.1	2.2	2.2	2.1
절연 내력(10^6 V/cm)	11	8	10	10	5
식각 속도(100 : 1DH)	25	60	30	30	400
스텝 커버리지	균일	불균일	균일	균일	불균일

또한 보론(B), 인(P) 등의 여러 가지 불순물이 첨가된 SiO_2 박막을 증착할 수 있다. 혼입되는 불순물의 종류에 따라 BSG(borophosphosilicate glass), PSG(phosphosilicate glass), BPSG (borophosphosilicate glass) 등의 박막이 형성되며, 이러한 박막층은 배선의 층간 절연막 등으로 사용될 수 있다.

$$SiH_4 + PH_3 + O_2 \rightarrow xSiO_2 + yP_2O_5 + zH_2O \tag{8.26}$$

$$SiH_4 + B_2H_6 + O_2 \rightarrow xSiO_2 + yB_2O_3 + zH_2O \tag{8.27}$$

$$SiH_4 + AsH_3 + O_2 \rightarrow xSiO_2 + yAs_2O_5 + zH_2O \tag{8.28}$$

여기서 x에 대한 y의 비율은 수 0~20% 정도가 사용되며, 원료 가스의 유량비에 의해 그 비율이 정해진다. 이러한 PSG, BPSG 막 등을 CVD로 증착한 뒤, 열처리를 진행함으로써 유리막의 유동성을 이용해 표면을 평탄화하기도 하는데 이를 리플로(reflow)라고 한다.

이밖에도 CVD 공정에 의해 다음과 같이 다양한 물질의 증착이 가능하다.

- **실리콘 질화막(Si_3N_4)** : 반도체 소자에서 산화막의 마스크, 불순물 확산 마스크, 절연막 등으로 사용되는 물질로, 사일렌이나 다이클로로사일렌을 이용해 약 750℃ 정도에서 암모니아(NH_3)와 반응시켜 LPCVD 방법으로 증착된다. 이때 증착 온도 이외에도 캐리어 가스(N_2, H_2, Ar)의 종류와 원료 가스와 NH_3와의 비율에 따라 실리콘 질화막의 성질이 크게 변한다.

$$3SiH_4 + 4NH_3 \rightarrow Si_3N_4 + 12H_2 \tag{8.29}$$

$$3SiCl_2H_2 + 4NH_3 \rightarrow Si_3N_4 + 6HCl + 6H_2 \tag{8.30}$$

- **텅스텐(W)** : 텅스텐 헥사플루오라이드(WF_6)가 이용되어 텅스텐을 증착한다.

$$WF_6 + 3H_2 \rightarrow W + 6HF \tag{8.31}$$

$$2WF_6 + 3SiH_4 \rightarrow 2W + 3SiF_4 + 6H_2 \tag{8.32}$$

- **질화티타늄(TiN)** : 이와 더불어, 질화티타늄(TiN)의 증착도 $Ti[N(CH_3)_2]_4$ 또는 $TiCl_4$ 등을 원료로 하여 CVD 방법을 이용하여 증착이 가능하다.

$$Ti[N(CH_3)_2]_4 + 4NH_3 \rightarrow TiN + \text{부산물} \tag{8.33}$$

$$6TiCl_4 + 14NH_3 \rightarrow 6TiN + 8NH_4Cl + 5H_2 \tag{8.34}$$

반도체 회로 선폭이 좁아짐에 따라 포토레지스트만으로는 원하는 패턴을 얻기 어려워져 하드 마스크(hard mask)를 도입하게 되었다. 하드 마스크는 ACL(amorphous carbon layer)과 SiON으로 구성되는데, 프로필렌(C_3H_6) 또는 1-헥센(C_6H_{12}) 등을 H_2와 반응시켜 PECVD로 ACL을 증착한다. 10.3절에서 후술할 low-k 절연막도 PECVD로 제작된다.

원자층 증착

원자층 증착(Atomic Layer Deposition, ALD)은 CVD의 한 종류로, 기상 화학 공정의 순차적 반응(sequential reactions)에 기초한 박막 증착 기술이다. ALD는 원자 수준에서 막의 두께 및 조성을 제어하여 매우 얇고 균일한 박막을 제작할 수 있다. ALD 공정에서는 2가지 기체 물질을 전구체로 사용하는데, 두 종류의 전구체는 순차적으로 중첩되지 않게 기판상에 도입되어 웨이퍼의 표면과 순차적으로, **자기 제한적**(self-limiting)으로 반응한다. 즉, 정상상태에서 박막이 성장되는 일반적인 CVD 공정과는 달리, ALD 공정에서는 반응물 분자(전구체)가 기판 표면상에서 주어진 반응 사이트만큼 제한적으로 반응하고, 기판 표면상의 반응 사이트가 다 채워지면 성장이 정지하게 된다. 그리고 잔류 분자는 퍼지되어 제거되고 다른 전구체가 반응 체임버에 도입된다. 마찬가지로 일정한 양의 2차 전구체가 기판과 반응을 끝낸 후에는 잔류 기체 분자들이 퍼지되며, 이렇게 2가지의 전구체를 교대로 반응 체임버에 도입하며 박막을 천천히 증착한다.

ALD 공정은 1차 전구체 도입-퍼지-2차 전구체-퍼지의 시퀀스로 한 사이클을 구성하며, 원하는 박막의 두께를 얻을 때까지 이 사이클이 반복된다. 따라서 ALD에서는 단위 시간당 두께로 나타나는 증착 속도를 사용하는 대신, ALD 공정 사이클 당 두께로 증착 속도를 나타낸다. ALD 공정 중에서도 Al_2O_3 박막 합성의 반응 메커니즘이 잘 알려져 있다. [그림 8-21]에 나타난 것과 같이, 먼저 TMA(trimethylaluminume, $Al(CH_3)_3$)가 반응 체임버에 도입되어 Si-OH로 종단된 실리콘 표면상에 화학적으로 흡착한다. 그리고 자기 제한적인 반응이 종료되면 잔류 TMA는 퍼지되어 반응 체임버 안에서 제거된다. 이어서 웨이퍼 표면이 H_2O 분자에 노출되고, H_2O는 Al과 결합하고 있던 $-CH_3$와 반응하여 CH_4를 부산물로서 형성하고, 웨이퍼 표면에서는 하이드록실화(OH)된 Al_2O_3 층을 생성시킨다. 그 후 부산물인 CH_4와 잔류 H_2O가 퍼지된다. 이것이 한 사이클을 이루며 이러한 사이클이 반복되어 원하는 두께의 Al_2O_3 박막을 얻을 때까지 사이클을 반복한다.

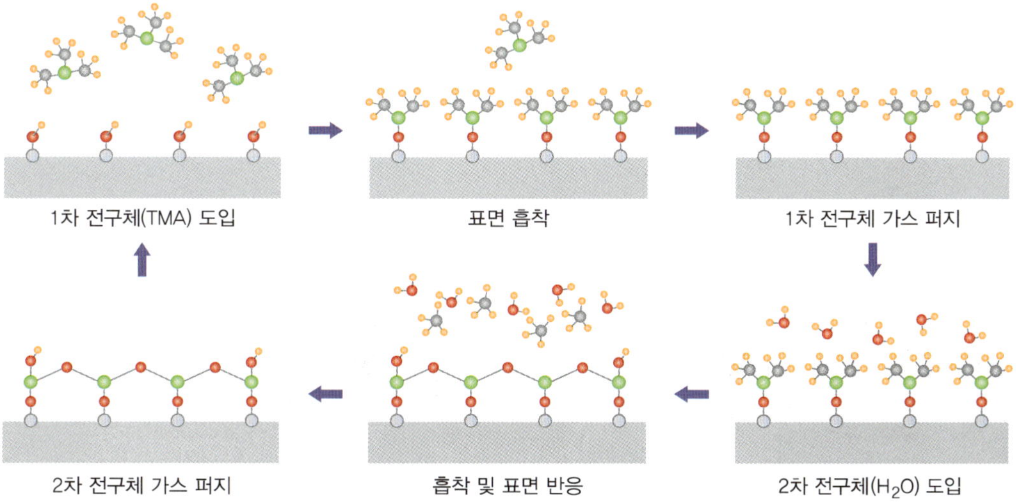

[그림 8-21] 트리메틸 알루미늄과 물 분자를 전구체로 사용한 ALD 공정의 반응기구

ALD는 정확한 두께와 균일한 표면을 갖는 다양한 재료를 박막 증착할 수 있으므로 미세소자를 제작하는 데 유용하며, Al_2O_3, ZrO_2 및 HfO_2 등의 **high-*k***(고 유전율) 게이트 산화막, 메모리 커패시터 유전체, 강유전체, 전극 등에 사용될 수 있다.

식 (8.35)에서 알 수 있듯이, 유전율(k)이 높은 산화막을 사용하게 되면 요구되는 커패시턴스 밀도에 대해 기존의 $SiO_2(k \approx 4)$에 비해 유전율의 증가분만큼 더 두꺼운 유전체 박막을 가져도 된다.

$$C = k\varepsilon_0 \frac{A}{x} \tag{8.35}$$

- C : 커패시턴스
- A : 커패시터의 면적
- x: 박막 두께
- k : 비유전율
- ε_0: 진공에서의 유전율 (8.854×10^{-12}F/m)

그 결과, 물리적으로 더 두꺼운 high-k 게이트 산화막의 사용이 가능하게 되어 소자의 터널링 전류를 감소시킬 수 있다.

이렇듯 핀펫(FinFET)이나 게이트-올-어라운드(Gate-All-Around, GAA) 트랜지스터를 기반으로 한 로직 소자에서도 여러 영역에서 수 nm 두께의 박막을 형성하기 위해 [그림 8-22]와 같은 ALD 공정이 적용된다. 또한 DRAM의 경우도 고종횡비의 실린더형 커패시터가 등장하면서 ALD의 적용이 확대되었다. 현재 최첨단 DRAM은 기둥(pillar)형 커패시터로 변화하여 매우 복잡한 박막 증착 공정을 수행하는데, 박막의 두께가 매우 균일하면서도 3D 구조를 구현해야 하므로 ALD의 필요성이 증대되고 있다.

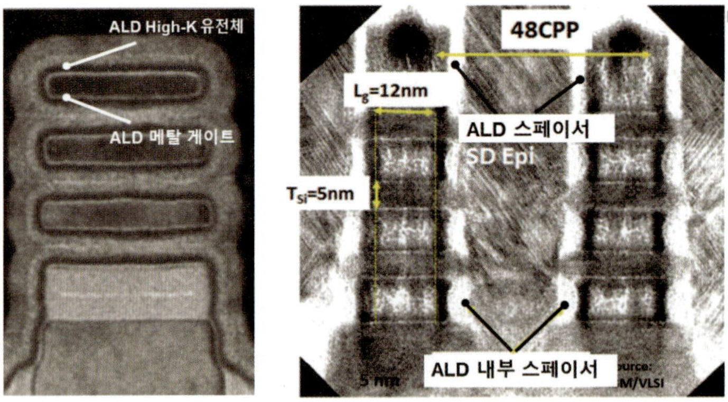

(a) 정면 (b) 측면

[그림 8-22] IBM 사의 2nm 노드 GAA 트랜지스터 구조 및 ALD의 적용이 필요한 박막 증착의 예[9]

NAND Flash 메모리 소자 역시 구조가 3D화되고 있는데, 현재 3D NAND는 300층에 달하는 적층 단수가 양산되고 있으며, 향후 1000층에 이를 것으로 예상된다. 직경이 100nm 정도인 메모리 홀 내부에서, 10mm의 깊이로 형성된 수 nm의 SiON, Si_3N_4, SiO_2, TiN 등의 터널 산화막(tunnel layer), 전하 저장층(charge storage layer), 차단층(blocking layer) 등이 얇으면서도 균일하게 증착되어야 하므로, 3D NAND 제조 공정에서도 ALD 기술의 적용은 필수적이다.

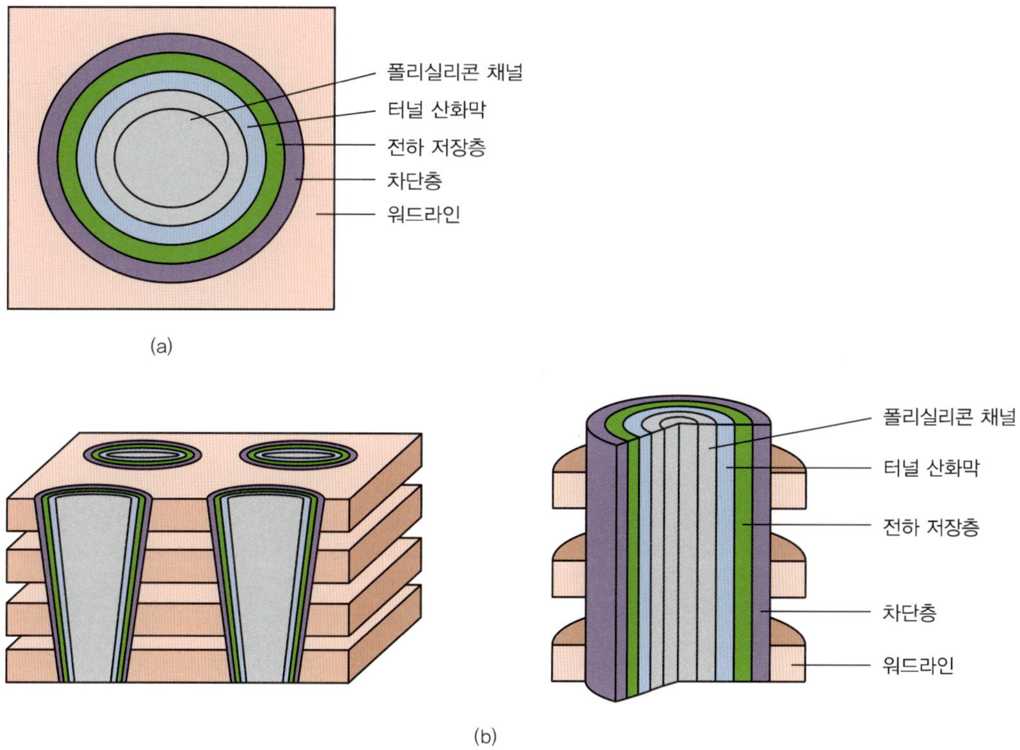

[그림 8-23] 3D NAND Flash 메모리 소자의 구조 및 ALD의 적용이 필요한 박막 증착의 예

한편 ALD 공정은 박막의 증착 속도가 낮다는 단점을 가지고 있다. 일반적으로 시간당 100–300nm의 증착 속도를 나타내므로, 1μm 두께의 증착을 위해 수 시간의 공정이 필요하게 되어, 현실적으로는 얇은 두께를 가지는 박막 증착에 적용된다. 다만, 반도체 소자의 초미세화에 따라 박막의 두께가 얇아지고 있으며, 이러한 두께를 균일하게 제어하고, 스텝 커버리지가 우수하다는 장점이 있어 향후 ALD 공정의 필요성은 증가할 것으로 예상된다.

SECTION 8.4 전해도금

앞서 다뤘던 PVD, CVD 이외에 반도체 공정에서 박막 증착에 도금을 사용하기도 한다. 먼저 무전해도금(electroless plating)에 대해 간단히 살펴보면, 식 (8.36)에 나타낸 것처럼 이는 환원제가 도금되는 물질의 표면에 전자를 방출하여 도금이 되는 것이다.

$$Cu^{2+} + 2HCHO + 4OH^{-} \rightarrow Cu^{0} + 2HCOO^{-} + 2H_2O + H_2 \tag{8.36}$$

구리의 경우, 도금 표면이 스스로 촉매 역할을 하여 환원제의 전자 방출을 촉진하므로, 도금 반응이 빠르게 진행되어 도금막을 두껍게 형성할 수 있다. 그러나 이러한 무전해도금의 경우, 배쓰(Bath) 내의 조성의 변화가 크고, 온도, pH 등의 관리가 어렵다는 단점이 있다. 또한 도금 속도가 느려 전체적인 공정 비용이 상승하게 되고, 도금 속도가 처리 수의 증가에 따라 저하하는 문제가 있다.

반면 **전해도금**(electroplating, electrochemical deposition)은 전류를 흘릴 때 도금(석출)이 일어나고, 이때 도금(석출)량은 패러데이(Faraday) 법칙에 따라, 전류량($I \cdot t$)에 의해 결정된다. 따라서 단위 면적당 전류밀도를 계산하고 도금 시간을 조절함으로써 박막 두께를 제어할 수 있다.

$$W = \frac{I \cdot t \cdot g}{F} \tag{8.37}$$

$$t = \frac{W}{A \cdot \rho} \tag{8.38}$$

- I : 전류(A)
- t : 시간(s)
- g : 금속의 화학당량
- $F = 96{,}500\,C$ (패러데이 상수)
- W : 석출량(g)
- A : 표면적(cm^2)
- ρ : 금속의 비중(g/cm^3)

[표 8-3]에는 대표적으로 도금되는 금속들의 비중 및 g/F를 나타낸다.

[표 8-3] 금속의 기본 물리적 성질

금속	원자량	원자가	비중(g/cm^3)	g/F
Cu	63.45	1	8.93	63.54
Ni	58.71	2	8.9	29.355
Zn	65.38	2	7.13	32.69
Ag	107.87	1	10.5	107.87
Au	197	1	19.32	197

[그림 8-24]에는 배선 공정에서 low-k 막을 식각하여 패턴을 형성한 후 구리를 도금하여 채워 넣는 모식도를 나타낸다.

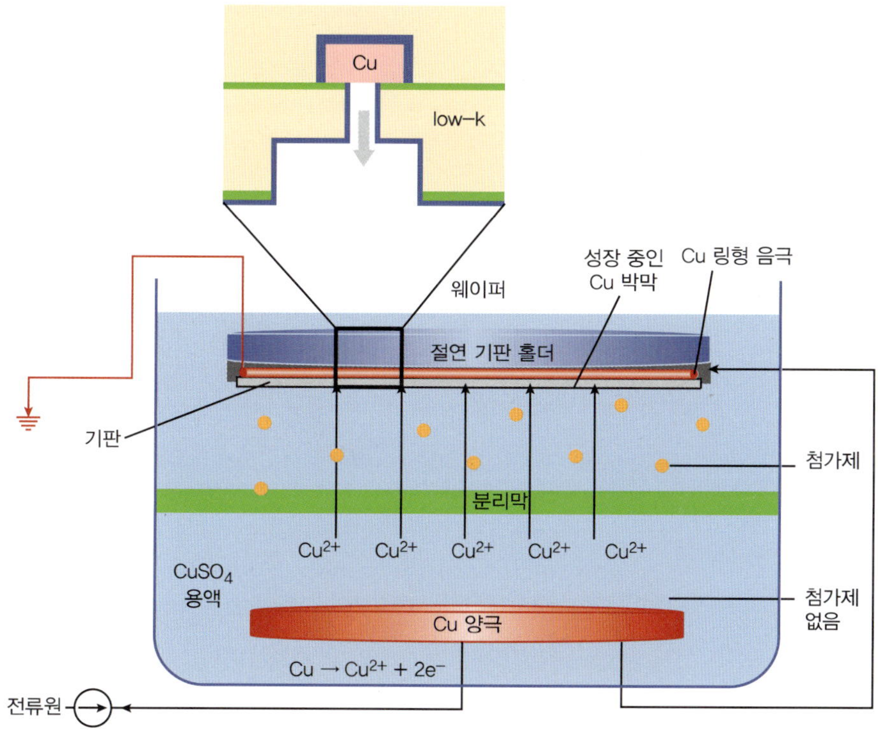

[그림 8-24] Cu 전해도금의 모식도

전기도금 공정에서 무기 구리염을 포함하는 용액을 사용하여 기판 표면에 구리를 증착하는데, 이러한 용액은 일반적으로 $CuSO_4$와 구리 양극을 사용하여 전기화학적 환원을 일으킨다.

$$Cu^{2+} + 2e^{-} \rightarrow Cu^{0} \tag{8.39}$$

이때 Cu^{2+} 이온의 캐소드, 즉 웨이퍼 쪽으로 확산되어 활성점으로 이동하고, 도금(석출)이 균일하게 진행될 경우, [그림 8-25]와 같이 보이드나 이음 결합(seam)이 발생하기 쉽다.

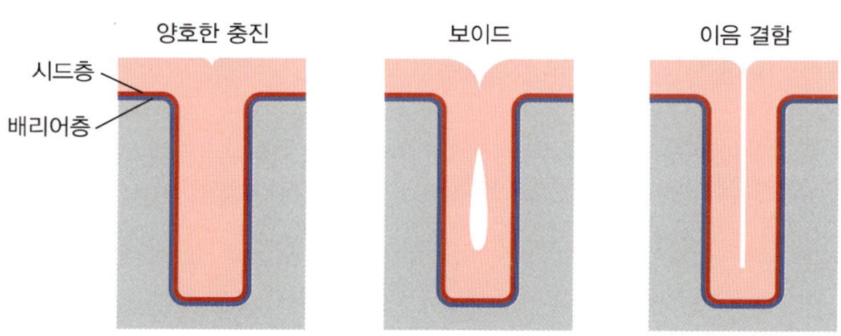

[그림 8-25] 전해도금 공정에 있어 트렌치 내 구리의 퇴적 모양

구조 내 보이드 생성을 억제하기 위해 [그림 8-26]처럼 비아(via) 구조의 바닥에서는 도금 속도를 빠르게, 위에서는 느리게 도금되도록 해야 한다(bottom-up filling). 이때 적당한 첨가제를 도금액에 넣는데, 예를 들어 황산계 화합물인 3-mercapto-1-propanesulfonate **촉진제**(accelerator)는 구리 표면에 흡착층을 형성하여 도금(석출) 효율을 향상시킨다.

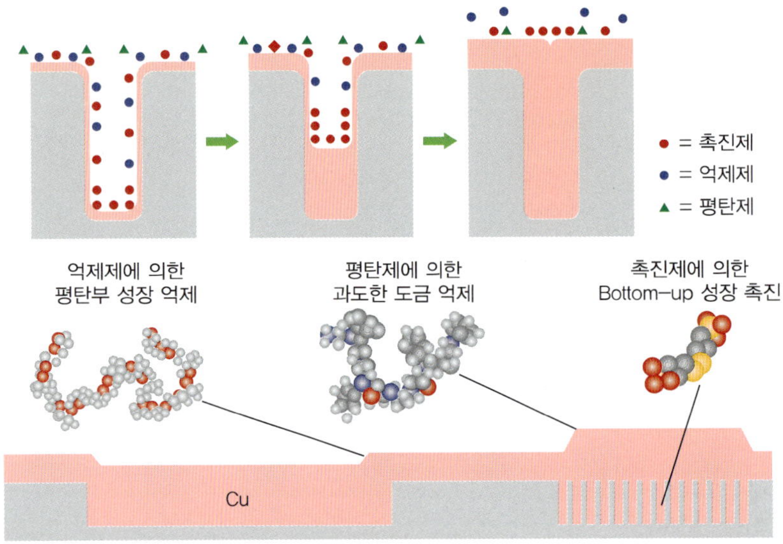

[그림 8-26] 구리 전해도금의 첨가제의 역할

반면에 **도금 억제제**(suppressor)는 Cu^{2+}의 이동을 억제하여 공급 속도를 제한한다. 이는 트렌치나 비아 같은 미세 구조의 입구 표면이나 측벽에서 도금을 억제하고, 바닥면에서는 촉진제가 억제 효과를 상쇄하여 도금이 빠르게 진행되도록 유도한다. 이를 통해 미세 구조의 하단부터 상부로 구리가 잘 채워지게 구리의 증착을 조절하여 도금층의 표면을 평탄하게 만드는 데 기여한다. 이와 같은 도금 억제제로는 아민(amine) 계열의 화합물이 있으며, 평탄제(leveler)도 유사한 작용을 한다.

한편, 구리의 전해도금 전에 **시드층**(seed layer)의 형성이 필요하다. 일반적으로 이는 스퍼터링에 의해 이루어지며 전해도금 공정을 위한 초기 발판 역할을 한다. 시드층은 전해도금 장비에서 웨이퍼 전체로 균일하게 전류가 전달되도록 증착된다. 시드층은 전해질 용액 속의 구리 이온이 환원되어 금속 구리로 성장하기 시작하는 핵 생성(nucleation) 부위를 제공하며 구리 배선층의 전기적 특성과 신뢰성을 결정하는 데 중요한 역할을 한다. 특히, 깊고 좁은 구조물에 구리를 채울 때, 시드층의 균일한 증착은 구리 도금이 보이드 없이 이루어지도록 한다.

또한, 구리는 실리콘 산화막과 같은 절연체 표면에 대한 접착력이 좋지 않다. 티타늄(Ti), 탄탈룸(Ta) 또는 이들의 질화물(TaN, TiN) 같은 배리어 메탈은 구리와 절연층 사이에서 강력한 접착이 이루어지게 한다. 특히 구리는 실리콘이나 절연층 내부로 쉽게 확산되는 특성이 있어 반도체 소자의 전기적 특성을 저해하거나 파괴할 수 있는데, 배리어 메탈은 이와 같은 구리의 확산을 방지하는 역할을 하며 구리 도금 전에 형성된다. 자세한 내용은 후술하기로 한다.

8장 연습문제

8.1 반도체 소자 제조에서 박막 증착이 중요한 이유를 설명하시오.

8.2 PVD 스퍼터링 공정에서 아르곤(Ar) 가스를 사용하는 이유는?

8.3 PVD 공정의 단점은 무엇인가?

8.4 PVD와 CVD의 차이점을 설명하시오.

8.5 CVD의 기본 원리와 장점을 설명하시오.

8.6 Thermal CVD와 PECVD의 차이를 설명하시오.

8.7 PECVD에서 플라즈마가 막질에 미치는 영향은 무엇인가?

8.8 CVD 공정에서의 스텝 커버리지 또는 갭 충진 특성이란 무엇이며, 왜 중요한가?

8.9 CVD에서 사용되는 전구체 선택 시 고려해야 할 조건은?

8.10 에피택셜 성장과 다결정 박막 증착의 차이를 설명하시오.

8.11 CVD에서 스텝 커버리지가 결정되는 메커니즘에 대해 설명하시오.

8.12 CVD에서 스텝 커버리지를 향상시키기 위한 방법을 설명하시오.

8.13 ALD 공정의 원리와 장점을 설명하시오.

8.14 ALD 공정에서 자기 제한 반응(self-limiting reaction)이란 무엇인가?

8장 연습문제

8.15 ALD와 CVD의 가장 큰 차이점을 기술하시오.

8.16 고 유전율(High-k)의 유전체 박막 형성 시 ALD가 선호되는 이유는?

8.17 Cu 배선 형성 시 전해도금을 사용하는 이유는?

8.18 Cu 전해도금 용액의 주요 구성 성분과 각각의 역할을 설명하시오.

8.19 Cu 전해도금에서 bottom-up fill 메커니즘이란 무엇이며, 왜 중요한가?

8.20 Cu 전해도금 전, 필요한 배리어 메탈과 시드층(seed layer)의 역할은?

CHAPTER 09

CMP

Chemical Mechanical Polishing

SECTION 9.1 CMP의 필요성

반도체 소자 제조 과정에서, 웨이퍼 표면은 그 다음 층의 회로 패턴을 형성하기 위해 또 후속공정의 편의를 위해 평탄화(planarization) 공정을 거친다. 이 공정은 후속 공정의 편의성을 높이는 역할을 한다. **CMP**(chemical mechanical polishing/planarization) 공정은 1960년대 초, 미국의 IBM 사에서 발표된 실리콘(Si)의 기계화학적 연마(mechano-chemical polishing)에서 유래되었다.[1] 이는 1990년대 이전까지만 해도 슬러리(slurry)를 사용하는 과정에서 입자가 오염될 수 있어, 반도체 제조에 적용하기에는 부적합한 기술로 여겨졌다. 그런데 1997년에 IBM 사가 모토로라(Motorola) 사와의 협업을 통해 알루미늄(Al) 대신 구리(Cu) 배선(interconnect) 기술을 세계 최초로 발표하였다. 구리 배선의 도입은 알루미늄 배선의 단점을 극복하며, RC 지연으로 표현되는 배선에 의한 속도 지연 문제를 해결할 수 있다는 점에서 매우 중요한 반도체 기술 발전의 한 획을 긋는 일이었다.

그러나 이로 인해 실리콘과 SiO_2 등을 구리 원자로부터 분리하기 위한 **배리어 메탈**(barrier metal) 층을 도입하게 되었고, 구리는 건식 식각이 어려워 새로운 패터닝 방법인 **다마신**(Damascene) 공정이 필요하게 되었다.[1] 이 과정에서 CMP 공정에 기반한 배선 패터닝 공정이 개발되었으며, 이를 계기로 CMP는 구리 외에도 텅스텐과 SiO_2 등의 연마를 위해 널리 사용되고 있다. 최근에는 패키징의 개선을 위해 웨이퍼를 연마하거나 얇게 하는 과정에도 사용되고 있다.

[그림 9-1]은 CMP가 진행된 후의 웨이퍼의 단면을 대략적으로 나타낸 그림이다.

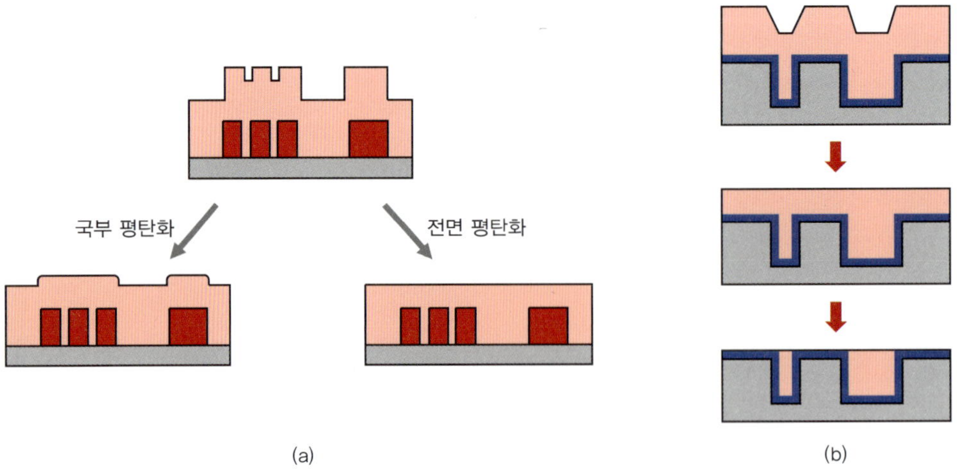

[그림 9-1] CMP 공정 개요와 공정이 이루어진 후의 웨이퍼의 단면도

1 다마신 공정에 대해서는 9.6절에서 더 자세히 설명할 예정이다.

포토리소그래피 공정에서 다룬 것처럼, 해상도(resolution)는 얼마만큼 작은 패턴을 구현할 수 있는지를 나타낸다. 이때 광원의 파장이 작거나 NA가 클수록, 최소 피처 사이즈(minimum feature size)가 작아져 해상도가 향상된다.

DOF(Depth of focus)는 해상도의 마진(margin)을 의미하는데, 이 역시 광원의 파장에 비례하고 NA에 반비례한다. 증착되는 박막의 수가 증가할수록 웨이퍼 상에 존재하는 단차는 점점 커지며, 그렇게 될수록 포토리소그래피 과정에서 포커스를 맞추기 어려워진다. 즉, 광원의 파장이 작고 NA가 클수록 DOF가 작아지므로 포토리소그래피 공정의 마진이 점점 타이트해지게 된다. 그러므로 작아진 DOF 조건에서 웨이퍼 상의 단차를 줄여서 포토리소그래피 공정에서 선폭을 제대로 구현해낼 수 있도록 하는 것이 필요한데, CMP는 그러한 문제점을 해결해준다. 따라서 반도체 소자가 점점 3D화 될수록, 또는 적층 수가 증가할수록 CMP 공정의 필요성과 횟수가 증가할 것이다.

SECTION 9.2 CMP 공정의 장비

CMP는 회전하고 있는 **연마 패드**(polishing pad)에 화학 물질들로 구성된 슬러리(slurry)를 부어가며 웨이퍼에 기계적인 힘을 가하고 슬러리와의 화학 반응을 통해 웨이퍼 표면을 연마하는 공정이다. [그림 9-2]에서 볼 수 있듯이, 웨이퍼는 회전하는 연마 패드를 향하여 놓여지고 슬러리 용액이 부어지면서 패드와 웨이퍼 표면이 압착된다.

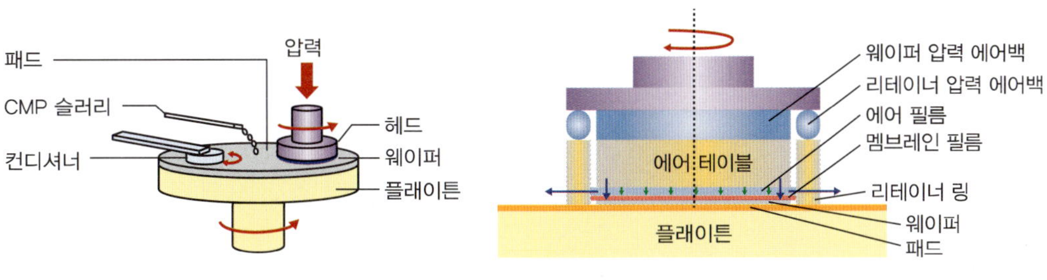

[그림 9-2] CMP 장치의 개략도

CMP 공정에 있어서의 재료 제거 속도[2]는 **프레스턴 식**(Preston equation)에 따라 다음과 같이 주어진다.

$$\text{재료 제거 속도(Material Removal Rate)} = k \cdot P \cdot v \quad (9.1)$$

2 CMP 공정에서는 재료 제거 속도를 material removal rate라고 표현한다.

여기서 k는 프레스턴 계수, P는 압력, v는 웨이퍼와 연마 패드 간의 상대속도이다. 이때 연마 패드의 회전과 웨이퍼의 압착으로부터 기계적인 힘을 받게 되는 동시에, 슬러리에 있는 **연마 입자**(abrasive)와 웨이퍼 표면의 타겟 물질이 반응하게 되어 웨이퍼 표면의 평탄화 공정이 이루어진다.

현재 CMP 장비는 일반적으로 4개의 플래이튼(platen)을 가지며 적절한 헤드와의 구성을 통해 시간당 60~100매의 웨이퍼 처리 능력을 가진다. 플래이튼은 연마 패드가 부탁되어 회전하는 테이블이며, 헤드는 웨이퍼에 압력을 가하며 회전시키는 부분이다. 헤드가 회전할 때 원심력에 의해 웨이퍼가 이탈하지 않도록 리테이너 링(retainer ring) 이 웨이퍼 가장자리를 고정한다. 또한 멤브레인(membrane)을 통해 에어 프레셔(air pressure)의 아래 방향으로 압력을 가하여 웨이퍼가 패드와 밀착되도록 한다. 보통 SiO_2의 제거 속도는 3000~5000nm/min이며, 구리는 배선 공정에 있어 500~1000nm/min, 패키징 공정에 있어서는 그보다 빠른 1~2μm/min 정도가 주어지는 것으로 알려져 있다. 장비 내에는 **CMP 후 세정**(post-CMP cleaning) 공정을 위해 PVA 롤 브러쉬 클리닝과 DHF, SC1 등을 이용한 습식 세정 시스템이 구성되어 있다.

CMP는 종료점 검출(end point detection)을 통해 종료되며, 그 방법은 크게 3가지로 나눌 수 있다. 첫째, 모터 전류를 측정하여 플래이튼의 모터 토르크를 파악하여, 마찰력의 변화로부터 CMP 과정 중 웨이퍼의 새로운 박막이 노출된 것을 확인한다. 두 번째로는 연마되는 웨이퍼 표면에 조사(照射)된 광의 반사 강도를 기판의 박막의 변화를 측정하는 방법이 있다. 마지막으로는 도체 내에서 변화하는 자기장에 의해 유도되는 소용돌이 형태의 전류인 와전류(eddy current)를 측정하여 기판상의 금속 박막의 두께 변화를 감지하여 CMP 과정에서 웨이퍼 상의 변화를 측정한다.

SECTION 9.3 슬러리

슬러리는 CMP 공정에 사용되는 연마제로, 연마 입자가 다양한 화학 첨가제(pH 조절제, 계면활성제, 킬레이트제 등)가 포함된 수용액에 분산되어 있다. 슬러리는 대상 물질에 따라 달라지는데, 예를 들어 SiO_2 연마용 슬러리는 보통 200nm 정도의 실리카(SiO_2) 또는 세리아(CeO_2) 입자가 분산된 용액이다.

슬러리에 포함되는 연마 입자로는 실리카와 세리아가 가장 널리 사용된다. 알루미나(Al_2O_3) 입자가 이전에는 텅스텐, 구리용으로 많이 사용되었으나 최근에는 스크래치(scratch) 등의 문제로 인해 거의 사용되지 않는다.

실리카 입자로는 [그림 9-3]과 같이 퓸드(fumed) 실리카와 콜로이달(colloidal) 실리카 입자가 많이 사용된다. 퓸드 실리카는 사염화규소($SiCl_4$)의 열분해($SiCl_4 + 2H_2O \rightarrow SiO_2 + 4HCl$)에 의해 제조되며, 높은 순도, 낮은 비용, 비교적 간단한 합성법으로 인해 오랫동안 CMP 슬러리의 연마제로 사용되어 왔다. 그러나 퓸드 실리카는 약한 수소결합으로 인해 수계에서 응집을 유발할 수 있어 미세유동화 처리 및 여과 공정 등이 제조 과정에서 이루어져야 한다. 콜로이달 실리카는 TMOS (tetramethyl orthosilicate)와 같은 전구체를 이용하여 원하는 입자 크기와 균일한 입자 크기 분포를 형성할 수 있다는 장점이 있으며, 비교적 균일한 입자 크기 분포와 구형 표면 형상을 가져 세리아 입자가 사용되기 전까지 130~60nm 노드의 반도체에 주로 사용되었다.

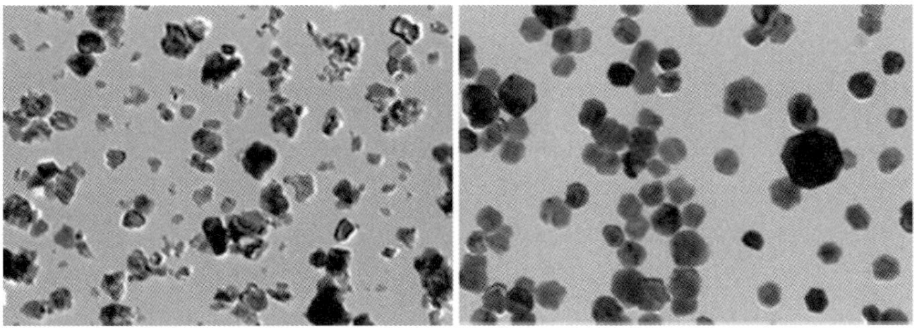

[그림 9-3] 퓸드 실리카와 콜로이달 실리카 입자 예

세리아 연마제는 CMP 공정에서 실리카 연마제보다 높은 연마율로 SiO_2를 제거한다. SiO_2와 같은 유전체(절연체) 막에 대한 높은 제거 능력과 제거 선택성으로 인해 층간 절연막 및 STI(Shallow Trench Isolation) CMP 공정에서 연마제로 많이 사용되기 시작했다. 고온에서 합성된 세리아 입자는 제조 비용이 저렴하지만, 크기가 비교적 크고 각진 모양을 하고 있으며 입자 크기 분포가 불량하다. 콜로이달 세리아는 원하는 입자 크기와 균일한 크기 분포를 가진 구형 세리아 연마제를 생산할 수 있다는 장점이 있으나, 제조 비용이 높다는 단점이 있다. 특히 10nm 이하의 노드 기술이 필요하며 세리아 입자의 크기도 수 나노미터(nm)로 작아지는 추세로 도핑된 세리아 입자가 사용되고 있다. 한편 스크래치는 세리아 슬러리 기반 CMP 공정의 중요한 문제이다.

슬러리는 연마 대상 물질에 따라 구성이 많이 달라진다. 슬러리에는 연마 입자 이외에도 pH 조절제, 분산제, 산화제, 착화제(킬레이팅제), 부식 방지제(부식 억제제) 등이 포함되어 있다. 첨가제들의 역할에 대해 하나씩 살펴보면 다음과 같다. 먼저 금속 재료 CMP 공정의 경우, 금속재료는 경도가 높고, 화학적으로 불활성이 커서 연마제만으로는 직접적인 제거가 어렵다. 그러므로 적절한 산화제를 사용하여 금속 표면에 산화막을 형성한 후, 이를 CMP를 통해 제거하게 된다.

예를 들어 **과산화수소수**(H_2O_2)는 산화력이 강하고 가격이 비싸지 않아 구리 등의 금속 CMP용 슬러리 내에 첨가되는 산화제로 많이 사용된다. 펜톤 반응(Fenton reaction)을 통해 과산화수소(H_2O_2)가 강력한 산화제인 수산 라디칼(OH·)로의 분해가 촉진되어, 이는 금속 산화층을 빠르게 형성하여 CMP 성능을 향상시키기도 한다. 이처럼 산화막 형성이 이루어진 후 쉽게 연마 대상 물질이 제거가 되도록 pH를 조절할 pH 조절제가 포함된다.

그리고 적절한 양의 분산제가 첨가되면, 분산제가 연마제 표면을 완전히 덮어 입체장애 및 전기적 안정화를 통해 연마 입자의 분산 안정성을 크게 향상시킬 수 있다. 예를 들어 음이온성을 띄는 수용성 고분자 물질인 폴리아크릴릭산(polyacrylic acid)은 (+)의 표면전하를 띄는 세리아 입자표면에 전기적 인력으로 흡착된다. 이때 고분자 사슬 내의 카르복실릭(-COOH) 작용기는 카르복실레이트(-COO-) 형태로 존재하여 연마제 간의 반발력을 증가시킴으로써 슬러리의 분산 안정성을 확보한다.

한편 착화제는 금속 CMP 과정에서 높은 연마량을 얻는 데 도움을 준다. 예를 들어 유기산이 첨가되면 H^+를 제공하면서 Cu^{2+}의 착화합물을 형성한다. 부식 방지제는 구리의 용해를 방지하여 연마량을 제어하여 여러 가지 공정 이슈를 해결한다.

SECTION 9.4 연마 패드 및 컨디셔너

CMP 장치에 사용되는 **연마 패드**(polishing pad)는 웨이퍼 표면을 균일하게 연마하기 위해 단단한 성질을 가져야 한다. 그러나 연마 패드는 웨이퍼와 항상 접촉해야 하므로, 웨이퍼의 형태와 잘 맞게끔 부드러우면서도 단단한 재료의 스택 구조로 이루어져 있다. 일반적으로 이러한 패드는 30~50μm 사이의 기공을 가진 1~3mm 정도의 두께를 갖는 폴리우레탄(polyurethane)과 같은 다공성 고분자 재료로 만들어진다. 패드에는 홈(groove)의 모양이 원형, 방사형, 바둑판형등 다양하게 있으며, 그에 따라 슬러리의 방출 방향도 달라질 수 있다.

[그림 9-4]에서 보듯이, 일반적으로 패드의 표면에는 슬러리를 보유할 수 있도록 미세구멍 등의 홈이 있기 마련인데, 그 안에 가공 잔류물 등이 메워지면 공정 특성이 저하하게 된다. 따라서 패드를 다시 원상태로 만드는 일이 필요하기도 하다.

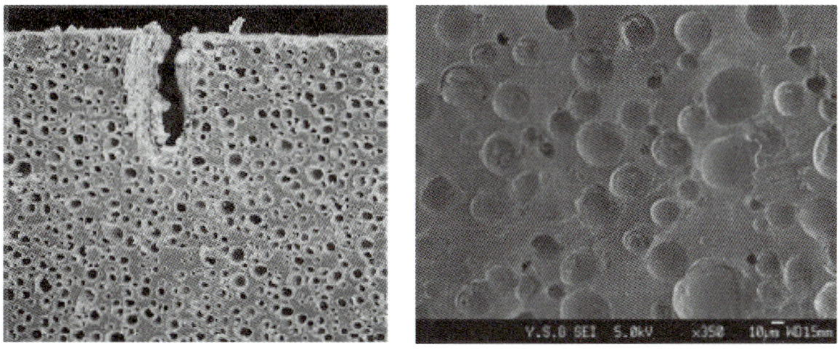

(a)

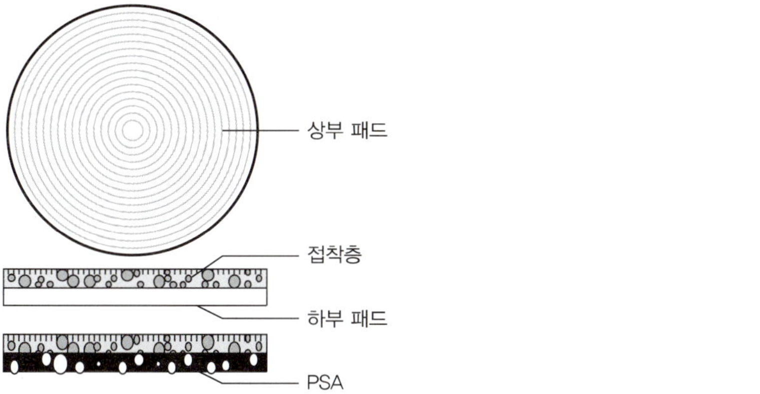

(b)

[그림 9-4] CMP 연마 패드

[그림 9-5]는 CMP **패드 컨디셔너**(conditioner)의 구조를 나타낸 것이다. 이는 폴리우레탄 패드 표면의 드레싱을 통해 패드 기공에 연마 잔여물이 껴서 막히는 것을 제거하여, 스크래치의 발생을 줄이고 연마 슬러리를 고르게 분산시키는 역할을 하여 안정된 평탄화 공정을 수행할 수 있게 해준다.

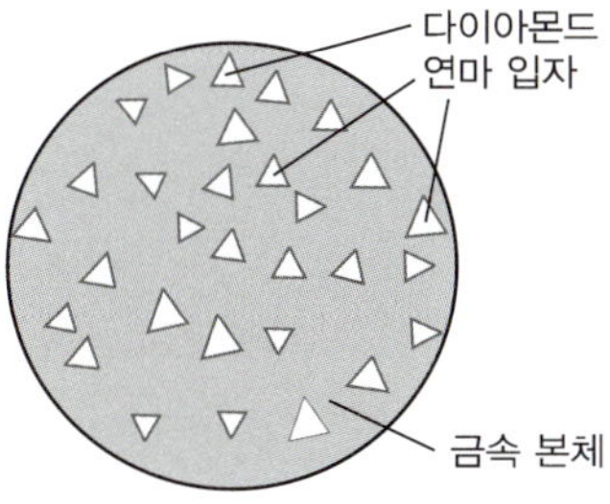

(a) 다이아몬드 디스크 컨디셔너

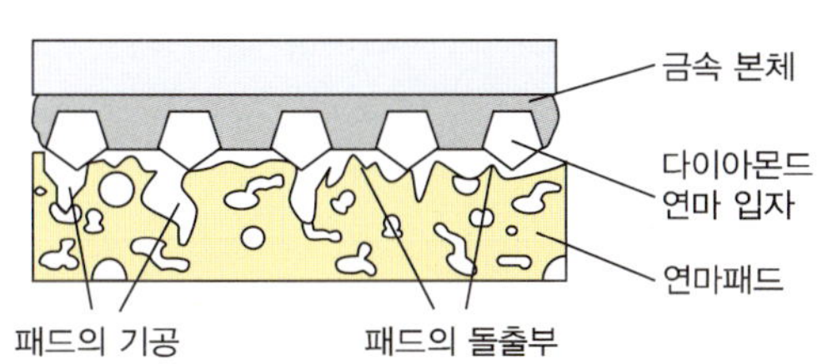

(b) 컨디셔너와 패드의 상호작용

[그림 9-5] CMP 패드 컨디셔너의 구조

[그림 9-6]에 나타낸 것처럼 패드 컨디셔너는 다양한 패턴을 가질 수 있으며, 패드 표면 프로파일과 지형을 재생하여 공정 조건 및 제거 속도를 유지하게 한다. 패드 컨디셔너의 성능은 다이아몬드 디스크의 다이아몬드 크기, 개수 및 모양, 배치, 제작 압력, 공정시간 등에 따라 달라진다. 산업용 다이아몬드는 촉매(Ni 및 Fe)의 존재 하에 고온(1400~1700°C) 및 고압(6~7GPa)에서 흑연(탄소)으로부터 합성된다.

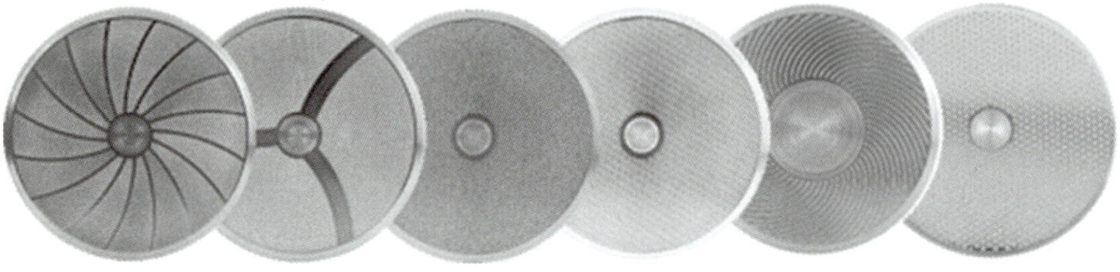

[그림 9-6] CMP 패드 컨디셔너의 다양한 패턴 [2]

SECTION 9.5 CMP의 반응 메커니즘

실리카 연마 입자를 이용한 CMP 공정 시, [그림 9-7]에 나타난 바와 같이 연마 입자표면과 웨이퍼 상의 타겟 SiO_2의 $-OH$기가 불안정하여 Si-OH 구조를 형성한다. Si-OH는 H와 수소결합을 통해 H^+를 잃고 SiO^-가 된다. 따라서 연마 입자표면의 SiO^-가 타겟 SiO_2의 실리콘 또는 산소와 결합을 만들어 타겟 SiO_2 층이 평탄화된다, 이는 일반적으로 알려진 SiO_2 CMP의 화학적 반응 기구이다.

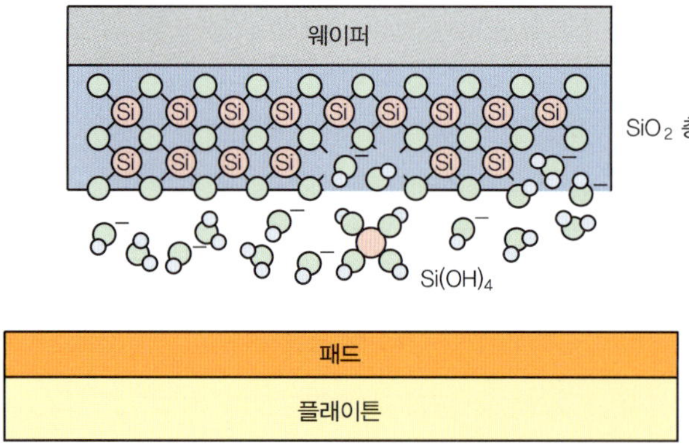

[그림 9-7] CMP 과정에서 실리카 슬러리와 SiO_2 사이에 일어나는 반응

최근에는 실리콘 산화막(SiO_2)의 평탄화를 위해 세리아(CeO_2) 슬러리가 많이 사용되는데, 이는 질화막(Si_3N_4) 대비 SiO_2 제거의 선택비가 높기 때문이다. 세리아 연마제는 강력한 Ce–O–Si 결합 ($-Ce-OH + -Si-O^- \leftrightarrow -Ce-O-Si- + OH^-$)을 형성하여 CMP 공정에서 SiO_2를 제거한다. [3]

[그림 9-8]에서 볼 수 있듯이, CeO_2 입자와 제거 대상 물질인 SiO_2와의 반응성은 산소 결손(oxygen vacancy)과 Ce^{3+} 농도에 의해 결정되어 CMP 성능에 영향을 준다.

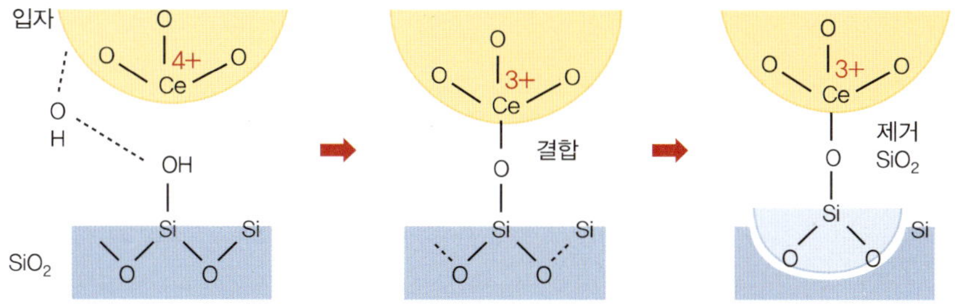

Ce의 원자가상태	반응
4+	세리아 입자와 SiO_2 간의 상호작용
3+	❶ Ce는 SiOH로부터 전자를 받아 Ce–O–Si 결합을 형성 ❷ SiO_2 내 Si–O 결합이 약해짐
3+	❶ H_2O가 약해진 Si–O 결합을 쉽게 공격함 ❷ SiO_2는 세리아 입자와 패드의 마찰에 의해 기계적으로 제거됨

[그림 9-8] 세리아 연마제와 SiO_2 표면의 반응

CMP 슬러리는 타겟 물질에 따라 달라진다. 금속 박막의 경우, 일반적으로 그 금속의 산화막이 금속보다 기계적 강도가 낮으므로, 구리, 텅스텐 등의 CMP 공정에서는 슬러리 안에 있는 산화제(예 H_2O_2)가 금속과 반응하여 금속 산화물을 만들고 그렇게 생성된 금속 산화물을 제거하는 순서로 평탄화가 이루어진다.

이는 4장에서 배운 HNA에 의한 실리콘의 식각 메커니즘의 원리와 유사한 원리를 갖지만, 앞서 설명한 SiO_2의 평탄화와는 작동 메커니즘이 다소 다르다. 금속 물질의 CMP를 위해서는 슬러리가 금속의 산화촉진을 위한 산화제를 포함해야 하며, 포베이 다이어그램에서 확인할 수 있듯이, 금속마다 산화물을 이루는 pH 범위가 다르므로, pH를 조절하기 위한 첨가제를 적절하게 함유해야 한다. 전기화학적으로 보면 패시베이션(passivation) 상태를 형성하고, 화학적으로 보면 산화층이 생성되어 산화물이 제거되게 하는 것이 공정상 유리하기 때문에, pH를 잘 제어하여 금속 산화물을 형성시키는 것이 좋다.

구리가 산화된 형태 중 하나인 CuO는 일반적으로 물에 녹지 않으나, 특정 산이나 착화제가 존재하는 경우 산에 녹아 Cu^{2+}의 이온 형태로 제거된다. 이는 산으로부터 생기는 양성자(H^+)가 물을 형성하며 CuO와 반응하기 때문이다. Cu_2O도 물과 유기용매에 잘 녹지 않으나, 암모니아 수용액과 암모늄염에는 녹을 수 있다. 그렇다고 해서 산화제가 많아질수록 꼭 유리한 것만은 아니다. 적정 수준을 넘으면 그 다음부터는 산화제가 많을수록 오히려 물질 제거 속도가 감소하기도 한다. 결국 금속의 산화와 산화물의 제거가 균형을 이루어야만 공정의 효과가 증가된다는 결과를 도출할 수 있다. 그러나 제거 속도가 너무 빠르면 공정 타겟을 제어하기 어려우므로 부식 방지제가 금속 표면에 흡착해 반응을 억제함으로써 제거 속도를 완화한다.

금속에 따라 슬러리의 종류가 달라지기는 하나, 그 제거 원리는 유사하다. 텅스텐도 구리와 마찬가지로, 패시베이션된 텅스텐 산화물 층을 얻는 것이 유리하므로, [그림 9-9]로부터 알 수 있듯이 $K_3Fe(CN)_6$, $Fe(NO_3)_3$, H_2O_2와 같은 산화제가 있는 상태에서 슬러리의 pH를 낮게 하여 WO_3를 형성하는 것이 도움이 된다. 특히 용해가 되기 어려운 패시베이션 조건에서 공정을 수행하는 것이 효과적이므로 pH의 선택이 중요하다. 만약에 pH가 높다면 WO_4^{2-} 등의 이온을 형성하도록 식각이 주된 반응으로 일어날 것이다.

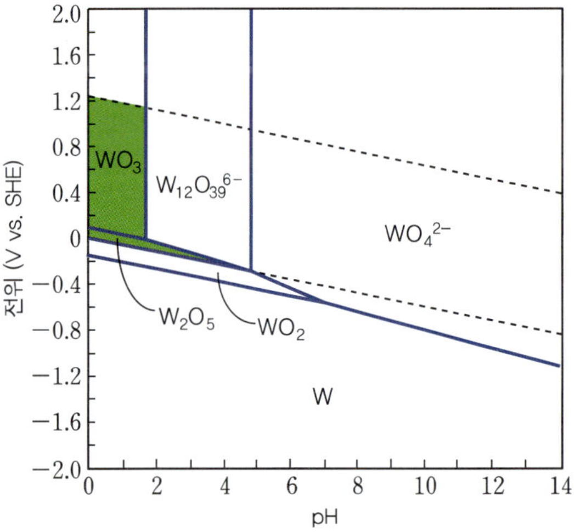

[그림 9-9] W–H_2O계의 포베이 다이어그램

구리 CMP의 경우, 연마 입자로서 실리카가, 산화제로는 H_2O_2 등의 물질이 약산성 수용액에 첨가된 슬러리가 많이 사용된다. 그러나 연마 입자로서 알루미나가 사용되는 경우 알루미나의 안정성까지 고려하면 [그림 9-10]에서 보듯이, 표면이 패시베이션되는 영역이 매우 좁기 때문에 텅스텐에 비하여 CMP의 공정이 쉽지 않다.

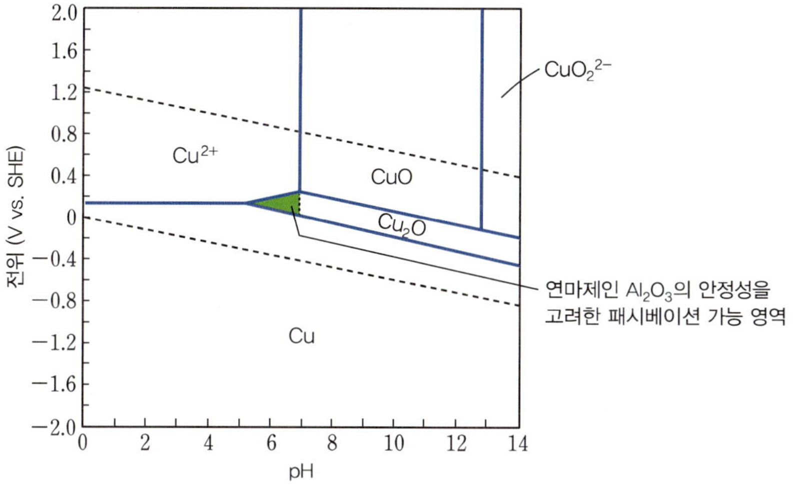

[그림 9-10] $Cu-H_2O$ 계의 포베이 다이어그램

반도체 소자의 고성능화를 위해 다양한 재료의 박막 및 다층 또는 입체적인 구조를 갖는 반도체 소자가 제작되고 있다. 이와 같은 변화에 대응하기 위해서는 높은 선택비를 가지는 슬러리의 개발이 필수적이다. 이러한 금속 물질의 평탄화를 위해 low-k 유전체 및 SiO_2등의 다른 절연막들의 보호 여부, 배리어 메탈들과의 상호 **갈바닉 부식**(Galvanic corrosion)에 의한 보호 여부를 신경써야 하며, 이를 고려해 적절한 슬러리를 개발하는 것이 매우 중요하다.

[그림 9-11]에는 배리어 메탈이 코발트(Co)인 경우에 코발트의 산화환원준위가 구리보다 낮아 구리 CMP 또는 세정 중에 갈바닉 부식이 일어나는 모습을 보여주고 있다.

$$0.5O_2 + H_2O + 2e^- \rightarrow 2OH^- \quad (9.2)$$

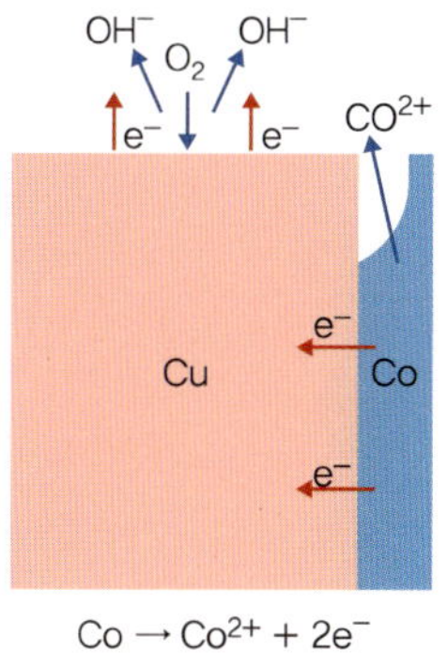

[그림 9-11] 배리어 메탈의 갈바닉 부식 예

이때 적절한 리간드를 갖는 첨가제를 사용하여 재료 간의 전위 차이를 완화함으로써 갈바닉 부식 문제를 줄일 수 있다.

SECTION 9.6 CMP가 적용되는 공정의 예

앞서 설명한 CMP가 적용되는 대표적인 공정 사례들을 중심으로 그 원리와 적용 목적을 살펴보자.

STI 공정

[그림 9-12]에는 소자 사이를 전기적으로 단절하여 고립시키기 위해 만들어진 LOCOS(Local oxidation of Si)의 공정 순서를 나타낸다.

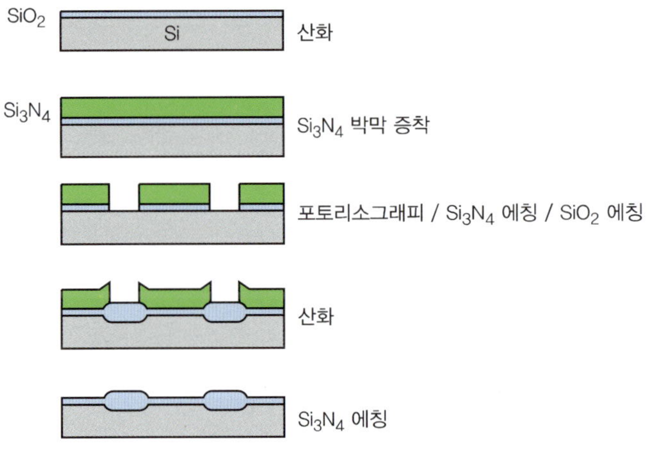

[그림 9-12] LOCOS 공정의 순서

이 공정에서는 Si_3N_4와 SiO_2가 식각된 이후에 산화과정에서 실리콘의 산화에 따른 SiO_2 층의 부피 팽창이 일어나 [그림 9-13]에 나타난 새부리 모양의 **bird's beak** 형상이 나타난다.

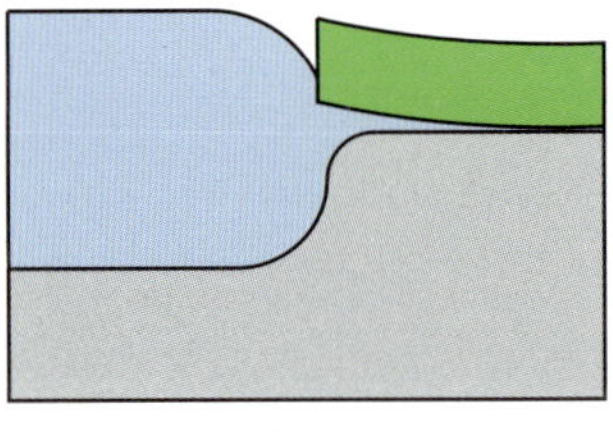

[그림 9-13] 고집적화에 문제가 되는 bird's beak

bird's beak 형상은 집적도가 증가할수록 소자들의 위치 선택을 좁히는 문제를 야기한다. 따라서 이를 해결하기 위해 **STI 공정**이 개발되었다. STI 역시 인접한 반도체 소자들 간의 전류 누설을 방지하기 위한 반도체 구조로, 0.25μm 이하의 CMOS 공정 기술 노드에서 사용되어 왔다.

STI 공정은 반도체 기판에 트렌치를 형성하고, 트렌치 내부를 절연막으로 채우는 기술로, 우수한 절연(isolation) 특성을 제공하여 반도체 소자의 고집적화에 유리하다. STI를 형성하기 위한 공정의 순서는 [그림 9-14]와 같다.

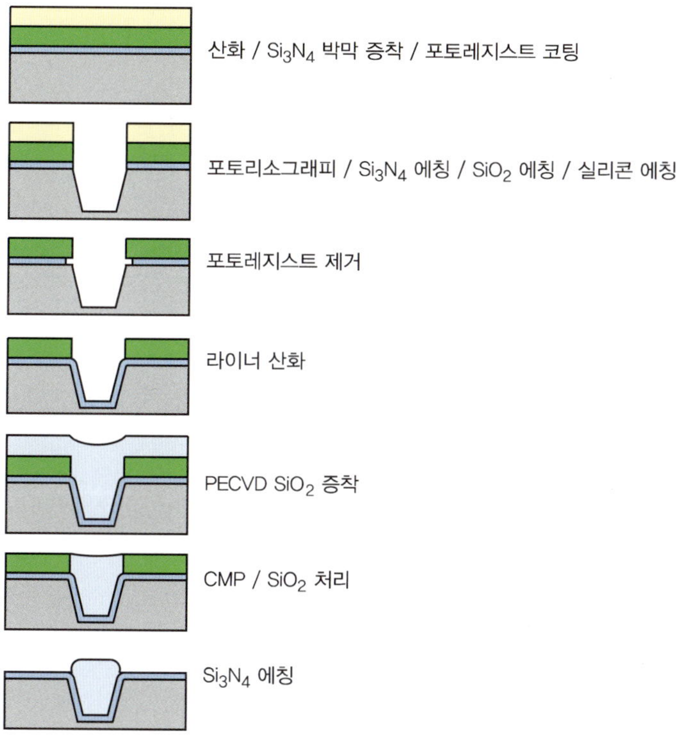

[그림 9-14] STI 구조를 제작하기 위한 공정 순서

먼저 SiO_2 층과 Si_3N_4 층을 형성한 후, 포토리소그래피를 진행하여 패턴을 형성하고, 각각 Si_3N_4, SiO_2, 실리콘을 차례대로 식각해나간다. 그 다음에는 포토레지스트를 제거한 후, 후속 공정의 밀착성을 향상시키기 위해 라이너 산화(liner oxidation)를 진행한다. 이어서 고밀도 PECVD SiO_2로 트렌치를 채우고 CMP 공정을 통해 SiO_2 층을 평탄화한다. 평탄화한 웨이퍼는 DHF로 약간 SiO_2를 식각한 후, Si_3N_4를 식각하여 제거하고 최종적인 STI 구조를 완성한다.

다마신 공정

트랜지스터 등에서 전달된 신호를 전달하는 배선용 재료로서는 알루미늄, 텅스텐, 구리 등의 금속이 사용된다. 특히 구리의 경우 전기저항이 낮고 **전자 이동**(electromigration)에 대한 내성이 있어서 로직 소자의 BEOL(Back-End-Of-Line) 공정의 배선 물질로 현재 구리가 사용된다.

이 공정에서는 먼저 층간 절연막 부분을 식각하여 패턴을 만들고, 그 사이를 구리로 채운 다음에 층간 절연막 상부에 증착된 구리를 CMP로 연마 및 평탄화하여 배선 공정을 수행한다.

그러나 구리는 앞서 설명한 바와 같이, 식각이 어렵기 때문에 이러한 문제점을 해결하기 위해 **다마신**(Damascene) 공정이 도입되었다. 구리를 배선 금속으로 사용하는 경우는 구리가 층간 절연막으로 확산하는 경향이 크므로 이를 방지하기 위한 방법이 필요하다. 예를 들어 절연막 트렌치 위에 배리어 메탈을 형성한 후에 구리를 증착하는 방법이 있다. 구리의 증착은 전해도금에 의한 방법으로 이루어지며 1990년대 후반에 미국의 모토로라 사에서 이 공정이 시작되었다. 배선 형성을 위한 다마신 공정은 공정 순서에 따라 [그림 9-15]와 같이 싱글 또는 듀얼 다마신 공정으로 구분된다.

듀얼 다마신의 경우 두 층의 층간 절연막을 증착한다. 그 후, 비아 홀을 제작하기 위한 포토리소그래피를 진행하여 식각 공정을 수행한다. 그 다음에는 금속 배선을 위한 리소그래피를 진행하고 다시 식각을 진행하여 배선 패턴 홈을 형성한다. 이렇게 금속(예 구리)을 채울 공간을 형성한 후, 앞서 설명한 배리어 메탈을 증착하고, 구리 시드층(seed layer)을 형성한 후 구리를 전해도금 방법으로 채우게 된다. 그리고 나서 CMP를 진행하면 배선 공정의 한 층이 완성된다. [그림 9-15(a)]는 **싱글 다마신** 공정의 순서를 나타낸 것으로 이 경우 2회의 CMP 공정이 이루어져야 하나, **듀얼 다마신**은 1회의 CMP 공정만이 필요하므로 공정 자체가 더 간단하고 오염물 발생의 확률이 낮아진다.

배리어 메탈 위에 전해도금으로 증착된 구리의 CMP 공정을 살펴보자. 먼저 구리는 일정한 두께까지 CMP가 이루어지고 이는 앞서 설명한 와전류의 측정을 통해 이루어진다. 그 후 광의 반사를 통해 Cu를 배리어 메탈이 드러날 때까지 연마하는데, 이때까지는 구리의 연마율이 높은 고선택적 슬러리와 경질의 패드를 사용한다. 그 다음에는 배리어 메탈을 제거하기 위해 구리보다는 약간 연마율이 높을 정도의 선택비가 낮은 슬러리와 소프트 패드를 사용하여 배리어 메탈과 구리의 제거 및 평탄화 공정을 수행한다. 한편 CMP에 의한 구리의 두께 변화에 따라 배선 저항이 변화하므로, 이를 정밀하게 제어하는 것이 매우 중요하다. 특히 집적도 향상에 따라 패턴 간격이 미세화하고 층간 절연막의 종류가 변화함에 따라, CMP 공정의 개발 및 개선이 상시 필요하다.

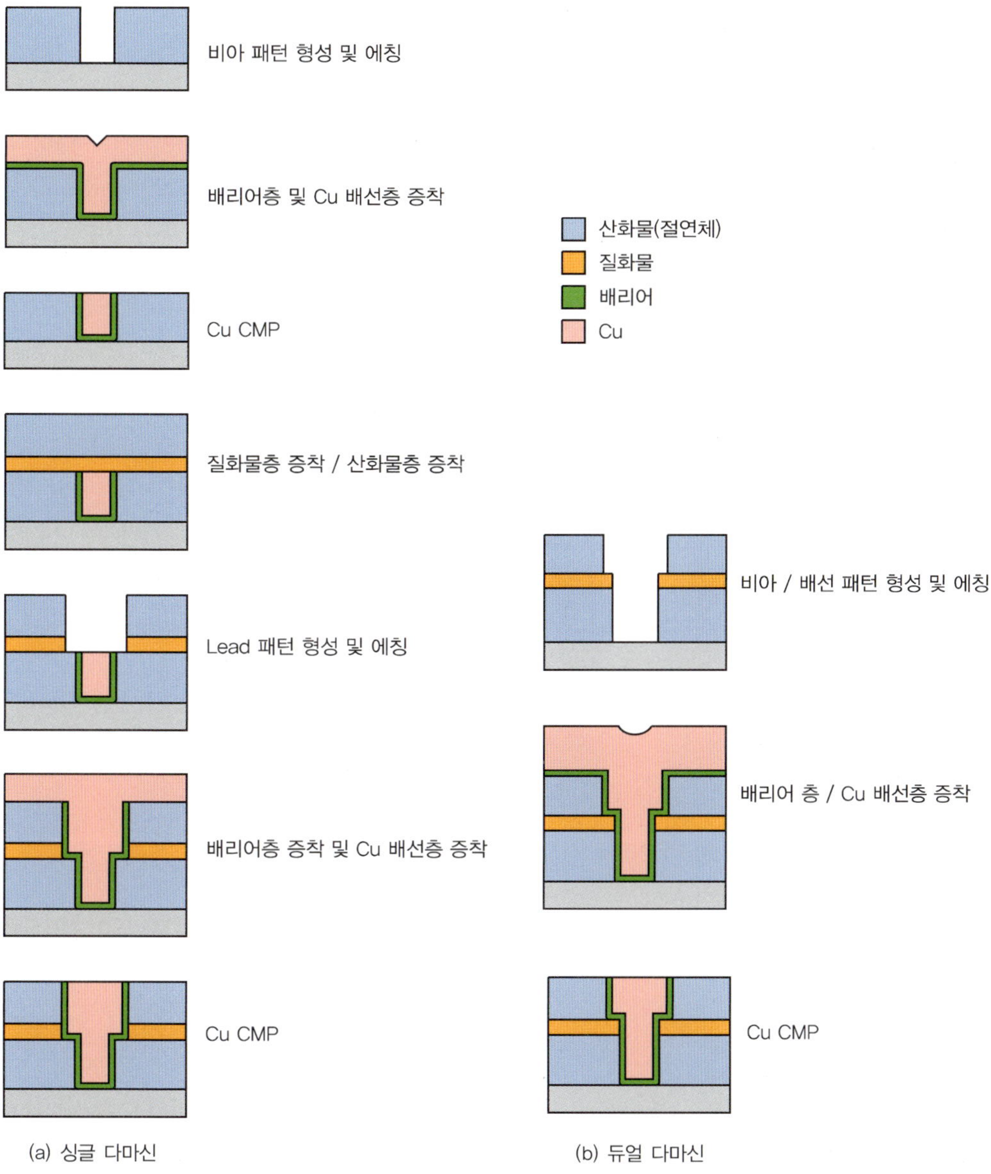

[그림 9-15] 싱글 다마신과 듀얼 다마신 공정의 비교

기타 CMP 응용

앞서 언급한 STI와 구리 배선 이외에도 반도체 제작 과정 중 다양한 부분에서 CMP가 적용된다. 예를 들어 트랜지스터 작성 중에 폴리실리콘을 평탄화한 뒤, 메탈 게이트를 제작한다거나 FinFET 구조에서 핀(Fin)을 제작하고 더미 게이트(dummy gate)와 ILD0를 형성한 후, CMP 공정으로 평탄화를 진행한다. 이후 더미 게이트를 제거하고, high-k/메탈 게이트 증착을 진행한다.

또한 [그림 9-16]과 같이 3D NAND 등에서도 CMP가 적용되는데, 이때 메모리양이 증가함에 따라 박막의 적층 횟수가 늘어나 소자가 고단화된다. 이때 구조의 단차가 커져 CMP 공정은 점점 난이도가 증가한다.

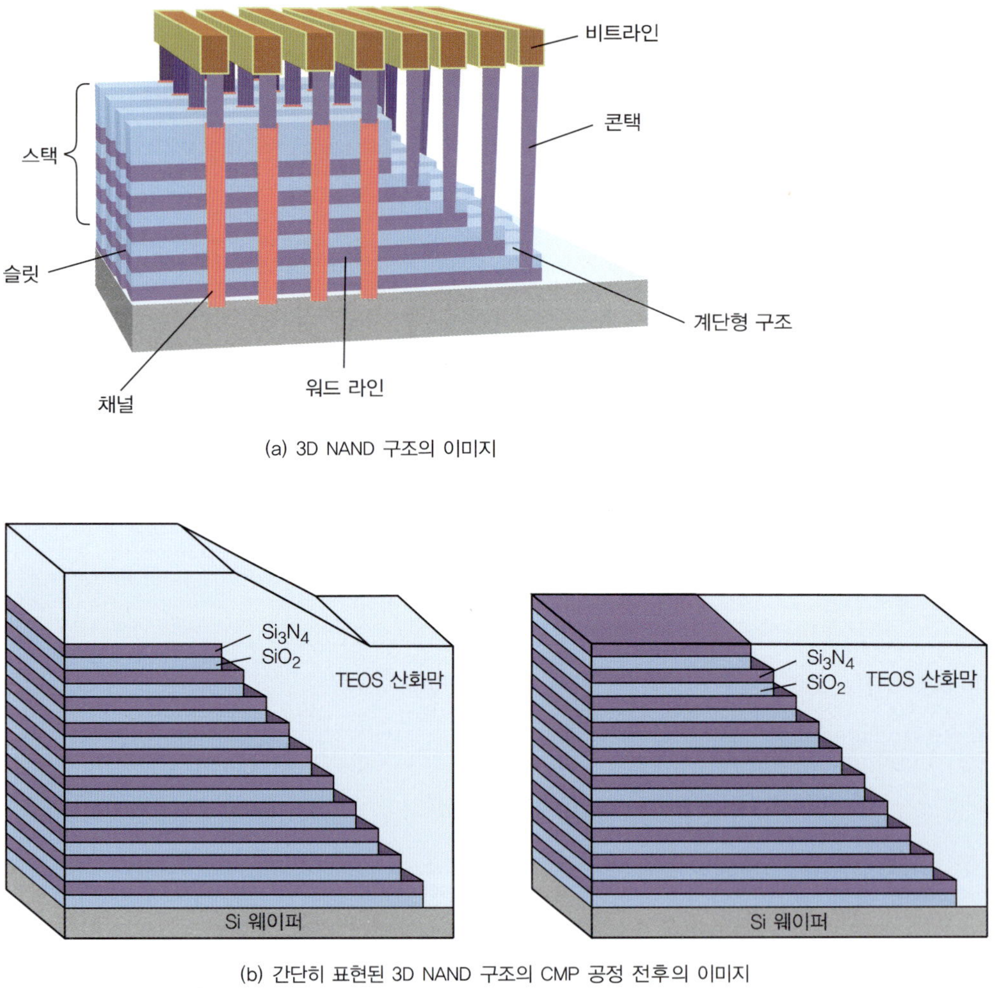

[그림 9-16] 3D NAND에서의 CMP가 적용되는 예 [4]

한편, 패키징(packaging) 기술이 나날이 발전하면서, [그림 9-17]과 같이 웨이퍼의 **하이브리드 본딩**(hybrid bonding) 등에도 CMP 기술이 매우 중요한 공정으로서 자리 잡고 있다. CMP는 이렇게 반도체 소자 제작 과정뿐만 아니라 패키징을 위한 웨이퍼의 평탄화를 위해 사용되고 있다.

[그림 9-17] CMP 공정 후 하이브리드 본딩이 적용되는 패키징의 예[5]

SECTION 9.7 CMP 공정의 개선

CMP는 오염 물질이 많이 생산되는 공정이며, 따라서 공정 후에는 슬러리와 더불어 모든 오염 물질을 제거하기 위해 세정 공정이 필요하다. CMP 후 세정(post-CMP cleaning) 과정에서는 스크래치, 부식, 표면 거칠기, 워터마크와 같은 추가적인 결함이 발생되어서는 안 된다.

이러한 문제를 해결하기 위해, [그림 9-18]과 같이 PVA(polyvinyl alcohol) 브러쉬를 이용한 웨이퍼 양면의 스크러빙을 통해 세정을 진행한다. 이때 메가소닉(Megasonic)이 선택적으로 더해질 수 있다.

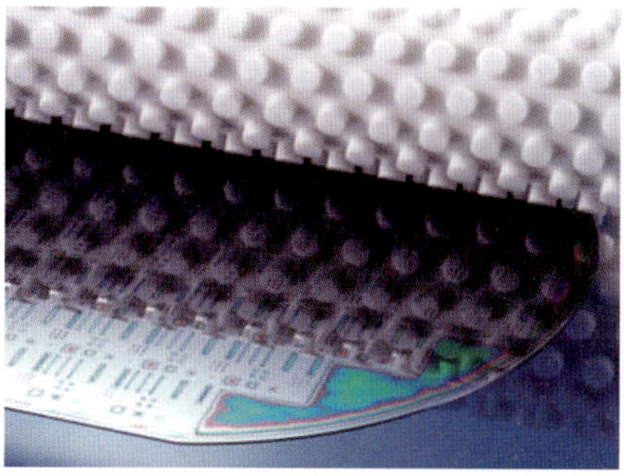

[그림 9-18] CMP 후 브러쉬 클리닝의 예

또한 DHF, SC1 등의 세정도 진행되는데, 이는 파티클의 제거가 주목적이므로, 앞서 설명한 제타 전위를 제어하여 웨이퍼 표면의 입자가 정전기적 반발력이 생기게 해 입자가 표면에서 쉽게 떨어지고 다시 부착되는 것을 방지한다. 파티클 발생 이외에도 CMP 공정에 의해서 웨이퍼 표면에 여러 가지 결함(defect)이 생길 수 있다. CMP 공정 중에 웨이퍼와 연마 패드 간에 기계적 압력이 크게 인가되면 연마 입자(abrasive)에 의해 스크래치(scratch)가 발생할 수도 있다. 이때 금속 막 등의 표면에 특히 스크래치가 발생하지 않게 해야 한다.

한편, 반도체 소자에 다양한 물질이 도입되고, 구조 또한 입체적으로 변화함에 따라 높은 선택비를 가지는 슬러리의 개발이 필수적이다. 그러나 경우에 따라 두 물질의 화학적 선택비가 다르면 CMP가 더 진행된 지역이 생겨서 아래쪽으로 오목하게 되는 현상(erosion)이 발생하게 된다. 또한 웨이퍼 표면을 구성하는 여러 물질들의 경도나 밀도 차이로 인해 연마 속도가 달라지면서 일정한 물질의 부분이 접시의 함몰과 비슷한 모양으로 가공되는 현상이 발생하기도 한다. 이를 [그림 9-19]에 나타낸 것과 같이 **디싱**(dishing)과 **이로전**(erosion) 현상이라고 한다.

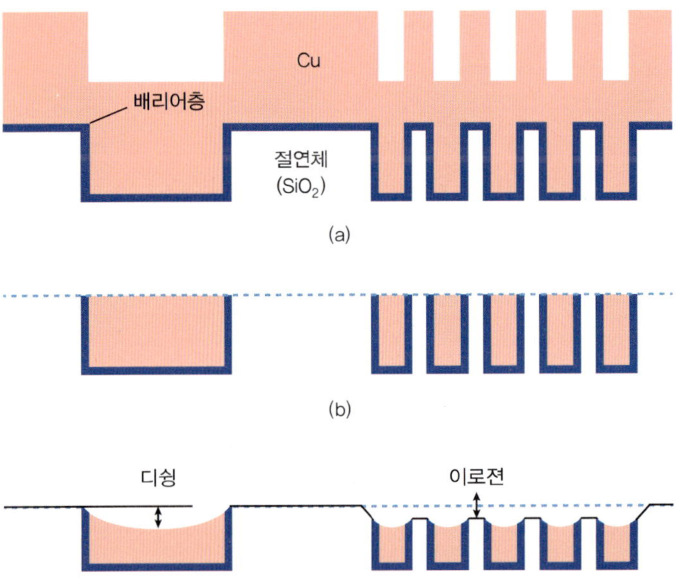

[그림 9-19] CMP 공정 중 발생하는 디싱과 이로전 현상

디싱 현상을 감소시키려면, 선택비를 잘 제어하는 슬러리를 이용하거나 적절한 연마 압력, 시간, 패드의 선택 등이 필요하다. 또한 층간 절연막으로 사용되는 low-k 유전체가 CMP 중에 H_2O를 흡수하여 유전율이 다시 증가할 수도 있으므로 이를 잘 제어해야 한다. 또한 갈바닉 부식(Galvanic corrosion)에 의한 구리 및 배리어 메탈의 손실도 유의해야 한다.

한편 구리 CMP의 **부식 억제제**(inhibitor)로 BTA(benzotriazole) 및 그 유도체가 많이 사용되고 있다. 그러나 아졸(azole)류는 환경 이슈에 따른 사용 제약이 있어 친환경 부식 방지제 및 슬러리의 개발이 필요하다. 이와 더불어 연마 공정의 균일성 (웨이퍼 내의 균일성, 웨이퍼 간의 균일성), 생산성 향상, 공정 비용 절감, 결함의 최소화 등을 충족시킬 CMP 공정이 필요하다. CMP 공정의 개선은 이러한 문제점들의 해결에 기여할 수 있다.

9장 연습문제

9.1 반도체 제조에서 CMP의 주요 목적은 무엇인가?

9.2 CMP 슬러리의 3가지 주요 구성 요소와 그 역할을 설명하시오.

9.3 CMP에서 엔드포인트 감지가 중요한 이유는 무엇이며, 이를 위한 2가지 방법을 설명하시오.

9.4 CMP에서 디싱과 이로젼의 차이를 설명하시오.

9.5 CMP 공정의 제거 속도는 분당 500nm 일 때, 초기 산화물 두께가 $1.2\mu m$ 이고 목표 두께가 $0.4\mu m$ 라면 폴리싱 시간은 얼마나 걸릴지 계산하시오.

9.6 구리 CMP 공정에서 물질의 제거율은 프레스턴 방정식을 따른다. $P = 4\,\text{psi}$, $v = 0.5\,\text{m/s}$ 일 때, 분당 180nm 가 제거되었을 경우의 프레스턴 상수(k)를 계산하시오.

9.7 구리 전기도금 이후 CMP가 필요한 이유는 무엇인가?

9.8 다운포스와 플래이튼 속도를 조절하는 것이 CMP 제거율과 결함률에 어떤 영향을 미칠 수 있는지 설명하시오.

9.9 CMP로 인한 결함이 반도체 소자의 성능에 어떤 영향을 미칠 수 있는지 설명하시오.

9.10 CMP 후 세정의 역할은 무엇이며, 일반적으로 어떤 오염 물질이 대상이 되는지 설명하시오.

CHAPTER 10

배선

Interconnect

SECTION 10.1 배선의 필요성

반도체 칩의 속도를 높이는 가장 직접적이고 효과적인 방법은 작고 빠른 트랜지스터를 더 많이 집적하는 것이다. 이에 따라 소자의 미세화·집적화가 요구된다. 그러나 이러한 노력으로 트랜지스터의 속도는 빨라지지만, 트랜지스터 간의 **상호 연결**(interconnect) 속도는 오히려 느려지게 된다.

반도체 **금속 배선**(interconnect 또는 metalization)은 반도체 칩의 여러 부품을 연결하는 것으로, 금속으로 이루어져 전기 신호를 전달하고 전력을 분배하여 칩이 작동할 수 있게 한다. 이러한 배선은 반도체 소자가 미세화하고 신호 전달 속도가 빨라짐에 따라 소자의 성능을 결정하는 데 있어 매우 중요한 역할을 한다. 이 배선은 [그림 10-1]에서 볼 수 있듯이, 웨이퍼 상에 기본적으로 금속층과 절연체 층을 교대로 증착하여 패턴을 만드는 과정의 연속으로 제작된다. 그리고 모든 배선은 전기저항(전선)과 정전용량(전선 사이의 절연 유전체)의 회로로 이해할 수 있다.

(a) SEM 단면 이미지

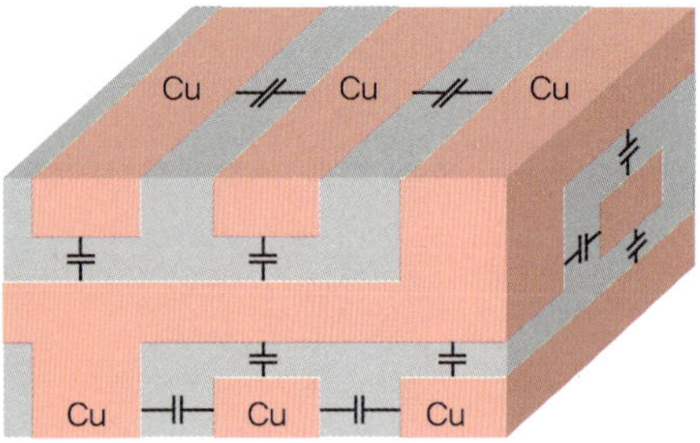

(b) 배선의 적층 구조의 입체 개념도

[그림 10-1] 금속 배선의 적층 구조

[그림 10-2]에 나타낸 전기 도선의 그림을 보면, 소자의 피치 크기가 감소함에 따라 도선의 단면적(A)이 줄어들면 저항(R)이 증가하게 되는 것을 알 수 있다. 그리고 결과적으로 칩의 속도는 느려지고 전력 소비가 증가한다.

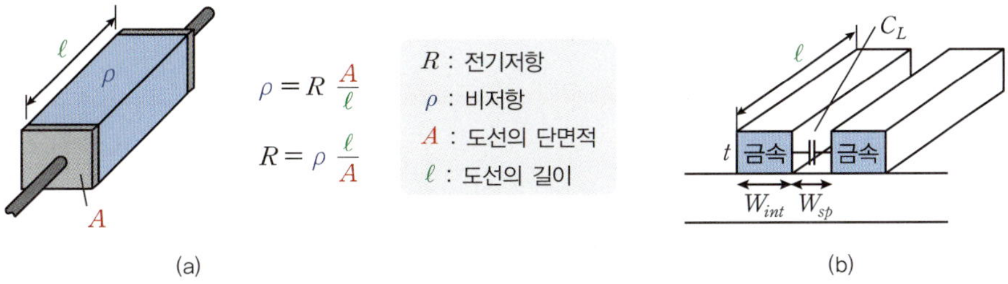

[그림 10-2] 도선에서의 전기저항과 정전용량

한편, 배선층 사이의 기생 정전용량(C_L)은 절연막의 유전율($\varepsilon_0 \varepsilon_r$)과 면적($lt$)에 비례하고 금속 배선 사이의 거리($W_{sp}$)에 반비례한다.

$$C_L = \frac{\varepsilon_0 \varepsilon_r lt}{W_{sp}} \tag{10.1}$$

따라서 배선층의 폭(W_{int})이 작아지거나 전선의 단면적이 작아지면 저항이 증가하고, 배선 간의 간격이 줄어들면 전선 사이의 커패시턴스가 증가한다. 이때 배선의 성능을 나타낼 수 있는 지수는 전기저항-전기용량 지연(RC 지연)인데, 소자의 미세화·집적화로 인해 크기가 감소하면서 RC 값이 증가하게 된다. $R \times C$는 시간의 단위이므로, 배선을 따라 전달되는 신호는 **RC 지연**이 발생하게 된다.

결국 [그림 10-3]에서 볼 수 있듯이, 반도체 소자의 크기를 줄이는 것은 RC 지연을 악화시키므로, RC 지연을 감소시키려면 기존의 배선 금속 재료인 알루미늄 대신 저항이 낮은 금속, 기존의 층간 절연체인 SiO_2 대신 전기용량(또는 유전율)이 더 낮은 절연체를 도입해야 한다.

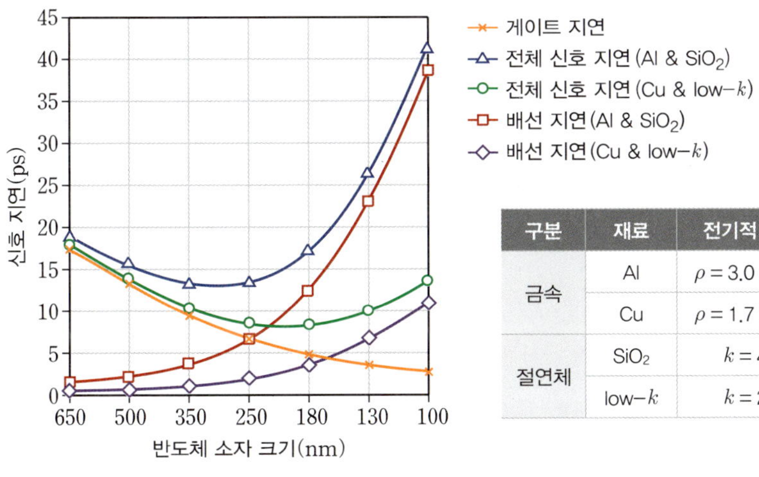

구분	재료	전기적 특성	배선 사이즈
금속	Al	$\rho = 3.0\ \mu\Omega cm$	Al, Cu • 두께 = 0.8 μm • 길이 = 43 μm
	Cu	$\rho = 1.7\ \mu\Omega cm$	
절연체	SiO_2	$k = 4.0$	
	low-k	$k = 2.0$	

[그림 10-3] 스케일링에 따른 RC 지연의 증가

SECTION 10.2 배선 금속

트랜지스터의 **전극 콘택**(electrode contact)과 **배선 금속**(interconnect metal) 사이에서 낮은 전기적 저항을 가지는 금속이 증착되는데, 이를 콘택 플러그(contact plug)라고 한다. 또한 배선 금속으로부터 층간 절연막으로 금속 원자의 확산을 방지하는 배리어 메탈층이 존재한다. 이러한 전체적인 금속 배선 구조는 소자 구성 요소 간에 안정적이며 빠르게 신호를 전달할 수 있어야 한다. 이를 위해 배선 공정에 포함되는 여러 가지 금속들은 낮은 전기저항과 더불어, 안정적인 콘택 성능, 절연막과의 우수한 접착성 및 안정성이 요구된다. 이밖에도 일렉트로마이그레이션에 대한 저항이 높아야 하고, 식각 등이 용이해서 패터닝이 쉽게 이루어져야 한다.

알루미늄 배선

과거에 알루미늄은(Al)은 콘택과 배선 금속 재료로 많이 사용되었다. 알루미늄은 [표 10-1]에 나타낸 바와 같이 배선 금속에 적용할 만한 금속들 가운데 비교적 낮은 비저항을 가지고 있다.

[표 10-1] 금속의 전기 비저항과 열 전도도

금속	전기 비저항 (10^{-6} Ωcm)	열 전도도 (W/m·K)
Ag	1.55	419
Cu	1.7	385
Au	2.2	301
Al	2.7	210
Rh	4.3	151
Ir	4.7	147
Ru	7.2	116
Os	8.12	91.67
Pd	9.93	71.2
Pt	10.6	69.1

또한 실리콘층과 절연막과의 접착성이 우수하다는 장점이 있다. 일반적으로 알루미늄은 마그네트론 스퍼터링과 같은 PVD로 증착되나, 트리이소부틸알루미늄($Al(i-C_4H_9)_3$)과 같은 전구체를 사용하여 CVD로도 증착이 가능하다. 그리고 반응 생성물인 $AlCl_3$이 그다지 높지 않은 끓는점(178℃)을 가지므로 CCl_4 등의 가스를 이용하여 반응성 이온 식각(RIE)을 통해 쉽게 식각 및 패터닝이 가능하다.

그러나 알루미늄 배선에서 나타나는 **일렉트로마이그레이션**(electromigration) 현상은 배선 물질이 알루미늄에서 탈피하는 변화를 촉발하는 또 하나의 중요한 문제였다. 일렉트로마이그레이션은 [그림 10-4]와 같이 전류로 인해 도체 내 원자가 이동하는 현상이다.

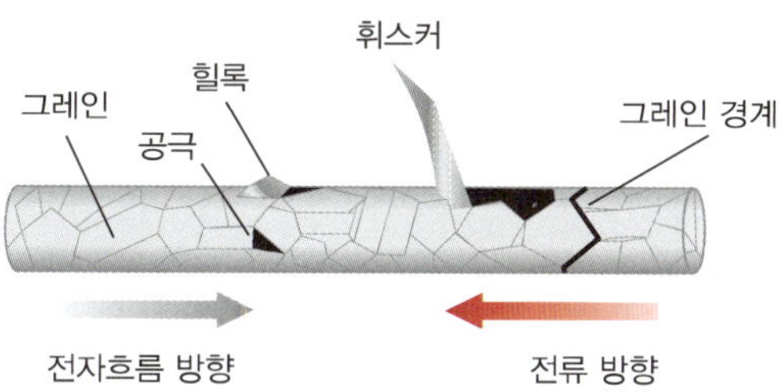

[그림 10-4] 일렉트로마이그레이션의 개념도

이에 따라 배선 라인에 공극(void), 힐록(hillock), 휘스커(whisker) 등이 생성되어 회로의 이상, 성능 저하 또는 단락을 초래할 수 있다. 일반적으로 알루미늄-구리 합금을 사용하여 이러한 문제를 줄일 수 있다.

(a) SEM(힐록, 휘스커, 공극)　　(b) TEM(공극)

[그림 10-5] 일렉트로마이그레이션으로 인한 결함

구리 배선

알루미늄 배선은 높은 RC 지연과 일렉트로마이그레이션 현상으로 인해 한계를 갖기 때문에, 새로운 배선 물질이 필요하게 되었다. 금(Au), 은(Ag) 등이 알루미늄보다 비저항이 낮긴 하나, [표 10-2]에 나타낸 것처럼 박막의 증착, 공정 용이성, 비용 등을 고려하여 구리(Cu)가 알루미늄 배선을 대체하게 되었다.

[표 10-2] 구리와 알루미늄의 성질 비교

성질	Cu	Al
저항성(μΩcm)	1.70	2.74
영률(×10^{-11} dyn/cm^2)	12.98	7.06
저항 온도계수(×10^{-3}/K)	4.3	4.5
열 전도도(W/cm)	3.98	2.38
녹는점(℃)	1085	660
내식성	좋지 않음	우수함
SiO_2의 접착력	좋지 않음	우수함
확산계수(cm^2/s)	4×10^{-5}	1×10^{-14}
SiO_2 내 침투시간	4×10^{-4} exp(−0.83/kT)	−
열응력(×10^7 dyn/cm^2℃)	2.5	2.1

구리가 배선 재료로 활용하게 된 것은 1997년에 IBM 사가 전해도금을 사용하여 다마신법으로 새로운 기술을 발표하면서이다([그림 10-6] 참고).

[그림 10-6] 전해도금을 사용하여 제작한 구리 배선 공정 [1]

1999년에는 0.25μm CMOS(Power PC 750)에 이 배선 기술을 적용하여 배선 저항을 25% 정도 감소시킬 수 있었다. 그러나 구리는 실리콘에서 빠르게 확산되는 문제를 가지고 있어 Ta/TaN 스택과 같은 배리어 메탈층이 수반되고, 텅스텐 플러그가 소스/드레인에 형성된 실리사이드와 접촉하게 된다. 배리어층의 도입은 구리-절연체 간의 접착력도 향상시킨다.

구리는 PVD, CVD 또는 전기화학 도금 기술을 사용하여 증착할 수 있다. 그러나 8장에서 설명한 것처럼 PVD 공정은 스텝 커버리지(step coverage)와 갭 충진 특성이 좋지 않아 구리 증착에는 적합하지 않다. 또한 CVD 공정에서는 사용 가능한 휘발성 전구체가 적당하지 않아 구리 증착이 제한적이다. 이러한 이유로 구리 배선은 먼저 PVD에 의해 구리 시드층(seed layer)을 형성한 후 전기도금에 의해 형성된다.

구리 배선 형성에 있어 주요 문제점은 일반적인 불소 또는 염화물 기반의 건식 식각으로는 식각 부산물의 끓는점이 매우 높아 비휘발성이므로 배선 구조의 패턴 형성이 어렵다는 사실이다. 이는 반응 생성물인 $AlCl_3$의 끓는점이 178℃로 식각이 비교적 쉬운 알루미늄과 대비된다. 이러한 이유로 구리 배선에 다마신 공정이 도입되었다. 다마신 공정이 도입되면서 구리 배선에 대한 건식 식각 대신 절연막(유전체)에 대한 건식 식각이 필요하게 되었다.

금속 배선의 발전

글로벌 배선(global interconnect)은 칩의 상부 배선층에 위치하며, 일반적으로 두껍고 길다. 또한 배선 간격이 넓다. 그리고 하위 레벨의 회로인 로컬 배선(local interconnect)은 그에 비해 얇고 길이가 짧다.

계속되는 미세화·집적화의 기술 발전으로 인해, 배선층의 폭과 두께는 점차 줄어들며 이에 따라 구리 배선이라 하더라도 전기적 저항이 증가하여 신호 지연이 발생하게 된다. 더구나 구리 배선은 구리가 유전체(절연체)로 확산되는 것을 방지하기 위한 질화탄탈륨(TaN) 배리어 메탈층, 그리고 배리어층과 구리의 접착력을 향상시키기 위한 탄탈륨(Ta) 라이너(liner)층이 필요하다.

배선 성능의 저하를 방지하려면 패턴 폭이 감소함에 따라 각 층의 두께도 얇아져야 한다. 그러나 이러한 금속 및 배리어층의 두께를 더 얇게 만드는 것은 제한적이다. 따라서 이러한 구리보다 높은 비저항을 갖는 배리어층이나 라이너층의 두께는 배선의 크기에 따라 감소되지 않으며, 결과적으로 [그림 10-7]과 같이 구리가 차지하는 공간이 감소하게 된다. 예를 들어, 각 층의 두께가 2nm만 되더라도 배선 트렌치 구조의 양쪽에서 4nm의 두께가 필요하게 되어 결과적으로 구리 배선의 폭이 8nm만큼 줄어들게 된다.

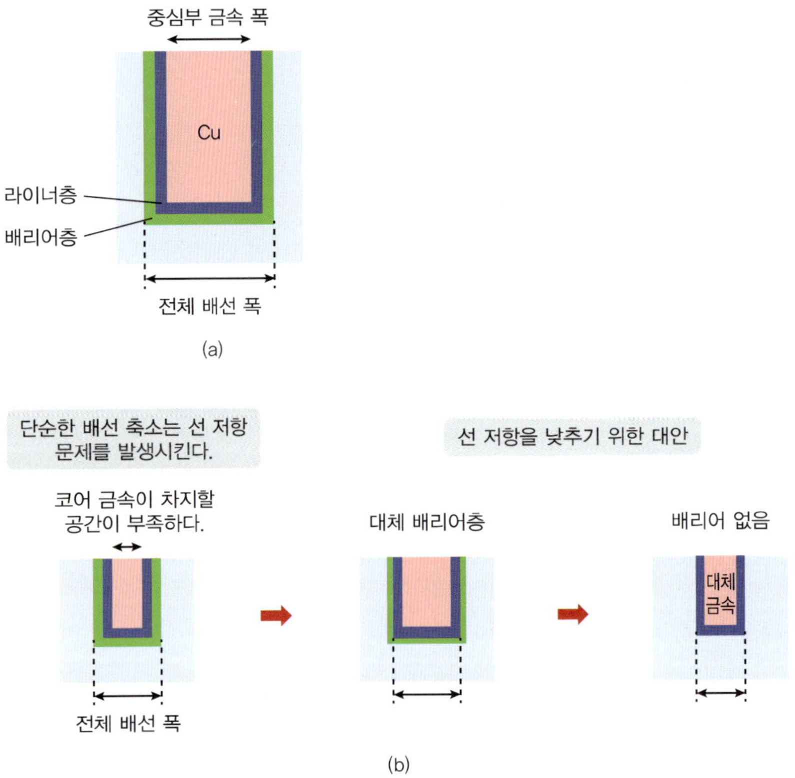

[그림 10-7] 패턴의 미세화에 따른 배선 폭 감소와 배선 금속의 공간 제약 [2]

이러한 문제를 해결하기 위해, 향후에는 배선 금속을 구리가 아닌 배리어층이 필요하지 않은 전도성 재료로 대체해야 한다. 좁아지는 배선 폭과 작은 면적에서 비저항 문제를 해결하고자, 최근에는 루테늄(Ru) 및 코발트(Co)와 같은 새로운 대체 금속 배선이 개발되고 있다.[3]~[4]

[그림 10-8]은 여러 금속의 두께에 따른 비저항의 변화를 나타낸다. 코발트, 루테늄, 몰리브덴(Mo)은 배선이 미세화될수록 구리보다 비저항이 작아지기 때문에, 차세대 배선 물질로 연구되고 있다.

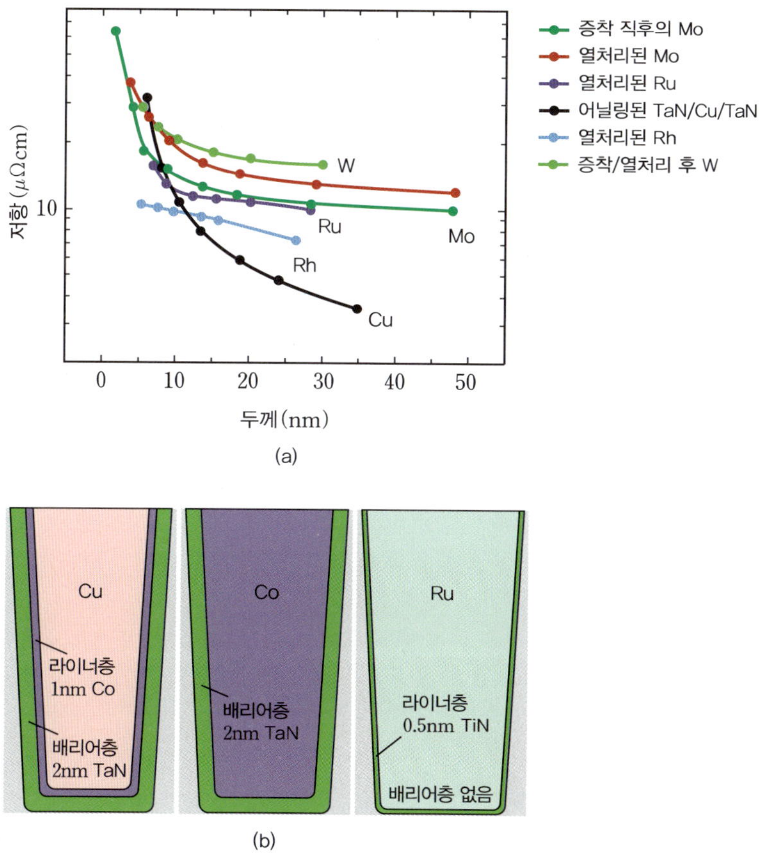

[그림 10-8] 여러 금속의 두께에 따른 비저항의 변화[5]

배선 폭의 감소에 따른 RC 지연을 낮출 배선 금속은 비저항이 낮으며, 그 금속 내 캐리어의 평균 자유 행로가 낮아야 한다. 즉, 그 둘의 값의 곱이 구리보다 낮아야 한다.[1] 또한 배선 과정의 금속의 신뢰도를 나타내는 응집 에너지(cohesive energy)도 고려되어야 한다. 응집 에너지는 일렉트로마이그레이션과 유전체로의 확산 현상에 의해 영향을 받기 때문이다. 구리의 응집에너지는 약 4eV로 알려져 있다. 이에 따라 이원계(binary) 합금이 미래의 배선 재료로서 연구 개발되고 있다. 특히 imec 연구진은 AlNi 및 AlCu 등의 알루미늄 화합물에서 낮은 비저항을 얻을 수 있음을 보고하였다.[6] 물론 새로운 배선 재료를 선택하기 위해서는 공정 용이성, 유전체와의 접착성, 열적 안정성, 공정 비용 등을 종합적으로 고려해야 한다.

1 구리의 벌크 비저항은 1.7$\mu\Omega$cm 이며, 평균 자유 행로는 39nm 이다.

배리어 메탈 및 콘택 플러그

배리어 메탈, 라이너, 캡핑(capping)층은 구리 배선 기술에 필수불가결한 요소이다. 앞서 설명한 바와 같이, **배리어 메탈**은 전극 접촉(electrode contact) 및 구리 배선층의 금속 확산 방지를 위해 도입되었다. 배리어층의 재료로서는 낮은 비저항 이외에, 낮은 접촉 저항, 배선 물질과 절연체와 우수한 접착력, 전자 이동의 저항성, 열적 안정성을 가져야 한다. 또한 공정적인 측면에서는 고종횡비 구조에서 우수한 스텝 커버리지를 가지면서도 높은 증착 속도를 나타내고, 배선층의 CMP 공정에 적절한 내구성 및 적합성을 가져야 한다.

구리 다마신 배선 공정에서는 일반적으로 PVD 공정을 이용하여 Ta/TaN을 측벽과 배선 하단의 배리어층으로 제작한다([그림 10-9] 참고). 구리 배선 공정 후에는 구리 위에 질화규소(Si_3N_4) 등의 캡핑층의 증착을 통해 구리의 산화 및 부식을 방지하고 구리와 후속 유전체 간의 접착력을 높인다. 이 과정에서 질화규소의 고유전율에 의해 RC 지연이 발생한다.

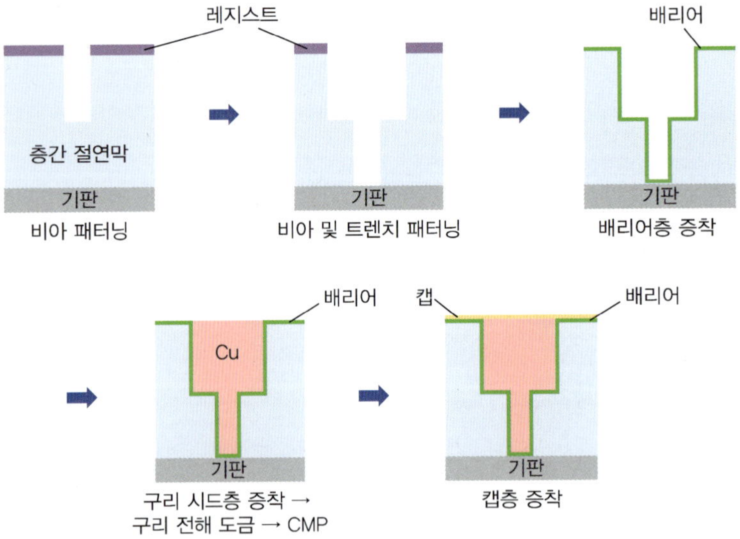

[그림 10-9] 배리어 메탈을 포함하는 구리 배선층 형성 과정

한편, 알루미늄 배선 공정에서는 질화티타늄(TiN)이 배리어 재료로 사용되는데, 일렉트로마이그레이션으로 인해 알루미늄 배선에 공극이 발생할 경우 전기 전도체로서 작용할 수 있기 때문이다. 텅스텐(W)은 높은 비저항을 가지나, 고종횡비를 갖는 구조에서 CVD로 증착할 때 갭 충진 특성이 좋기 때문에 콘택 플러그(contact plug) 물질로 사용된다.

[그림 10-10]은 텅스텐 콘택 플러그를 포함하는 알루미늄 배선 공정을 나타낸다. CVD 텅스텐 증착 시 접합 스파이크 문제를 야기할 수 있으므로, 일반적으로 텅스텐과 실리콘 사이에 TiN과 같은 배리어층을 둔다.

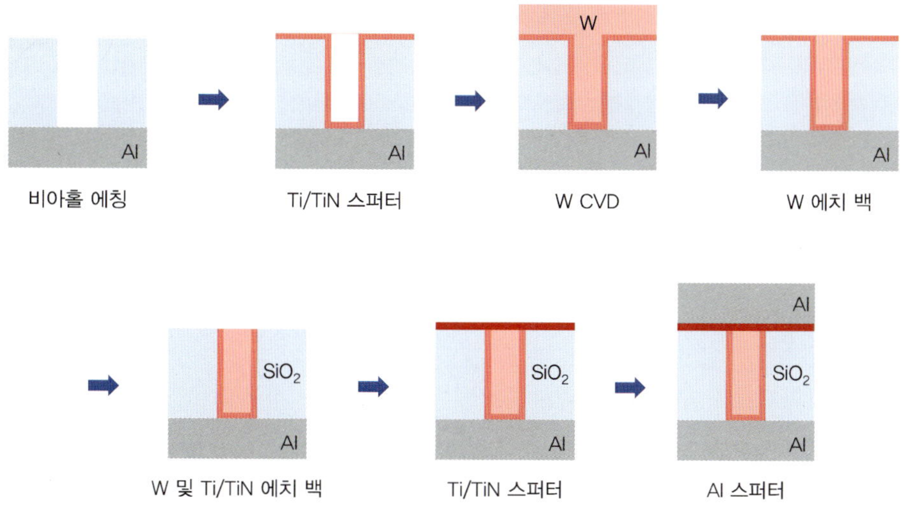

[그림 10-10] 텅스텐 콘택 플러그를 포함하는 알루미늄 배선 공정 흐름

SECTION 10.3 저유전율 유전체

오랫동안 금속 배선의 **층간 절연체**(유전체, inter-layer dielectrics, ILD)로는 3.9 정도의 유전율을 갖는 SiO_2가 사용되어 왔다. 식 (10.2)에 따르면, 외부 전기장이 A의 크기와 d의 두께를 갖는 유전체에 인가되었을 경우 비유전율 k는 전기 쌍극자 등의 극성 성분에 의해 전하를 축적하는 능력을 나타낸다.

$$C = \frac{k\varepsilon_o A}{d} \tag{10.2}$$

따라서 높은 유전율을 갖는 절연체는 더 많은 전기용량을, 낮은 유전율을 갖는 절연체는 더 적은 전기용량을 갖게 된다.

유전체의 분극 현상

절연체(유전체)의 유전(誘電) 현상은 보통 전자 분극, 이온 분극, 배향 분극 등에 의해 일어난다. 전자 분극은 중성 원자의 전자구름이 전기장에 의해 변위되어 원자에 쌍극자 모멘트를 유도하는 현상으로, 이러한 전자 분극은 결합 유형에 관계없이 모든 물질에 존재한다. 전자 분극은 외부 전기장이 제거되면 사라지는데, 전자구름은 매우 가벼우므로 전기장에 대한 반응 속도가 매우 빠르며 일반적으로 10^{15}~10^{16}Hz 정도의 주파수에서 발생한다.

한편, 이온 분극은 물질 내의 음이온과 양이온이 정상 위치로부터 전기장에 의해 변위되어 순 쌍극자 모멘트가 발생하는 것으로서, 실리콘(Si)과 게르마늄(Ge)처럼 이온 결합이 없는 물질은 이온 극성을 나타내지 않고, 이온 분극은 이온성 물질에 존재한다. 전자에 비해서는 매우 무겁고 큰 이온 전체가 변위되는 것이므로, 이것은 10^{12}~10^{13}Hz 정도의 주파수에서 발생한다.

H_2O 분자는 104.5°의 각도로 구부러져 있으며 δ^+와 δ^-를 나타내는 영구 쌍극자 모멘트를 갖는다. 전기장이 인가되면 영구 쌍극자 모멘트를 가진 이러한 극성 분자들은 전기장에 따라 정렬하려는 성질을 보이며, 이 과정에서 분자의 회전 등의 변위가 일어난다. 이러한 변위를 배향 분극이라 하며 이 배향 분극은 전기장이 제거된 후에도 다소 유지된다. 전기장에 맞춰 전체 분자가 회전을 하는 과정이 수반되기 때문에 전자 분극, 이온 분극에 비해 반응 속도가 느리고 10^{11}~10^{12}Hz의 낮은 주파수에서만 발생한다.

저유전율(low-k) 박막

유전율이 낮은 재료를 얻기 위해서는 재료 내에서 일어나는 위에 언급한 분극 현상들을 감소시키거나 밀도를 감소시키면 된다. 그러나 밀도를 감소시킨다는 것은, 결국 박막을 다공성으로 만드는 결과를 초래하며, 이는 가장 낮은 유전율($k=1$)을 갖는 것이 공기(진공)라는 사실에 부합한다. 결국 박막의 밀도를 줄이는 것은 기계적 강도를 약화시키는 것이므로 박막의 밀도를 감소시켜 유전율을 낮추려는 데에는 분명한 한계가 있다. 따라서 기존의 SiO_2 보다 분극률(polarizability)이 낮은 결합을 갖도록 재료를 만들어야 한다.

예를 들어, [그림 10-11]에서 보듯이 Si-O 결합을 그보다 분극이 작은 Si-F 또는 Si-C 결합으로 대체하면 재료의 저유전율화가 가능해진다. 박막 중의 Si-O 결합 밀도를 줄여서 불소(F)가 함유된 SiOF를 제작하면 SiO_2의 유전율은 불소 함량에 따라 감소하게 된다. 그러나 $Si-F_2$ 등의 생성에 의해 물의 흡수가 촉진되어 유전율이 오히려 증가할 수 있으며, 안정적으로는 약 3.7 수준까지의 유전율을 감소시킬 수 있다.

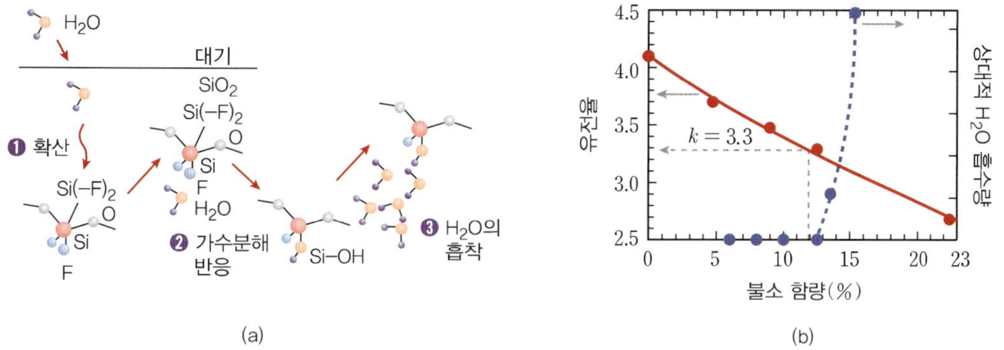

[그림 10-11] 불소가 함유된 SiOF의 형성과 이에 따른 유전율 감소

그 외에 트리메틸실란($(CH_3)_3SiH$)을 이용하여 PECVD에 의해 $k = 2.8 \sim 3.2$ 정도의 SiCOH 박막을 제작할 수 있다([그림 10-12] 참고).

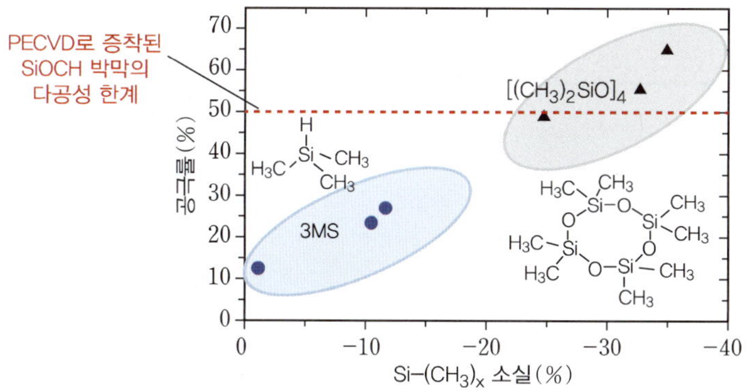

[그림 10-12] SiCOH 다공성 구조를 이용한 저유전율화 [7]

옥타메틸시클로테트라실록산($[(CH_3)_2SiO]_4$)을 전구체로 PECVD 증착된 SiCOH 박막은 2.3~2.8 정도의 저유전율을 나타낸다. SiO_2를 구성하는 산소 원자를 CH_3로 교체하면 분극이 낮은 결합이 생성될 뿐만 아니라 다공성 구조가 만들어져 저유전율을 얻을 수 있다. 실리콘을 포함하는 재료 중 하나인 실세스퀴옥산(silsesquioxane, SSQ) 기반 재료는 기본 단위에서 실리콘과 산소(O) 원자가 정육면체 형태로 배열된다. 이러한 구조로 인해 내부에 공극이 생겨 박막의 밀도가 감소하고 저유전율화가 이루어진다. 정육면체의 모서리에 있는 실리콘 원자가 수소(H)로 종단되느냐, 또는 메틸기(CH_3)로 종단되는지에 따라 HSSQ 또는 MSSQ라 하며, 일반적으로 $k=3$ 정도의 유전율을 갖는다. SiCOH의 경우와 마찬가지로 공극의 함량(다공성)이 증가할수록 유전율(k)은 더 낮아진다.

실리카계의 PECVD 박막 증착 과정에 α-터피넨(alpha-terpinene) 또는 사이클론헥센 옥사이드(cyclohexene oxide)와 같은 포로젠(porogen)으로 작용할 물질을 넣어 어닐링 또는 UV 처리를 통해 수~수십 나노미터(nm) 크기의 기공(pore)을 형성할 수 있다. 이러한 공정은 [그림 10-13]과 같이 박막의 밀도를 낮춰 저유전율(low-k) 실리카 박막을 제작하는 데 활용된다.

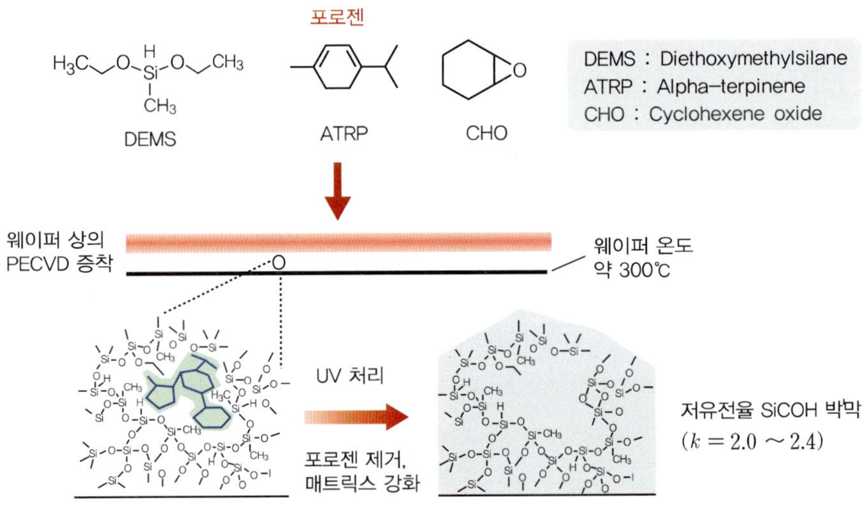

[그림 10-13] 포로젠 물질을 이용한 저유전율 박막 제작

저유전율 박막에는 비실리콘 기반도 있으며, 이들은 대부분 유기 고분자이다. C-C 또는 C-H와 같은 낮은 **분극**(polarization)을 갖는 유기고분자를 사용하면 공극 없이도 낮은 유전율을 얻을 수 있다. 폴리테트라플루오로에틸렌(PTFE), 폴리이미드(PI), 폴리아릴에테르(PAE) 등을 포함한 고분자 물질들은 2.5 정도의 유전율을 가진다. 그러나 유기 고분자의 경우, 기계적 강도가 약하고 열 안정성이 낮으며 접착력이 떨어져 기존 반도체 공정과의 호환성이 낮다는 단점이 있다. 최근에는 공기의 극도로 낮은 유전율(1.0)을 이용하여 에어갭(air gap)을 배선의 층간 절연체(ILD)로 사용하는 방법도 개발되었다.

[그림 10-14]는 low-k 유전체로 사용되는 여러 재료의 유전율과 기계적 강도의 관계를 나타낸 것이다.

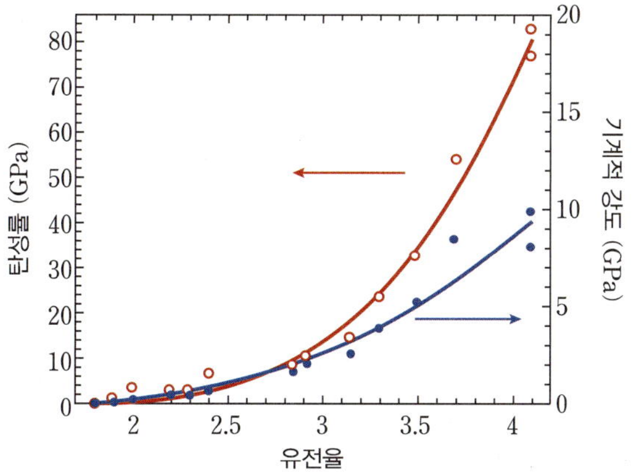

[그림 10-14] 저유전율 박막으로 사용되는 여러 재료의 유전율과 밀도 및 기계적 강도와의 관계

그래프를 보면, 낮은 유전율과 높은 기계적 강도를 동시에 달성하는 것은 어렵다는 것을 알 수 있다. 즉, 얇은 다공성인 저유전율(low-k) 박막들은 일반적으로 유전율이 낮아질수록 SiO_2에 비해 기계적으로 또 열적으로 약하고, 수분 등 다른 화학 물질을 흡수하는 문제 등이 있어 식각, 세정, 그리고 CMP 과정에서 화학적 및 물리적 안정성이 확보되어야 한다. 또한 다른 재료와 접착성도 좋아야 하며, 낮은 열팽창계수와 함께 높은 열전도도를 가져야 하므로, 기타 공정과의 호환성이 무엇보다 중요하다.

low-k 유전체가 형성되고 패턴이 만들어진 후 구리의 전해도금까지 이루어진 다음에는 구리 CMP가 수행된다. 이에 관해서는 이미 앞선 챕터에서 언급이 되었으므로 이 장에서는 설명을 생략한다. 다만 배리어 메탈 CMP 과정에서 발생하는 디싱, 이로전, 스크래치 등의 결함을 최소화해야 하며, 구리의 부식에도 주의해야 한다. 또한 CMP 과정의 전단응력이 low-k 물질에 집중되면 재료 손상이 발생할 수 있으므로 이를 잘 제어해야 한다. 특히 CMP 과정 중 수분 및 슬러리 성분(예 CH) 흡착에 의한 low-k 유전체의 k 값이 상승할 수 있으므로 이의 제어가 필요하다.

배선 공정에는 박막의 증착이 중요한 요소이지만, CMP도 매우 중요하게 수반된다. CMP 후에는 표면에 연마 슬러리 입자, 구리 이온, 슬러리 첨가제 성분이 배선 표면에 잔류하여 오염을 유발할 수 있으므로 CMP 후 세정 공정이 잘 이루어져야 한다. 브러쉬 스크러빙 방식에서는 회전하는 브러시를 웨이퍼 표면에 직접 접촉시켜 입자를 제거하게 되므로 스크래치, 웨이퍼 간 교차 오염 등을 제어해야 한다. 건조되는 과정에서 low-k 유전체 상에 워터마크가 생기면 나중에 전기 단락 및 누설로 이어질 수 있으므로 워터마크의 감소도 중요하다. 일반적으로 계면활성제는 저유전율 필름의 습윤성을 개선하고 워터마크를 줄여준다. 따라서 CMP 후 세정 공정에서 계면활성제를 사용함으로써 소수성 low-k 유전체 표면에서의 워터마크 생성을 줄일 수 있다. 그러나 계면활성제에 의한 유기 잔류물이 웨이퍼 표면에 남을 수 있으므로 추가 세정이 필요해진다.

10장 연습문제

10.1 구리 배선과 알루미늄 배선의 차이를 공정, 성능, 신뢰성 측면에서 비교하시오.

10.2 금속 배선의 저항이 $R = 100\Omega$, 부하 커패시턴스가 $C = 2\text{pF}$ 일 때 RC 지연을 구하시오.

10.3 금속 배선 길이를 2배로 늘리면 RC 지연은 몇 배가 되는가?

10.4 배선 폭을 2배로 넓히면 RC 지연은 어떻게 변하는가?

10.5 동일한 치수의 배선에서 알루미늄($\rho = 2.65\,\mu\Omega\,\text{cm}$)과 구리($\rho = 1.68\,\mu\Omega\,\text{cm}$)의 RC 지연 비율(Al/Cu)을 구하시오. 단, 전기용량 C는 동일하다.

10.6 반도체 노드의 개발로 인해 배선의 길이, 폭, 두께가 절반으로 축소되면 RC 지연은 어떻게 변하는가?

10.7 구리 전기도금 공정에서 다마신 공정을 사용하는 이유를 설명하시오.

10.8 듀얼 다마신 공정이 싱글 다마신 공정에 비해 가지는 장점과 단점을 토론하시오.

10.9 차세대 배선 재료에 대해 설명하시오.

10.10 배리어층(Ta, TaN 등)의 역할과 두께의 최적화에 대해 설명하시오.

10.11 Low-k 절연막 도입의 필요성과 한계를 설명하시오.

10.12 Low-k 재료의 종류(organosilicate glass, porous low-k 등)와 특성을 비교하시오.

10.13 $k = 2.7$, 유전막 두께 $t = 0.30\mu\text{m}$, 폭 $W = 0.10\mu\text{m}$ 일 때 평행판 근사로 단위 길이 커패시턴스(C)를 구하라. 참고로 $\varepsilon_0 = 8.854 \times 10^{-12}\text{F/m}$ 이다.

10장 연습문제

10.14 유전율을 결정하는 분극 현상에 대해 설명하시오.

10.15 플라즈마 손상과 CMP 공정이 low-k 절연막에 미치는 영향과 이를 완화하기 위한 방법을 설명하시오.

10.16 CMP가 배선 공정에서 갖는 중요성과 주요 문제점의 유형을 설명하시오.

CHAPTER 11

패키징

Packaging

SECTION 11.1 패키징

반도체 **패키징**(packaging)은 다이(칩)을 외부 환경으로부터 보호하고, 단자 간 연결을 위해 포장하는 공정이다. 이 과정에서 각각의 다이들은 탑재될 기기에 적합한 형태로 제작되며 칩과 다른 장치 간의 신호를 연결한다, 또한 기계적 충격이나 습기, 먼지로부터 칩을 보호하고, 칩에서 발생하는 열을 분산하고 방열 작용을 할 수 있도록 한다. 이밖에 전력을 분배하는 기능도 있다.

앞서 살펴본 웨이퍼 설계 및 소자 제조를 위한 여러 공정에 비해, 패키징은 후(後)공정으로서 상대적으로 그 중요성이 덜 강조되어 왔다. 무어의 법칙에 따라 반도체의 집적도 향상을 이끌어 온 기술은 리소그래피, 식각, 박막 증착, CMP 등의 흔히 말하는 반도체 8대 공정인 반면, 패키징 기술은 비교적 최근 십여 년 사이에 급격한 발전을 이루기 시작했다. 최근의 패키징 기술은 전(前)공정의 단일 공정만큼이나 반도체 소자의 반도체 소자의 성능을 좌우하는 핵심 기술로 자리 잡았으며, 반도체 기술 혁신의 주요 대상이 되고 있다.

무어의 법칙에 따라 마이크로칩의 트랜지스터 수가 2년마다 2배씩 증가할 정도로 반도체 노드가 꾸준히 발전되고 있으나, 리소그래피, 박막 증착, 식각 등 전통적인 제조 공정들은 점차 물리적 한계에 다다르고 있다. **모어 무어**(More Moore)는 무어의 법칙에 따라 칩 내 트랜지스터의 지속적인 축소를 의미하며, 본질적으로 더 작은 공간에 더 많은 트랜지스터를 집적하여 처리 능력을 향상시키는 것을 의미한다. 최근에 5G, 자율주행차, AI 등의 새로운 기술이 삶에 중요한 역할을 함에 따라, 고속 및 고대역폭 컴퓨팅에 대한 수요가 증가하고, 이에 따른 반도체 패키징 기술의 진화가 필요하다. **모어 댄 무어**(More than Moore)는 처리 능력 외에 센서, 액추에이터 등과 같은 추가 기능을 단일 칩에 통합하는 것을 의미하며, 소형화만으로는 달성할 수 없는 응용 분야별 요구 사항에 초점을 맞춘다. 이를 위해 능동 소자와 수동 소자를 단일 패키지로 통합하여 시스템 레벨의 소자를 만드는 포스트 무어의 법칙 시대의 시스템 인 패키지(SiP) 기술이 각광을 받고 있다.

SECTION 11.2 전통적 패키징 기술

와이어 본딩

와이어 본딩(wire bonding)은 칩을 패키징하는 기술 중 하나로, 와이어를 이용하여 [그림 11-1]과 같이 다이(die)의 알루미늄 패드(pad)와 PCB(printed circuit board) 간의 배선을 연결한 것이다. 일반적으로 DRAM, NAND 등 메모리 소자에 적용되며, 공정 단가는 낮으나 이로 인해 얻어지는 칩의 전기적 성능은 크게 뛰어나지 않다. 심지어 패키징의 집적화에 따라 와이어가 연결되는 공간도 점차 협소해져 집적화의 한계가 있으며, 전극 접촉 면적의 감소에 따라 칩의 신뢰성이 저하하게 된다.

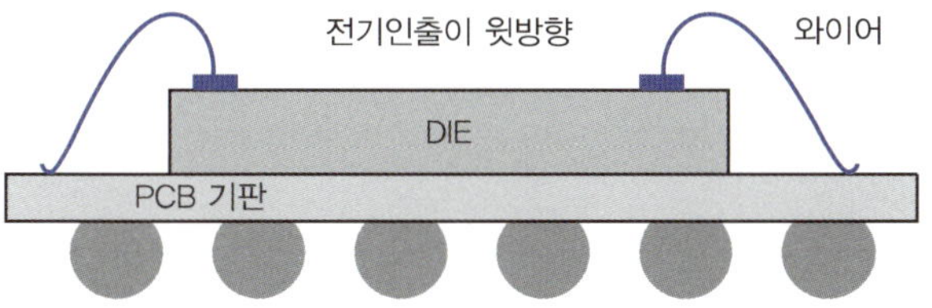

[그림 11-1] 와이어 본딩을 이용한 패키징

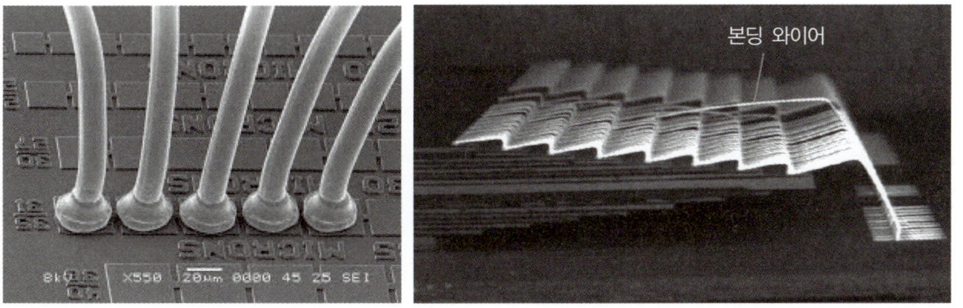

[그림 11-2] 와이어 본딩을 나타낸 SEM 이미지

와이어 본딩 후에는 **몰딩**(molding) 작업이 이루어진다. 몰딩은 수지(resin)를 열로 녹인 후 압출하여 형상을 완성시키는 공정이다. 한편 PCB는 전기 선로가 설계된 기판이며, 반도체 등 각종 부품을 장착하여 부품 간의 전기적인 연결을 하는 역할을 한다. 보통 선로를 구성하는 도체는 구리이며, 그 위에 Ni/Au, Ni/Ag 등의 다른 금속 물질로 도금이 된다. 도체를 제외한 기판이 절연체이고 유리섬유(fiber glass)와 에폭시 플라스틱 결합의 수지(prepreg, PP)를 다층으로 겹쳐서 기판을 구성한다. RF 회로 등 일부 특수목적 회로에서는 세라믹 PCB를 사용하기도 하며, 플렉서블(flexible)한 기판에는 폴리이미드 등의 소재가 사용되고, 보다 단단한 기판에는 얇은 에폭시 소재가 사용된다.

플립 칩

플립 칩(flip Chip)은 다이의 윗면을 아래로 향하게 하여 PCB에 솔더 범프(solder bump)[1]로 접합하는 공정으로, 경우에 따라 금(Au)으로 접합하기도 한다. 이 공정은 로직 소자(예 CPU, AP 등)에 주로 활용되어 왔다. 이는 앞서 설명한 와이어 본딩에 비해 빠른 전기 인출이 가능하며, 제작 공정 단가가 상대적으로 높으나 우수한 전기적 성능을 제공한다.

[그림 11-3]을 참고하여 플립 칩을 위한 솔더 형성 과정을 살펴보자.

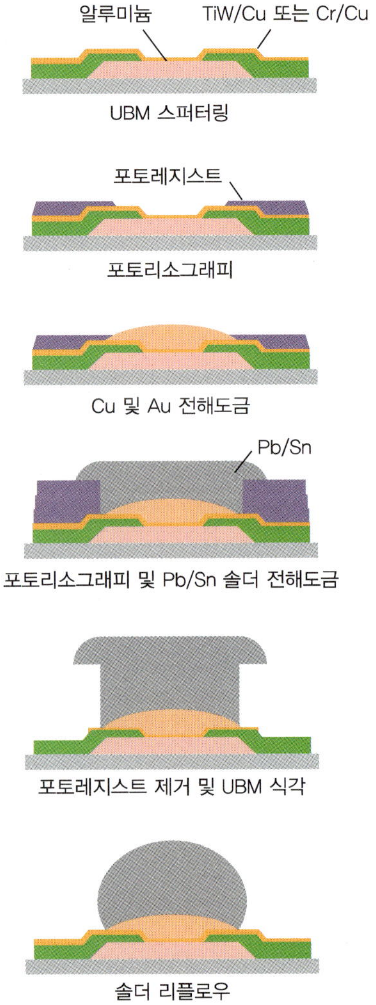

[그림 11-3] 플립 칩을 위한 솔더 형성 과정

1 솔더 범프는 납땜(soldering)이라고도 한다.

먼저, 다이(die)에 패드(pad)가 형성되고, UBM(Under Bump Metal) 층이 증착된다. 이어서 포토레지스트를 이용해 패턴을 형성한 후 PbSn 솔더(solder)를 전기도금 방식으로 UBM 상에 증착한다. 이후 솔더 범프가 있는 칩을 뒤집어 기판의 패드에 정렬한 다음, 솔더 범프를 리플로우(reflow)하여 솔더를 녹이고 칩과 기판 사이에 금속 접합을 형성한다.

앞서 언급한 플립 칩 접합 과정에서는 기판(substate)이 필요한데, 이는 웨이퍼 또는 PCB와 구분된다. 이 패키징 기판은 칩과 PCB 간에 형성된 패드의 스케일을 조정하는 역할을 한다. 예를 들어, C4(controlled collapse chip connection) 범프의 피치가 150μm 수준인 반면, 볼 그리드 배열(Ball Grid Array, BGA)의 솔더 피치는 400~1000μm 정도로 훨씬 크기 때문에 직접적으로 연결하기가 어렵다. 따라서 [그림 11-4]와 같이 칩과 PCB 사이에 기판을 둠으로써, 접속 단자를 이용해 신호와 전원을 원활히 전달하도록 한다.

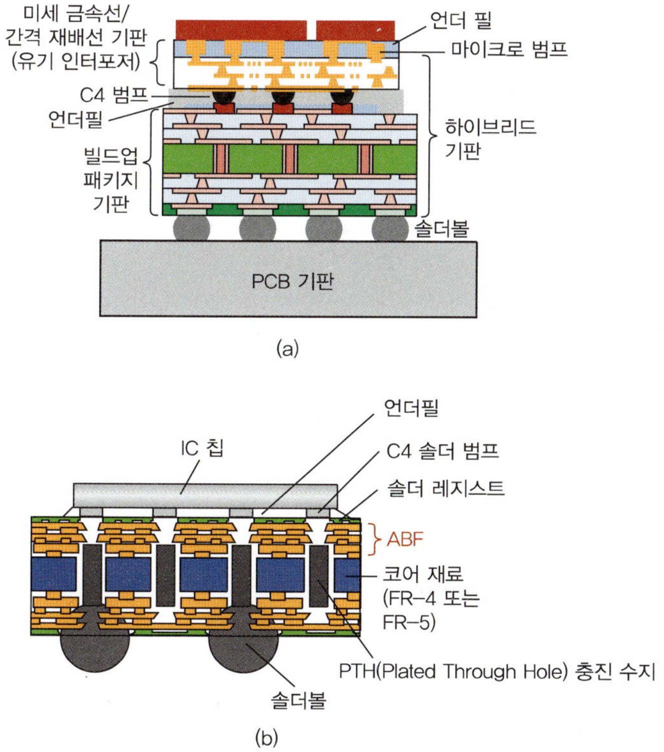

[그림 11-4] 플립 칩 패키징에서 기판을 이용한 칩과 PCB의 연결

기판 위에 회로를 제작하는 방법은 앞서 10장에서 다룬 배선 공정과 원리가 유사하므로, 여기서는 설명을 생략한다. BGA는 일종의 유기물 적층 기판을 사용하며 기판 위에는 다이가 놓여지고, 적층 기판 하단에는 솔더볼(solder ball)이 부착되어 PCB에 연결되는 패키징 기술이다.

이 패키지는 듀얼 인라인 또는 플랫 패키지에 비해 더 많은 I/O 연결을 제공하며, 다이에서 솔더볼까지의 연결이 짧기 때문에, 로직 소자 등에 더 적합하다. 그 종류로 PBGA(Plastic Ball Grid Array), TBGA(Tape Ball Grid Array), PoP(Package on Package) 등이 있다.

빌드업 필름(예 Ajinomoto Build-up Film, ABF)은 CPU(Central Processing Unit), GPU(Graphics Processing Unit) 등의 패키징에 기판 및 첨단 패키지의 빌드업 층으로 많이 사용되어 왔다. ABF는 폴리에틸렌(PET)과 오르토페닐페놀(OPP) 보호 필름 사이에 제작되는 유전체(dielectric) 필름으로, 구리가 형성된 부분에 접합되어 얇으면서도 견고한 유전체 역할을 한다. 특히 낮은 유전율과 열팽창률, 높은 영률을 가지며 얇은 롤 형태로 제공된다는 점으로 인해 광범위하게 사용된다.

한편 PCB를 사용하는 경우, 리드 프레임이 면적을 많이 차지하므로 이를 줄이기 위해 패키지 뒷면의 핀이 전용 소켓에 꽂히게 되는 핀 그리드 어레이(Pin Grid Array, PGA)를 사용하여 패키징하는 방법도 있다. PGA를 이용하면 칩을 쉽게 교체할 수 있으나, 호환을 하려면 비용 부담이 증가하게 된다.

SECTION 11.3 웨이퍼 레벨 칩 스케일 패키징(WLCSP)

웨이퍼 레벨 칩 스케일 패키지(Wafer Level Chip Scale Package, WLCSP)는 솔더볼을 형성이나 기판 접합 등 패키징의 전체 공정을 개별 칩으로 다이싱하기 전에 웨이퍼 레벨에서 이루어지는 반도체 패키징 방법이다. 이에 따라 패키징 된 후의 크기가 원래 다이 크기와 거의 유사하다. 즉, 패키징의 소형화가 가능하여 휴대폰과 같이 공간의 제약이 있는 부품에 사용할 수 있다.

그리고 기판을 사용하지 않으므로, 패키징 공정에서 원가 절감을 할 수 있다. 기판 대신 웨이퍼 상의 패드 위에 **재배선층**(Redistribution Layer, RDL)의 회로를 만들고 UBM 형성 후 그 위에 솔더 범프를 제작하게 된다. 이를 나타내면 [그림 11-5]와 같다.

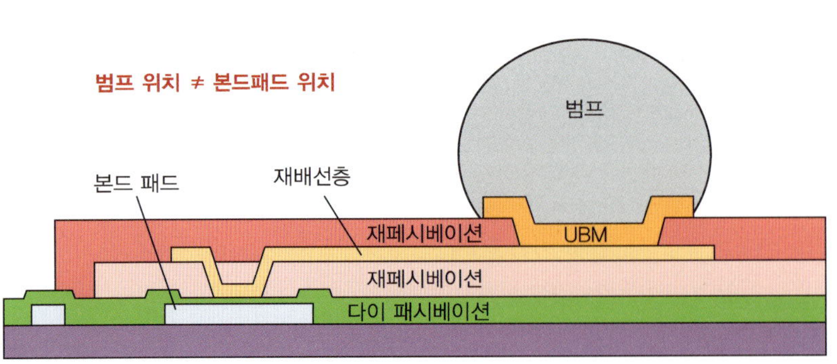

[그림 11-5] 웨이퍼 레벨 칩 스케일 패키징을 위한 재배선층(RDL) 상에서의 범프 형성

재배선층은 웨이퍼 위에 형성되는 금속층(일반적으로 구리)으로, 전기적 연결을 재분배하여 공간 효율을 높이고 패키징 성능을 향상시킨다. 이 재배선층에 의해 연결이 재분배되어, 칩 내부의 회로를 칩 표면의 다른 위치에서 연결할 수 있게 된다. [그림 11-5]를 보면 웨이퍼 상의 패드의 위치와 범프의 위치가 같지 않은데, 재배선층을 도입함으로써 입출력 단자를 패키징하기에 용이해진다.

WLCSP는 배선 연결의 길이가 비교적 짧아 기존의 패키징 방법에 비해 더 나은 전기적 성능을 갖는다. 또한 제작 과정이 효율적이며 공정 비용을 낮출 수 있다. 반면에 이 방법은 패키징 후 다이싱을 하므로 불량 칩들도 패키징해야 하며, 이로 인해 수율이 저하하게 된다. 또한 재배선층은 전류밀도 증가와 열 발생으로 인해 박리, 전류 누설 등의 문제가 발생할 수 있으며, 피치가 작을수록 이러한 문제가 더 심각해진다.

SECTION 11.4 팬 아웃 웨이퍼 레벨 패키징(FOWLP)

팬 아웃 웨이퍼 레벨 패키지(Fan Out Wafer Level Package, FOWLP)는 WLCSP의 한계를 보완하여 발전된 패키징 기술이다. 이 공정에서는 [그림 11-6(a)]와 같이 웨이퍼가 먼저 다이싱된 다음, 다이(칩)들이 캐리어에 정확하게 재배치되며 팬 아웃(fan out)을 위한 공간을 확보한다. 그 다음에 몰딩, 재배선층, 솔더볼 등이 형성되며, 그 과정에서 캐리어는 제거된다. 이러한 방식으로 다이 크기를 증가시키지 않고도 몰드 영역을 확장하여 WLCSP보다 더 많은 I/O 단자를 확보할 수 있다([그림 11-6(b) 참고).

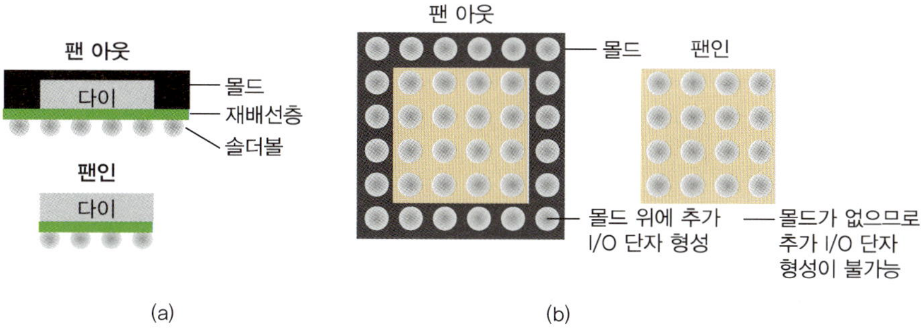

[그림 11-6] 팬 아웃 웨이퍼 레벨 패키지

FOWLP는 여러 가지의 장점을 가지고 있다. 먼저 기판을 사용할 필요가 없어 플립 칩 패키징보다 비용이 절감되고, 재배선층을 통한 배선이 이루어지므로 전기회로의 경로가 더 짧아진다. 또한 실제 작동이 되는 다이들만 패키징에 이용되며, 몰드에 의해 다이를 보호할 수 있다.

[그림 11-7]은 FOWLP를 위한 공정의 흐름을 나타낸다. 이는 몰드와 재배선층 중 어떤 것을 먼저 제작하는지에 따라 캐리어를 어느 시점까지 다이에 붙여서 갈지 결정할 수 있다. 일반적으로 캐리어가 다이에 공정의 끝까지 붙어 있으면 열에 의한 위치 이탈이 적어지고, 수율의 저하가 적다.

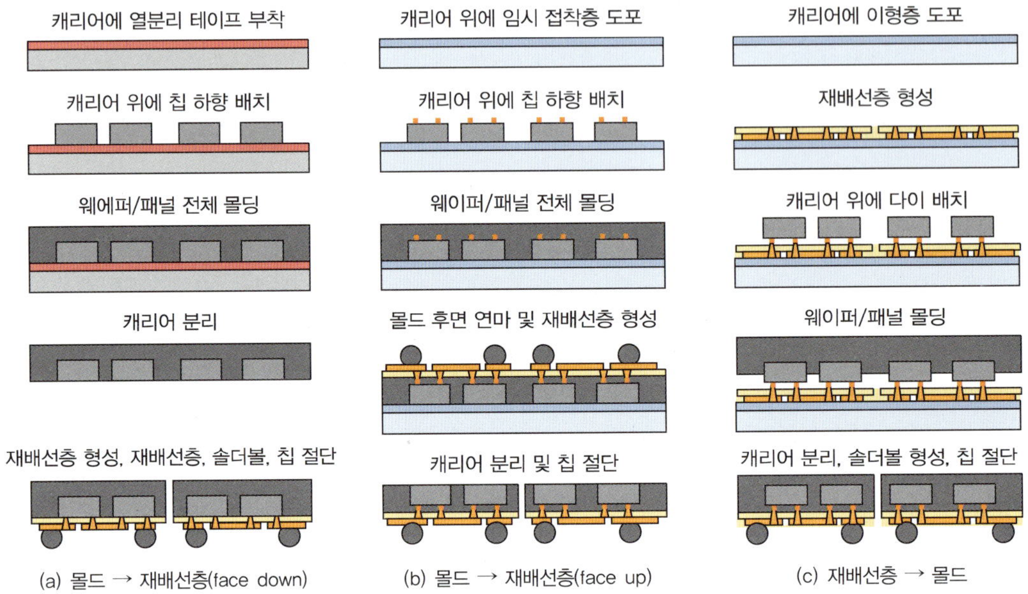

[그림 11-7] 팬 아웃 웨이퍼 레벨 패키지 공정 흐름도 [1]

SECTION 11.5 차세대 패키징 기술

모어 댄 무어 시대에 돌입하면서, 미세 공정의 한계로 인해 칩의 성능을 더욱 향상시키기 위한 새로운 패키징 방법이 필요하게 되었다. 패키징의 주목적이었던 칩의 보호 수준을 넘어, 칩 간 연결·집적·냉각·전력 효율까지 고려하는 패키징 공정이 반도체 공정의 핵심 기술 분야로 발전하고 있다.

시스템 온 칩(SoC)

시스템 온 칩(System on Chip, SoC)은 여러 기능의 블록으로 구성된 시스템을 하나의 반도체 칩 위에 집적한 형태로, 다양한 기능이 단일 칩에서 구현되는 기술이다. 이 경우, 여러 패키지를 조립하는 경우보다 소비 전력이 적고, 패키지가 단순하며 신뢰성이 높다는 장점이 있다. 그러나 개발 난이도가 높아 개발 기간이 길다는 단점이 있다. 오랜 기간 동안 대량으로 사용될 계획이라면 SoC가 효율적일 수 있으나, 소자의 특정 기능 하나만 업그레이드하고 싶어도 처음부터 다시 개발해야 한다는 것이 치명적인 단점이다.

시스템 인 패키지(SiP)

시스템 인 패키지(System in Package, SiP)는 여러 기능의 반도체 소자를 2.5D나 3D 구조로 패키지 하나에 통합하여 소자들의 다양한 목표를 반영한다. SoC가 칩 레벨의 집적화라면, SiP는 패키지 레벨의 집적화에 해당한다. 앞서 언급한 SoC와 달리, SiP는 설계의 자유도가 높고 빠른 개발 주기를 가질 수 있으며, 높은 수준의 유연성을 확보하게 한다. 따라서 단일화된 시스템에 여러 칩의 기능을 포함할 수 있기 때문에 고성능 패키지에 대한 수요가 증가하게 된다. 이에 따라 SiP 기술이 부각되는 것은 당연한 일이다. 게다가 SiP는 전력 소모를 줄일 수 있고, 소형화 및 집적도 향상에 따른 메모리의 고용량화가 가능해진다. 특히 후술한 **TSV**(Through Silicon Via)를 이용한 칩의 적층 기술에 의해 신호 전달 경로가 짧아져 전기적 특성이 향상시킬 수 있다는 것도 주목할 만한 점이다.

칩렛(Chiplet)

로직 칩을 기능별로 별도의 칩으로 만들고 이러한 칩들이 TSV를 이용한 패키징 기술을 통해 하나의 시스템 칩셋으로 통합된 것이다. 칩렛(chiplet)은 여러 고급 패키징 기술과 밀접한 관련이 있기 때문에, 칩렛은 SiP의 확장으로 간주되기도 한다.

패키지 온 패키지(PoP)

패키지 온 패키지(Package on Package, PoP)는 개별 로직 및 메모리 소자를 BGA를 이용해 수직으로 결합하는 패키징 방식이다. [그림 11-8]에서 볼 수 있듯이, 2개 이상의 기판에 패키지된 칩들이 서로 적층(stack)되어 신호가 전달된다.

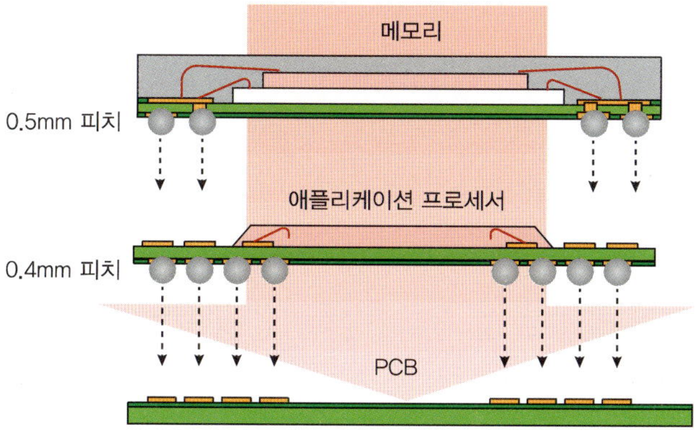

[그림 11-8] 패키지 온 패키지

기존 패키징은 각 다이를 별도의 패키지에 배치하는데, PoP는 각 패키지를 PCB에 나란히 배치하는 일반적인 PCB 조립 기술에 맞춰 설계되었다. 따라서 PoP에 의해 PCB의 면적이 상당히 감소되며, 서로 연동되는 로직과 메모리 소자들 간의 신호 전달 길이를 최소화할 수 있어 신호 전달 속도가 빨라지고 전기적 성능이 향상된다. 그러나 방열 문제로 인해 패키지를 2개보다 더 많이 쌓기가 어렵다.

칩 온 웨이퍼 온 서브스트레이트(CoWoS)

칩 온 웨이퍼 온 서브스트레이트(Chip on Wafer on Substrate, CoWoS)는 시스템의 집적도와 성능을 향상시키고 패키지 크기를 줄이기 위해 여러 칩을 인터포저(interposer)에 먼저 집적한 후, PCB 같은 더 큰 기판에 장착하는 첨단 패키징 기술이다. 자세한 구조는 [그림 11-9]와 같다.

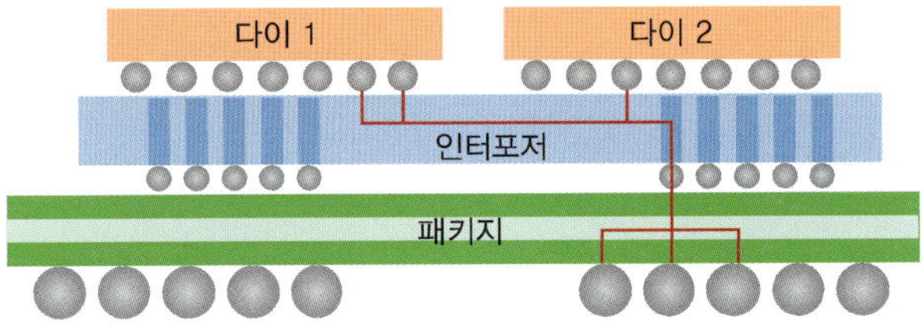

[그림 11-9] 인터포저를 도입하여 제작하는 2.5D 패키징

인터포저는 여러 칩을 연결하는 플랫폼을 제공하며, 주로 Si 웨이퍼가 많이 사용되어 왔다. PoP와 구분되게, [그림 11-10]에서 보듯이 CoWoS는 완전한 3D 적층이 아니고 인터포저 위에 칩이 나란히 놓여져 인터포저를 통해 연결이 되므로 2.5D 패키징으로 분류된다.

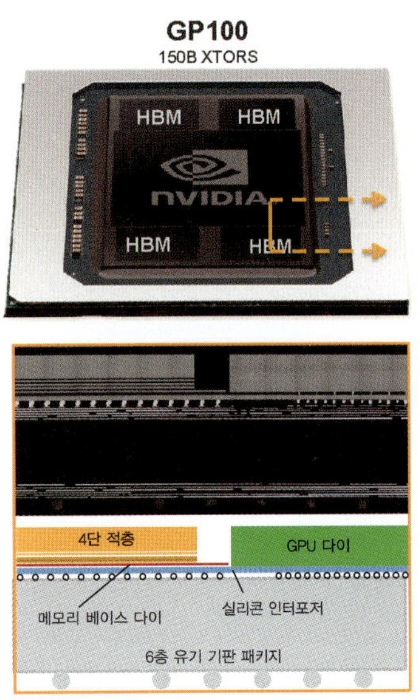

[그림 11-10] TSMC가 CoWoS를 적용하여 GPU와 HBM을 연결한 엔디비아(NVIDIA)의 AI 칩

고성능 고밀도 패키징 기술인 CoWoS는 실리콘 인터포저의 도입에 의해 인접하는 다른 다이와의 거리를 30μm 정도까지 줄일 수 있어 여러 칩들을 고밀도로 적재할 수 있다. 또한 초당 수 기가비트(Gbit)의 고주파 및 고속 신호의 전송이 가능해진다. Si 인터포저는 TSV로 관통되며, 4층 정도의 배선층을 갖는 인터포저의 최상층 전극과 마이크로 범프(microbump)로 연결된다.

한편, GPU와 고대역폭 메모리(High Bandwidth Memory, HBM)이 결합된 AI 서버 등에 있어서 HBM을 사용함으로써 초당 데이터 전송속도가 증가하고 전력 소모가 줄어들게 되는데, CoWoS에 올라가는 HBM과 같은 다이의 수가 증가함에 따라 Si 인터포저의 면적이 커지게 된다. 그런데 현재 웨이퍼는 직경 300mm의 원형이기 때문에 커져가는 인터포저를 웨이퍼로 제작하기에는 그다지 효율적이지 않다. 따라서 향후 사각형의 실리콘 기판 또는 글래스(glass) 인터포저가 캐리어 기판 또는 인터포저 소재로 사용된다면 반도체 분야의 생산성이 크게 향상될 것이다.

임베디드 멀티다이 인터커넥트(EMIB)

2.5D 패키징의 주요 기술 중 하나는 **임베디드 멀티다이 인터커넥트 브리지**(Embedded Multi-Die Interconnect Bridge, EMIB)이다. 이는 인접한 다이의 가장자리에 걸쳐 유기물 패키지에 내장된 와이어를 위한 작은 실리콘 브리지를 제작하는 기술로, 실리콘 인터포저와 달리 특정 다이를 연결하는 데 필요한 영역에만 걸쳐서 고밀도로 컴팩트하게 배선되도록 하는 효율적인 패키징 방법이다. 따라서 실리콘 인터포저를 사용하는 방식에 비해 제조 공정이 단순하다.

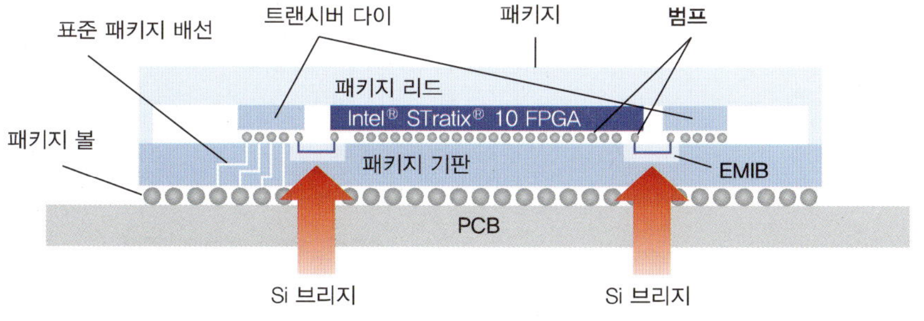

[그림 11-11] EMIB를 이용한 인텔의 2.5D 패키징

실리콘 관통 비아(TSV)

앞서 몇 번 언급이 되었던 **실리콘 관통 비아**(TSV) 기술은 [그림 11-12]와 같이 칩 내부를 직접 관통하여 입출력 단자를 구성하는 기술이다. 이에 의해 3D 패키징이 가능해져서 다단 구조의 칩의 적층이 용이해지고 범프-PCB 간의 연결을 없애고 TSV를 사용하면 전기 배선의 경로가 짧아져 데이터의 전송 속도가 빨라지게 된다. 또한 패키징의 두께가 얇아지고, 전력 소비도 감소하며, 훨씬 높은 배선의 연결 밀도를 제공하여, HBM을 비롯해 다양한 고성능 소자의 패키징에 적용이 가능하다.

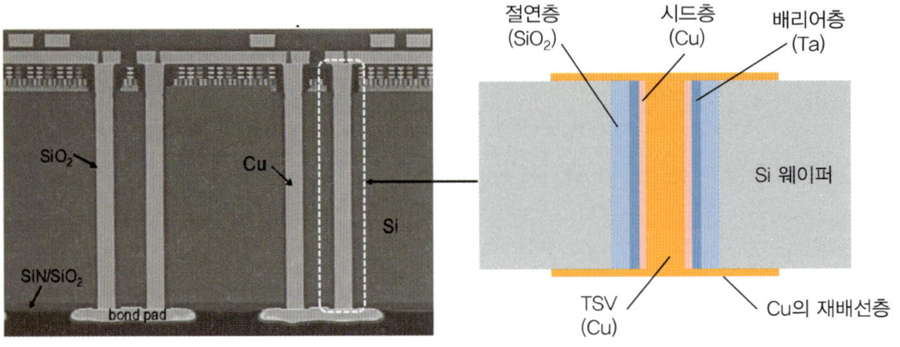

[그림 11-12] TSV의 구조

이는 웨이퍼에 트렌치를 식각한 후 절연층의 라이너와 금속 홈을 채워 제작한다. [그림 11-13]은 TSV 제작 흐름도를 나타낸다. 구리를 전기도금한 후 CMP 공정을 수행하는 과정은 9.6절에서 다룬 공정과 유사하다, 그 다음에 캐리어를 일시적으로 붙인 상태에서 후면을 연마하여 웨이퍼를 얇게 만들고, TSV가 형성된 얇은 웨이퍼들을 접합하는 공정이 뒤따른다. 결국 TSV 제작 공정에도 8장까지 다루었던 박막 증착, 식각, 세정, CMP 등의 여러 가지 반도체 대표 공정들이 수반된다.

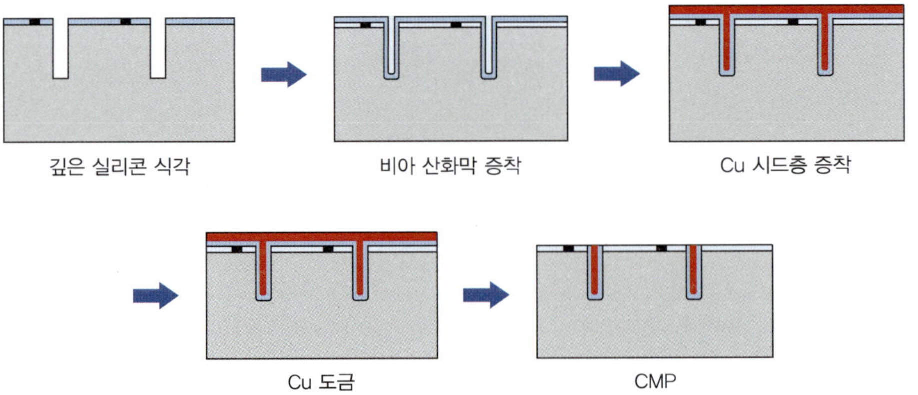

[그림 11-13] TSV 제작 공정 흐름도

TSV는 트랜지스터를 제작하기 전(via first), 또는 배선 공정 전(via middle), 또는 배선 공정까지 다 끝낸 이후(via last)에 제작할 수 있다. 일반적으로 배선 공정에서의 공정 온도가 400℃ 이하인 점을 고려하여 배선 공정 전에 진행되는 경우가 많다.

한편, 특히 TSV 배선을 통한 패키징의 적층 수를 늘려 3D 패키징을 확장시키기 위해서는 [그림 11-14]에 나타낸 것처럼 웨이퍼의 두께를 더 얇게 해야 한다. 그러기 위해서는 CMP 이외에도 기계적인 그라인딩이 필요하다. 실리콘의 박화(thinnig) 과정에서 가장 취약한 부분은 웨이퍼 가장자리이며, 연삭 후 칼날처럼 날카로워져 쉽게 깨지거나 박리될 수 있어, 이를 완화할 방법이 필요하다.

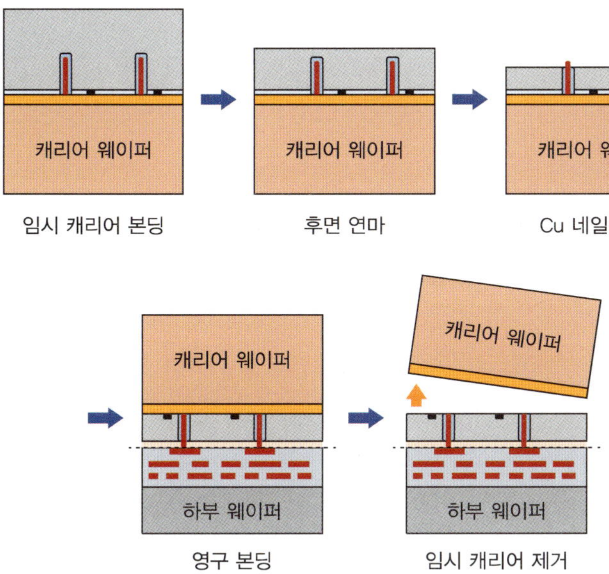

[그림 11-14] 웨이퍼 박화 및 본딩 공정 단계

NOTE 반도체 소자 및 메모리

현시점에서 AI 기술의 실현을 가장 효과적으로 수행하는 반도체는 그래픽 처리장치(Graphics Processing Unit, GPU)이다. GPU는 원래 애니메이션이나 영상 등의 제작 속도를 높이도록 설계된 장치로서, 게임, 머신 러닝과 같은 그래픽 처리를 하는 데 필수적이다. GPU는 연산을 빠른 속도로 처리하는 CPU와 구별되며, 영상, 게임 화면 등에 띄울 수만 개의 픽셀(화소) 색깔을 단번에 표현하는 역할을 하는데, 즉 방대한 양의 정보를 한꺼번에 연산하는 장점을 가졌다고 할 수 있다.

DDR DRAM(Double Data Rate Synchronous Dynamic Random-Access Memory)은 GPU 주변에 탑재된 그래픽용 D램 칩으로, 기존 SDR(Single Data Rate) DRAM보다 더 빠른 데이터 전송 속도를 제공한다.

예를 들어, [그림 11-15]는 GDDR6 D램(SK하이닉스, 2017년)의 정보를 나타낸 것으로, D램으로 출입하는 핀당 정보 처리 속도는 초당 16Gb이다. 이는 1초에 160억 개의 0 또는 1의 디지털 신호를 옮기는 능력이 있다는 의미이다. 그러나 1개의 GDDR 칩에 달려 있는 핀의 수는 32개로, 이는 AI 대응에 미흡하다. 만약에, GDDR 칩이 GPU 주변에 12개 정도 위치한다고 가정하면 전체 핀의 수는 384개가 된다.

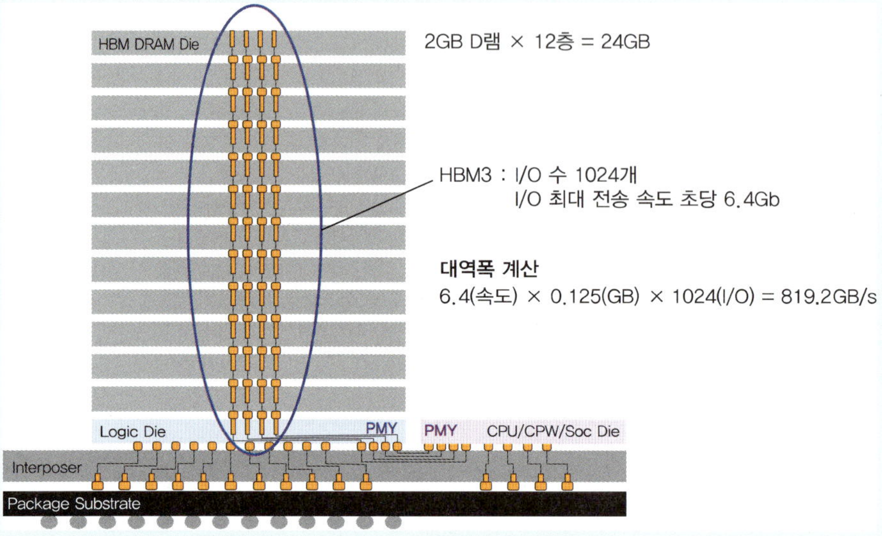

[그림 11-15] 하이닉스 사의 GDDR6 D램

고대역폭 메모리(High Bandwidth Memory, HBM)는 여러 개 DRAM을 수직 적층하여 출입 단자의 핀의 수를 늘린 것이다. 예를 들어 하이닉스 사의 HBM3의 경우, 2G DRAM을 3D 적층하고, 각각의 칩에 1024개의 구멍을 뚫어 수직적인 데이터 출입(I/O)을 위한 통로(TSV)를 만들어, 하나의 GDDR에서보다 32배나 많은 핀의 수를 확보하게 된다. 게다가 일반적으로 4개의 HBM이 GPU 바로 옆에 설치되므로, 무려 4096개의 데이터 이동 통로가 생겨 데이터 전송이 유리해진다.

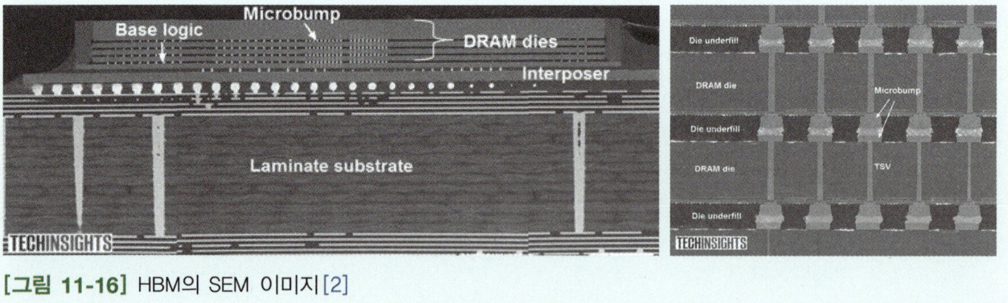

[그림 11-16] HBM의 SEM 이미지 [2]

또 다른 예를 들어보자. 4차선 도로로 자동차들이 한 시간 동안 1만대의 톨게이트를 지나야 한다면, 한 차선에서 2500대가 지나야 하고 1초당 0.69대의 자동차가 한 지점을 지나가야 한다. 그러나 만약에 차선이 32배가 늘어난 128차선이라면 한 차선에서 한 시간 동안 78대만 지나면 된다. 이는 1초당 0.02대의 자동차만 지나가면 되니, 자동차의 속도를 훨씬 낮춰도 된다는 얘기가 된다. 즉 HBM을 사용하여 3D 패키징을 이루고 다수의 HBM을 GPU와 함께 패키징하면, 무리한 정보 이동을 하지 않아도 되고, 따라서 전력 측면에서도 효율적이다.

언더필(Underfill)

HBM의 단면을 보면 TSV로 이루어진 웨이퍼 사이에 마이크로 범프와 솔더에 의한 접합면이 있고, 그 이외의 DRAM 다이와 다이 사이에는 다른 절연 충진제가 채워져 있는 것을 볼 수 있다. 이를 **언더필**(underfill)이라 하는데, 일반적으로 모세관 방식(capillary method)을 사용하여 에폭시 수지(resin)와 실리카의 혼합물로 구성된 액상 수지를 칩의 옆에서 자연 주입되도록 충진한 후 가열하여 수지를 경화시킨다. 이때 충진은 수지의 점도를 낮추어 충진 시간을 단축시킬 목적으로 보통 60 ~ 80℃에서 이루어진다.

특히 최근에는 **대량 리플로우 몰드형 언더필**(Mass Reflow Molded Underfill, MR-MUF)을 사용하여 HBM 어플리케이션에서의 칩의 성능과 안정성을 확보하게 되었다. 또한 [그림 11-17]과 같이 언더필과 몰딩을 에폭시 몰딩 수지(Epoxy Molding Compound, EMC)로 한꺼번에 진행하면 더 효율적이다.

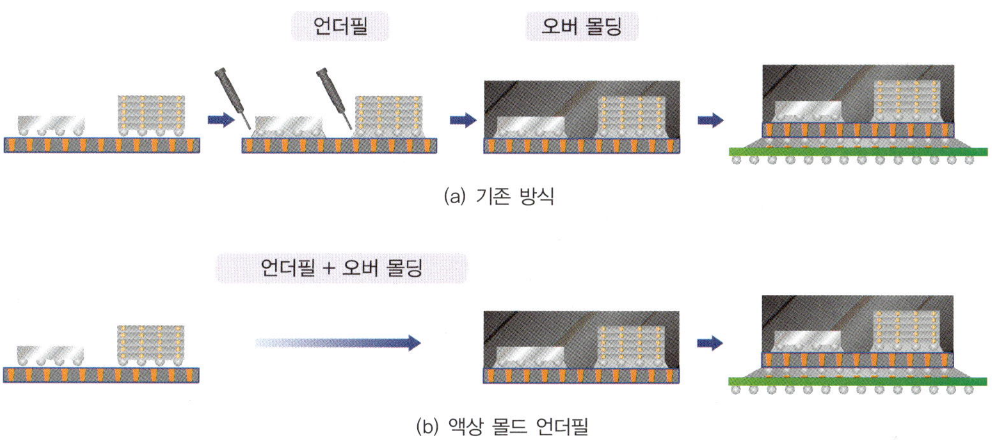

[그림 11-17] MR-MUF를 이용한 언더필과 몰딩 제작

언더필의 주목적은 범프의 접속 부분을 강화하고, 칩 간, 또 칩과 기판의 열팽창계수의 차에 의해 발생하는 열응력의 집중을 완화시키며, 수분으로부터 패키지를 보호하는 것이다. 언더필의 재료로서 매우 중요한 항목 중 하나는 열팽창계수이며, 일반적으로 실리카 필러(filler)의 양이 증가하면 열팽창계수는 감소한다. 그러나 그 대신 수지의 점도가 증가하여 충진 성능이 떨어진다. HBM 성능 향상에 있어서 TSV와 MR-MUF 등을 이용한 적층 기술의 개발은 매우 중요한 요소이다. 그리고 HBM이 GPU 옆에 배치되어 하나의 패키지가 되므로 전체 HBM의 높이에는 제한이 있을 수밖에 없다. 따라서 주어진 높이에서 DRAM의 칩의 개수를 늘리려면, DRAM 다이의 박화가 필수적이다.

하이브리드 본딩(Hybrid Bonding)

적층된 HBM 칩 사이에는 MR-MUF가 자리 잡고 있으며, 이 간격을 줄이면 칩의 개수를 늘일 수 있으므로 결국 DRAM의 용량을 늘일 수 있게 된다. 여기서 **하이브리드 본딩**(Hybrid Bonding)을 구현하면 MR-MUF가 충진되는 미세 간격과 마이크로 범프를 없애고 웨이퍼를 서로 접합한 것이므로 데이터의 이동 속도가 훨씬 빨라지며, 신호의 손실이 극히 적어진다.

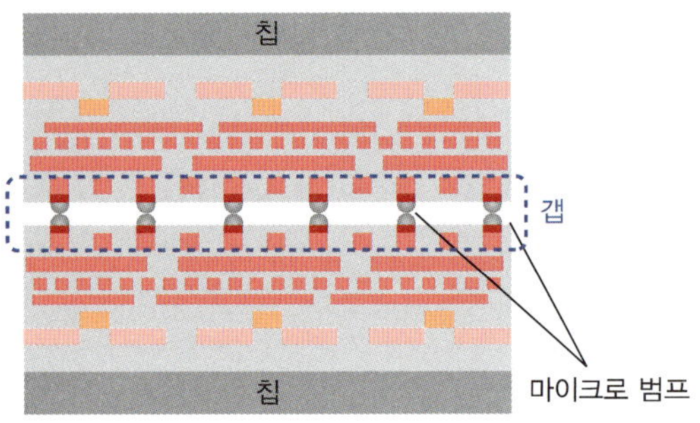

(a) 마이크로범프　　　　(b) Cu 패드

[그림 11-18] 마이트로 범프와 언더필을 없앤 하이브리드 본딩의 모식도

하이브리드 본딩은 구리의 열팽창을 통해 칩과 칩 간 결합을 유도하면서 절연체 역할을 하는 SiO_2 산화막까지 결합을 시켜야 하므로 공정 난이도가 매우 높다. 핵심 공정으로는 전기도금, CMP, 플라즈마 활성화, 정렬, 본딩, 싱귤레이션, 어닐링 등이 있다.

먼저 구리 배선의 공극이 생기지 않도록 구리 도금이 최적화되어야 하며 이때 도금된 구리의 결정 구조가 매우 중요하다. 그런 다음, CMP 공정을 통해 평탄화를 진행하는데, 이 과정에서 수 나노미터(nm)의 디싱 형태가 만들어져야 한다([그림 11-19] 참고).

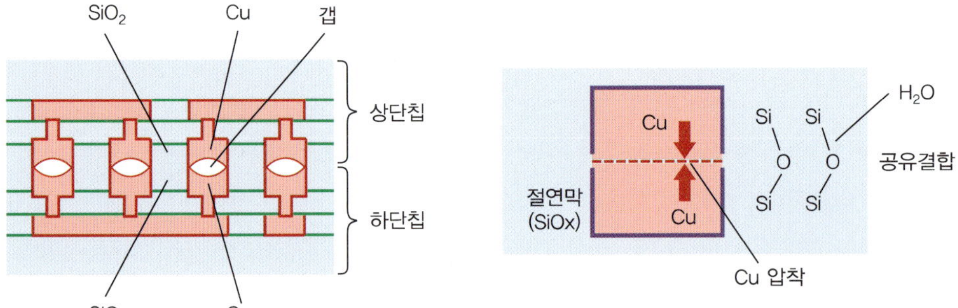

[그림 11-19] 하이브리드 본딩 과정

그 다음에는 표면 세정을 하고 구리 표면으로부터 구리의 산화막을 제거한 후 플라즈마 처리를 하는데, 이때 이 과정과 접합 사이의 지연 시간이 접합에 있어 매우 중요한 지표이다. 플라즈마 처리는 보통 N_2나 아르곤(Ar) 분위기에서 이루어지는데, 이는 표면의 오염을 제거하고 본딩을 위한 표면의 활성화(불포화 결합 형성)하기 위함이다. 그리고 H_2O 린스를 통해 SiO_2 표면을 $-OH$ 종단시킨다. 본딩은 초기에 상온에서 수소결합을 통해 이뤄지며, 이후 약 150℃ 의 어닐링 단계에서 SiO_2 계면 내 $-OH$기의 탈수 축합 반응이 일어나 Si−O−Si 공유결합으로 전환된다. 마지막으로 300℃ 이상의 어닐링 공정에서 구리의 열팽창과 함께 Cu−Cu 결합이 이뤄진다.

하이브리드 본딩 시에는 웨이퍼의 구리뿐만 아니라 SiO_2 표면도 파티클이나 유기 오염물이 없도록 매우 청결한 상태가 유지되어야 한다. 오염물의 존재나 구리 표면의 결함 등은 수율에 영향을 미칠 수밖에 없다. 또한 정확한 정렬(align)이 이루어지지 않으면 하이브리드 본딩의 수율이 떨어지므로 정렬이 매우 정밀해야 한다. 하이브리드 본딩은 칩 간, 특히 로직과 메모리 간의 더 빠른 연결을 위한 필수 요소로 자리 잡고 있으며, 이의 도입으로 인하여 시스템 설계에 3D 아키텍처를 도입하는 변화를 가져오게 되었다.

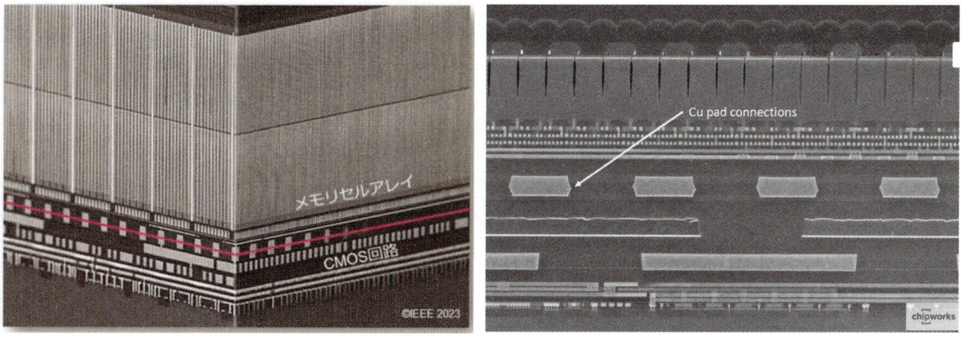

[그림 11-20] 하이브리드 본딩 기술을 이용한 소니 사의 이미지 센서 [3]

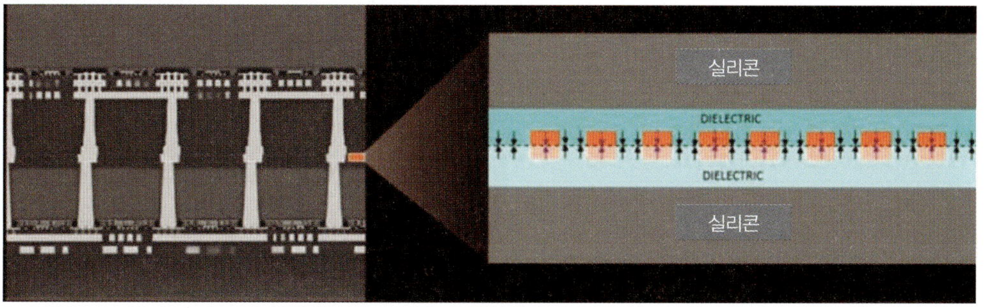

[그림 11-21] 하이브리드 본딩 기술을 이용한 AMD 사의 3D V-Cache [4]

웨이퍼 박화(thinning)

스마트폰, 웨어러블 디바이스, 자동차용 반도체 등 다양한 반도체 소자 제품들은 점점 얇고 작아지고 있다. 그런데 웨이퍼가 두꺼우면 칩(Die) 자체가 두꺼워지므로 패키지 높이를 줄이기 어렵다. 즉, 웨이퍼를 얇게 만들수록 칩의 두께도 얇아지고 슬림한 제품의 제조가 가능해진다. 더구나, 앞에서 다루었던 빠른 신호 전달을 위한 3D 패키징의 구현을 위해서도 웨이퍼의 박화가 필요하다. 웨이퍼를 얇게 해야 TSV의 길이가 짧아져 배선 거리도 짧아지고 그에 따른 신호 지연과 전력소모도 줄어들게 된다. 또한 열의 전달 경로가 짧아져 칩 내부에서 발생한 열을 더 빠르게 외부로 방출하는 것이 가능해진다.

웨이퍼 박화 공정에 의해 웨이퍼의 두께를 수십 μm 수준까지 줄이는데, 문제는 웨이퍼가 얇아질수록 웨이퍼가 휘어서 뒤틀리게 되고(warpage), 크랙(crack) 등의 파손 위험성이 커진다는 것이다. 먼저, 웨이퍼의 **백그라인딩**(Back Grinding)을 위해 백그라인딩 테이프를 웨이퍼에 부착하여 웨이퍼 상의 회로를 보호한다. 그리고 대량의 Si 웨이퍼 박화를 위한 거친 연삭(coarse grinding)을 진행하는데, 이때 큰 연마 입자를 가진 다이아몬드 휠을 사용한다. 그 후 정밀 연삭(fine grinding)이 수행되는데, 이는 앞선 거친 연삭 과정에서 생성된 웨이퍼의 손상층을 정밀하게 제거하고 웨이퍼를 매우 정확하게 최종 목표 두께로 만든다. 미세 연삭은 훨씬 작고 미세한 연마 입자를 가진 다이아몬드 휠을 사용한다. 그러나 정밀 연삭 후에도 웨이퍼에는 연삭 공정에서 발생한 기계적 응력이 남아 있는데, 이러한 잔류 응력을 제거하지 않으면 초박형 웨이퍼가 후속 처리 또는 절단 과정에서 휘거나 파손될 수 있다. 이를 위해 염기성 약액에서 표면을 식각한 후 CMP 공정을 거친다. CMP 과정을 통해 잔여 손상을 제거하고 웨이퍼에 축적된 응력을 완화시키고 웨이퍼 표면이 1nm 미만의 표면 조도를 갖도록 한다.

웨이퍼 박화는 일반적으로 캐리어 웨이퍼(carrier wafer)를 이용한 임시 본딩(temporary bonding) 기술을 수반한다. 그럼에도 불구하고, 웨이퍼 박화 공정에서 어려운 점 중 하나는 기계적 파손을 방지하는 것이다. 특히 웨이퍼 박화 과정에서 가장 취약한 부분은 연마 후 칼날 모양이 되는 웨이퍼 가장자리(edge)이다. 날카로운 가장자리는 쉽게 깨지거나(chipping) 박리될 수 있으며, 깨진 실리콘 조각은 표면과 경사면에 많은 입자를 생성할 수 있다. 이의 해결을 위해 웨이퍼 가장자리를 트림(trim)하고 경사면(bevel)을 연마하는 경우가 많다.

[그림 11-22]와 [그림 11-23]에는 웨이퍼 가장자리 트림의 모식도와 웨이퍼 이미지 및 공정 흐름도를 나타내었다.

(a) 웨이퍼 에지 트림의 모식도

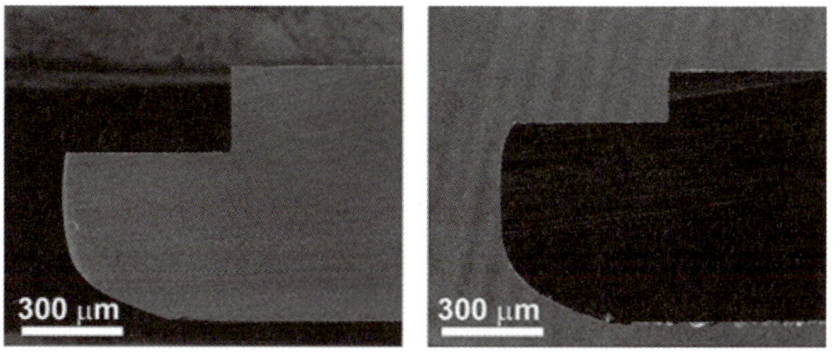

(b) 에지 트림 후 웨이퍼 가장자리의 단면 SEM 이미지

[그림 11-22] 웨이퍼 가장자리 트림의 모식도와 에지 트림 후 웨이퍼 에지의 단면 SEM 이미지(500μm 폭에 250μm 깊이(좌)와 150μm 깊이(우))[5]

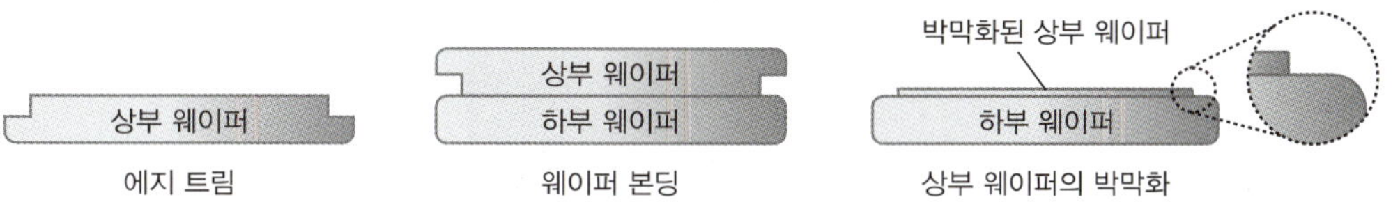

(a) 웨이퍼 본딩 전 에지 트림

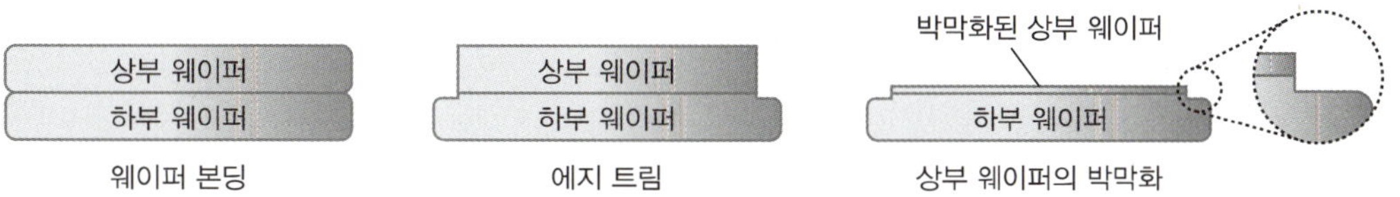

(b) 웨이퍼 본딩 후 에지 트림

[그림 11-23] 에지 트림 공정 흐름도[5]

[그림 11-24]에 나타낸 TAIKO® 공정은 일본 DISCO 사가 개발한 기술로 이전까지의 백그라인딩과는 다르게 웨이퍼 가장자리에 3mm 정도의 링(ring)을 남기고 내주만 박화하는 백그라인딩 기술이다. 50μm 이하 웨이퍼는 휘고 뒤틀리는 현상이 나타난다. 또한 임시 본딩 비용 및 공정 복잡도가 증가하게 되는데, TAIKO 공정에 의해 가장자리의 링이 기계적 강성을 유지하게 해주고, 캐리어 웨이퍼 없이 단독 취급이 가능하게 된다.

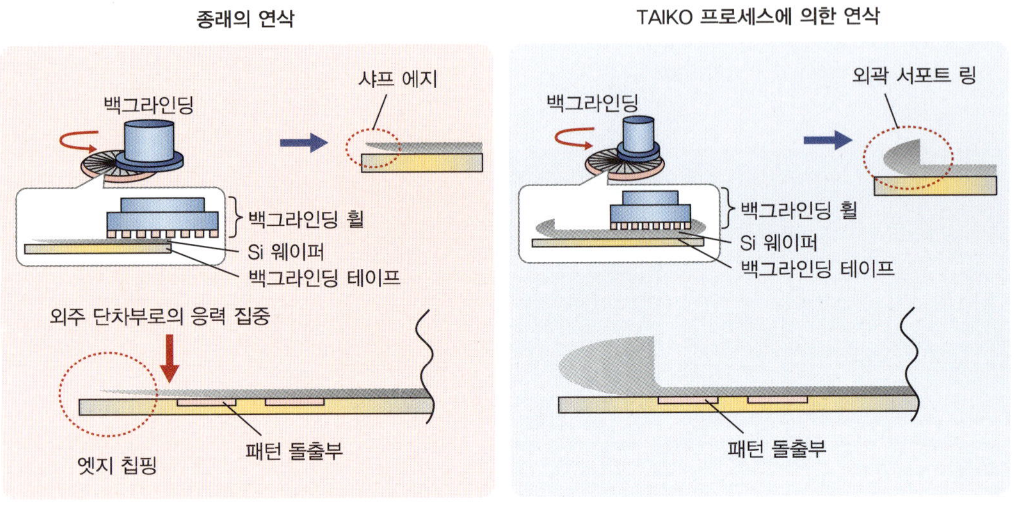

(a)

(b)

[그림 11-24] 종래의 백그라인딩 방법과 TAIKO 공정의 (a) 특징 비교 (b) 그라인딩 후 웨이퍼 모습 [6]

11장 연습문제

11.1 모어 댄 무어(More than Moore) 접근법이란 무엇인가?

11.2 모어 무어(More Moore)와 모어 댄 무어(More than Moore)를 정의하고 이들을 위한 기술적 접근법에 대해 설명하시오.

11.3 반도체 패키징의 의미에 대해 설명하시오.

11.4 플립 칩 패키징에 대해 설명하시오.

11.5 웨이퍼 레벨 칩 스케일 패키지(WLCSP)의 특징에 대해 설명하시오.

11.6 팬 아웃 웨이퍼 레벨 패키지(FOWLP)의 특징에 대해 팬인 패키지에 비교하여 설명하시오.

11.7 시스템 온 칩(SoC), 시스템 인 패키지(SiP), 칩렛(Chiplet), 패키지 온 패키지(PoP)에 대해 설명하시오.

11.8 인터포저를 이용한 칩 온 웨이퍼 온 서브스트레이트(CoWoS)에 대해 설명하시오.

11.9 EMIB(Embedded Multi-Die Interconnect Bridge)를 이용한 패키지 기술에 대해 설명하시오.

11.10 실리콘 관통 비아(Through Silicon Via, TSV)란 무엇인지 설명하시오.

11.11 하이브리드 본딩(Hybrid Bonding)에 대해 설명하시오.

11.12 하이브리드 본딩 공정에서 Cu-Cu 간, SiO_2-SiO_2 간의 접합을 위해 어떤 공정이 필요한지 설명하시오.

참고문헌

1장

[1] Silfex 사 제공

[2] https://www.ferrotec-global.com/tech_1_2.php

[3] T. Bret, R. Jonckheere, D. Van den Heuvel, C. Baur, M. Waiblinger, and G. Baralia, "*Closing the gap for EUV mask repair*", Proc. of SPIE, 8322 (2012) 83220C

[4] T. Lin, O. A. Zargar, T.-C. Lee, D. L. Sabusap, J.-J. Li, S.-C. Hu, J. M. Khodadadi, D. Jamshideasli, G. Leggett, Int. J. Thermofluids, 12 (2021) 100124

[5] S.-C. Hu, Z.-W. Li, T. Lin, B.-R. Fu, Appl. Sci., 8 (2018) 1149

[6] https://www.mirle.com.tw/en/product_introduction-detail/182/

[7] https://www.daifuku.com/solution/

[8] https://www.thelec.kr/news/articleView.html?idxno=31429

[9] https://en.wikipedia.org/wiki/Transistor_count

[10] IBM Newsroom, Image Gallery, "*Cross-section of 64-bit high-performance microprocessor* chip built in IBM's 90 nm Server-Class CMOS technology with Cu/low-k wiring"(2005)

2장

[1] J. Edgar, "*NON-PLANAR SILICON OXIDATION: AN EXTENSION OF THE DEAL-GROVE MODEL by BRIAN D. LEMME*"(2009)

[2] B. E. Deal and A. S. Grove, "*General Relationship for the Thermal Oxidation of Silicon*", Journal of Applied Physics, 36 (1965) 3770

3장

[1] http://www.fall13.graphicinterfacedesign.com/students/lbassett/proj1/SimplyPrint/process.html

[2] Michael Quirk and Julian Serda, "*Semiconductor Manufacturing Technology*", Prentice Hall(2001)

[3] ImecTechnology Forum(ITF)(2025)

4장

[1] W. van Gelder and V. E. Hauser, "*The Etching of Silicon Nitride in Phosphoric. Acid with Silicon Dioxide as a Mask*", Journal of the Electrochemical Society, 114 (1967) 869.

[2] Takeshi Hattori 제공.

[3] B. Derjaguin and L. Landau, "*Theory of the stability of strongly charged lyophobic sols and of the adhesion of strongly charged particles in solutions of electrolytes,*" Acta Physico Chimica, 14 (1941) 633

[4] E. J. W. Verwey and J. T. G. Overbeek, "*Theory of the stability of lyophobic colloids,*" Elsevier, Amsterdam(1948)

[5] W. Kern and D. A. Puotinen, "*Cleaning solutions based on hydrogen peroxide for use in silicon semiconductor technology,*" RCA Rev. 31 (1970) 187.

[6] ClassOne Technology 사 제공

[7] Electronic Materials Letters 7(4) (2012), DOI: 10.1007/s13391-011-1050-6

5장

[1] Oxford Instrument, Applied Materials 사 제공

6장

[1] S. K. Ghandhi, "*The Theory and Practice of Microelectronics*", John Wiley & Sons, New York, 1968

[2] R. B. Fair, "*Recent advances in implantation and diffusion modeling for the design and process control of bipolar ICs*", in Semiconductor Silicon 1977 (ed. H. R. Huff and E. Sirtl, The Electrochemical Soc., Princeton NJ, 1977), PV 77-2, pp. 968-982

[3] P. Tsouroutas, D. Tsoukalas and H. Bracht, "*Experiments and simulation on diffusion and activation of codoped with arsenic and phosphorous germanium*", Journal of Applied Physics, 108 (2010) 024903

[4] D. P. Kennedy and R. R. O'Brien, "*Analysis of the impurity atom distribution near the diffusion mask for a planar p-n junction*", IBM Journal of Research Development, 9 (1965) 179-186

[5] J. C. Irvin, "*Resistivity of bulk silicon and of diffused layers in silicon*", Bell System Technical Journal, 41 (1962) 387-410

7장

[1] J. F. Gibbons, W. S. Johnson and S. W. Mylroie, Projected Range in Semiconductors, 2nd ed., Dowden, Hutchinson, and Ross, New York(1975)

[2] W. K. Hofker, Implantation of Boron in Silicon, Philips Research Reports Supplements, No. 8(1975)

[3] G. Dearnaley, J. H. Freeman, G. A. Gard, and M. A. Wilkins, "*Implantation profiles of 32P channeled into silicon crystals*", Canadian Journal of Physics, 46 (1968) 587-595

[4] A. Agarwal, D. J. Eaglesham, H.-J. Gossmann, L. Pelaz, S. B. Herner, D. C. Jacobson, T.E. Haynes, Y. Erokhin and R. Simonton, "*Boron-enhanced-diffusion of boron: The limiting factor for ultra-shallow junctions*", International Electron Devices Meeting. IEDM Technical Digest, (1997) 471

참고문헌

[5] Threshold Systems 사 제공

[6] https://semiwiki.com/events/8156-the-evolution-of-the-extension-implant-part-2/

8장

[1] International Technology Roadmap for Semiconductors, 2013 Ed. Interconnect, Semiconductor Industry Association

[2] Novellus 사 제공

[3] S. M. Sze, "*Semiconductor Devices-Physics and Technology*", John Wiley & Sons, New York, 1985

[4] F. C Eversteyn, "*Chemical-Reaction Engineering in Semiconductor Industry*", Philips Research Reports, 29 (1974) 45

[5] Y. Shimogaki, T. Saito, F. Tadokoro, H. Komiyama, "*The reactivity and molecular size of film precursors during chemical vaport deposition of WSix*", J. Phys. IV, Colloq. 1(C2) (1991) C2-95

[6] M. Ikegawa and J. Kobayashi, "*Deposition Profile Simulation Using the Direct Simulation Monte Carlo Method*", J. Electrochem. Soc., 136 (1989) 2982

[7] K. Watanabe and H. Komiyama, "*Micro/Macrocavity Method Applied to the Study of the Step Coverage Formation Mechanism of SiO2 Films by LPCVD*", J. Electrochem. Soc., 137 (1990) 1222

[8] J. P. McVittie, J. C. Rey, A. J. Bariya, M. M. IslamRaja, L. Y. Cheng, S. Ravi, K. C. Saraswat, "*SPEEDIE: a profile simulator for etching and deposition*", Proceedings of the SPIE, Volume 1392 (1991) 126

[9] https://www.semiconductor-digest.com/ibm-announces-2nm-gaa-fet-technology-the-sum-of-aha-moments

9장

[1] E. Mendel, "*Polishing of Silicon*", Solid State Technol., 10(8) (1967) 27

[2] http://www.saesoldia.com/bbs/board.php?bo_table=CMP&sca=%EC%A0%84%EC%B0%A9

[3] T. Hoshino, Y. Kurata, Y. Terasaki, K. Susa, J. NonCrystalline Solids, 283 (2001) 129.

[4] https://newsroom.lamresearch.com/Tech-Brief-Memory-Grows-Up-with-3D-NAND

[5] AMD 3D V-Cache with TSMC SoIC 3D Packaging reverse engineering & costing report, Yole Group(2022)

10장

[1] https://pc.watch.impress.co.jp/docs/column/semicon/1097147.html

[2] https://newsroom.lamresearch.com/Tech-Brief-An-Introduction-to-Interconnects

[3] Liang Gong Wen et al., "*Ruthenium metallization for advanced interconnects*", 2016 IEEE International Interconnect Technology Conference/Advanced Metallization Conference (IITC/AMC), San Jose, CA, USA, 2016, pp. 34-36, doi: 10.1109/IITC-AMC.2016.7507651

[4] M. H. van der Veen et al., "*Damascene Benchmark of Ru, Co and Cu in Scaled Dimensions*", 2018 IEEE International Interconnect Technology Conference (IITC), Santa Clara, CA, USA, 2018, pp. 172-174, doi: 10.1109/IITC.2018.8430407

[5] V. Founta, T. Witters, S. Mertens, K. Vanstreels, J. Meersschaut, P. Van Marcke, M. Korytov, A. Franquet, C. J. Wilson, Z. Tokei, S. Van Elshocht, and C. Adelmann, Molybdenum as an alternative metal: thin film properties, 2019 IEEE International Interconnect Technology Conference (IITC 2019)

[6] J.-P. Soulie, Z. Tokei, J. Swerts, and C. Adelmann, Aluminide intermetallics for advanced interconnect metallization: thin film studies, 2021 IEEE International Interconnect Technology Conference (IITC 2021)

[7] J. Phys. Chem. C 2016 120 (17), 9184-9191

11장

[1] T. Braun, K.-F. Becker, O. Hoelck, S. Voges, R. Kahle, M. Dreissigacker, and M. Schneider-Ramelow, "*Fan-Out Wafer and Panel Level Packaging as Packaging Platform for Heterogeneous Integration*", Micromachines, 10 (2019) 342

[2] TECHINSIGHT 사 제공 / https://www.eetimes.com/hats-off-to-hynix-inside-1st-high-bandwidth-memory/2

[3] KIOXIA corporation 사 제공

[4] R. Agarwal, "*Heterogeneous Integration with 3D Packaging, AMD Technical Presentation*", Advanced Micro Devices, Inc.(2022)

[5] F. Inoue, A. Jourdain, J. Visker, L. Peng, B. Moeller, K. Yokoyama, A. Phommahaxay, K. J. Rebibis, A. Miller, E. Beyne, E. Sleeckx, Microelectronic Engineering 167 (2017) 10-16

[6] https://www.disco.co.jp/eg/solution/library/grinder/taiko_process.html

찾아보기

ㅅ

ㅇ

찾아보기

A

B

C

D

찾아보기

J K

L

M

N O

P

Q R

찾아보기